可编程控制器应用实训

侯 宁 主编

国家开放大学出版社·北京

图书在版编目（CIP）数据

可编程控制器应用实训／侯宁主编．—北京：国家开放大学出版社，2023.1（2024.5 重印）

ISBN 978-7-304-11713-9

Ⅰ.①可…　Ⅱ.①侯…　Ⅲ.①可编程序控制器—开放教育—教材　Ⅳ.①TP332.3

中国版本图书馆 CIP 数据核字（2022）第 254859 号

版权所有，翻印必究。

可编程控制器应用实训
KEBIANCHENG KONGZHIQI YINGYONG SHIXUN
侯　宁　主编

出版·发行：国家开放大学出版社	
电话：营销中心 010-68180820	总编室 010-68182524
网址：http://www.crtvup.com.cn	
地址：北京市海淀区西四环中路 45 号	邮编：100039
经销：新华书店北京发行所	

策划编辑：陈艳宁	版式设计：何智杰
责任编辑：邹伯夏	责任校对：冯　欢
责任印制：武　鹏　马　严	

印刷：河北盛世彩捷印刷有限公司
版本：2023 年 1 月第 1 版　　2024 年 5 月第 4 次印刷
开本：787 mm×1092 mm　1/16　　印张：14.75　　字数：329 千字
书号：ISBN 978-7-304-11713-9
定价：37.00 元

（如有缺页或倒装，本社负责退换）
意见及建议：OUCP_KFJY@ouchn.edu.cn

《可编程控制器应用实训》
编写委员会

主 编 侯 宁
参 编 黄震宇 顾叶虎 邬玉晶 严法高
　　　魏国莲 谈蓉蓉 李文明

前 言

本书立足以职业为导向，以党的二十大精神为指引，认真贯彻落实立德树人的根本要求。知识、能力和素养三育并举，积极引导学生树立科学的世界观和正确的人生观，以学生可持续发展为目的，突出实践技能教学的地位，旨在培养有一定的工程技术应用能力、能适应职业岗位实际工作需要的市场紧缺的可编程控制器系统的编程及现场维护人才。全书以西门子S7-1200系列PLC为背景机，以任务引领、教学做一体化的设计思想为主线，以实际的工程项目作为"教学载体"，共设计了4个模块。通过可编程控制器的认识性训练、指令应用训练、基本技能训练及应用能力提升训练，学生在"学中做、做中学"，可提高学生的学习兴趣和学习效果，充分体现科学性、实用性、可学性和可教性的教材特色。

本书的编写特色有：

1. 教材突出课程的应用性、实践性

教材内容的应用性和实践性充分表现了做中学、学中做的理念，以真实任务为载体、以完整实验装置为支撑，为学生以及社会从业人员的自主学习提供了良好的支持服务。

2. 教材编写融合数字化学习资源

利用信息技术，通过图片、微课、自主开发仿真实验等各种手段，增强了教材的生动性，体现教学内容的开放性和互动性，实现了教学资源的数字化。

3. 教材编写为教学改革提供支持服务

学生随时随地利用手机扫描二维码观看微视频或重要知识点，有效利用碎片化时间开展自主学习。教师通过教材并结合配套的学习平台资源，创新教学手段与方法，开展"线上线下"混合式教学，提升教学效果。

4. 教材紧跟知识更新的速度

教材以全球处于领先地位的西门子公司的S7-1200系列PLC为主机，该机型除了包含许多创新技术外，还设定了新标准，提高了工程效率。教材中还增加了触摸屏和变频器的综合应用，及时吸收了新知识、新技术、新工艺，使教学内容紧跟自动化技术发展的步伐。

本书由无锡开放大学机电一体化技术名师工作室编写。其中，侯宁编写了1个任务，黄震宇编写了8个任务，顾叶虎编写了5个任务，邬玉晶编写了3个任务，严法高编写了3个任务，谈蓉蓉编写了2个任务，魏国莲和李文明编写了3个任务。全书由侯宁担任主编，奚小网担任主审。本书的编写还得到了国家开放大学教师的指导和支持，谨在此表示衷心感谢。

编　者

2022年11月

目录

模块 1　可编程控制器的认识性实训 ·········· 1

- 任务 1.1　可编程控制器的选型 ·········· 2
- 任务 1.2　可编程控制器的安装与拆卸 ·········· 6
- 任务 1.3　编程软件与仿真软件的安装 ·········· 14
- 任务 1.4　TIA 博途软件使用入门与项目创建 ·········· 17
- 实训要求 ·········· 20
- 实训注意事项 ·········· 21
- 模块小结 ·········· 21

模块 2　可编程控制器的指令应用实训 ·········· 22

- 任务 2.1　位逻辑指令实训 ·········· 23
- 任务 2.2　定时器与计数器指令实训 ·········· 29
- 任务 2.3　数据处理指令实训 ·········· 37
- 任务 2.4　数学运算指令实训 ·········· 46
- 任务 2.5　其他指令实训 ·········· 54
- 实训要求 ·········· 63
- 实训注意事项 ·········· 64
- 模块小结 ·········· 64

模块 3　可编程控制器的基本技能实训 ·········· 65

- 任务 3.1　电动机正反转控制 ·········· 67
- 任务 3.2　电动机顺序控制 ·········· 72
- 任务 3.3　电动机逆序控制 ·········· 80
- 任务 3.4　三相电动机星/三角（Y-△）降压启动控制 ·········· 88
- 任务 3.5　送料小车控制 ·········· 95
- 任务 3.6　彩灯变换控制 ·········· 105
- 任务 3.7　水塔水位控制 ·········· 115
- 任务 3.8　交通信号灯控制 ·········· 123
- 任务 3.9　自动控制成型机 ·········· 132
- 任务 3.10　自动控制轧钢机 ·········· 142
- 任务 3.11　电动机多段速运行控制 ·········· 149
- 任务 3.12　电动机控制系统人机界面的设计 ·········· 157
- 实训要求 ·········· 168

实训注意事项 ··· 168
模块小结 ·· 168

模块 4　可编程控制器的典型应用实训 ································· 169

任务 4.1　机械手控制系统的实现 ··· 170
任务 4.2　自动生产线物料加工控制系统的实现 ·································· 187
任务 4.3　模拟量控制的电机开环调速的实现 ····································· 204
任务 4.4　自动化生产线人机界面的实现 ··· 214
实训要求 ·· 227
实训注意事项 ··· 227
模块小结 ·· 227

参考文献 ··· 228

模块 1
可编程控制器的认识性实训

学习目标

1. 能够叙述可编程控制器的结构及工作原理。
2. 根据任务要求能够对可编程序控制器进行选择。
3. 能够操作可编程控制器硬件的安装与拆卸。
4. 能够安装并使用编程软件和仿真软件。
5. 能够使用 TIA 博途软件并完成项目创建操作。
6. 领会安全文明生产要求。

学习任务

1. 根据任务要求进行可编程序控制器的选型。
2. 通过实物对可编程控制器硬件进行安装与拆卸。
3. 安装可编程控制器编程软件与仿真软件。
4. 使用 TIA 博途软件进行项目创建操作。

学习建议

本模块围绕 4 个实训任务，以任务实施的方式展开。内容涉及可编程序控制器的选型、可编程控制器硬件的安装与拆卸、编程软件和仿真软件的安装、TIA 博途软件的使用。在学习时要注意任务的层次，为后续实训任务的实施奠定基础。学习者在学习过程中建议遵循以下过程：首先通过观看视频教材了解任务的实施过程及操作方法，其次通过实操开展实训活动，学会如何根据需求选择合适的可编程控制器，并尝试独立完成硬件的拆装操作及软件的正确使用。

关键词

可编程控制器、工作原理、性能指标、选型、安装与拆卸、TIA 博途软件、项目创建。

任务 1.1 可编程控制器的选型

1.1.1 任务目标

1. 能叙述可编程序控制器的结构、工作原理。
2. 能叙述可编程控制器的主要性能指标。
3. 认识西门子 S7-1200 可编程序控制器。
4. 能根据任务要求进行选择可编程序控制器。

1.1.2 任务指导

1. 认识 S7-1200 PLC

S7-1200 系列是西门子公司新一代模块化小型可编程逻辑控制器（Programmable Logic Controller，PLC），可以控制各种自动化应用。S7-1200 主要由 CPU 模块（简称 CPU）、信号板、信号模块、通信模块和编程软件组成，各种模块安装在标准的 35 cm DIN 导轨上。S7-1200 的硬件组成具有高度的灵活性，用户可以根据自身需求确定 PLC 的结构，系统扩展十分方便。S7-1200 PLC 本机的硬件结构如图 1-1-1 所示。

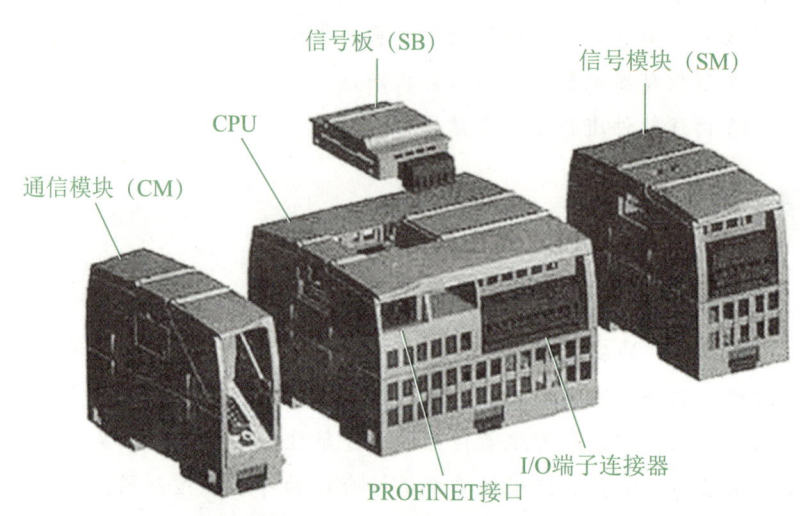

图 1-1-1 S7-1200 PLC 本机硬件结构图

（1）S7-1200 PLC 的 CPU 模块

目前 S7-1200 PLC 有 5 种 CPU，分别是 CPU 1211C、CPU 1212C、CPU 1214C、CPU 1215C 和 CPU 1217C。每种 CPU 又可分为三种规格：DC/DC/DC、DC/DC/Relay 和 AC/DC/Relay。其 CPU 种类和规格印刷在 CPU 模块的外壳上。具体含义见表 1-1-1。

表 1-1-1　S7-1200PLC 的 CPU 的三种规格

版本	电源电压	DI 输入电压	DQ 输出电压	DQ 输出电流
DC/DC/DC	DC 24 V	DC 24 V	DC 24 V	0.5 A，MOSFET
DC/DC/Relay	DC 24 V	DC 24 V	DC 5~30 V，AC 5~250 V	2 A，DC 30 W/AC 200 W
AC/DC/Relay	AC 85~264 V	DC 24 V	DC 5~30 V，AC 5~250 V	2 A，DC 30 W/AC 200 W

S7-1200 PLC 的 CPU 模块将微处理器、电源、数字量输入/输出电路、模拟量输入/输出电路、PROFINET 以太网接口、高速运动控制功能组合到一个设计紧凑的外壳中。其外形如图 1-1-2 所示。

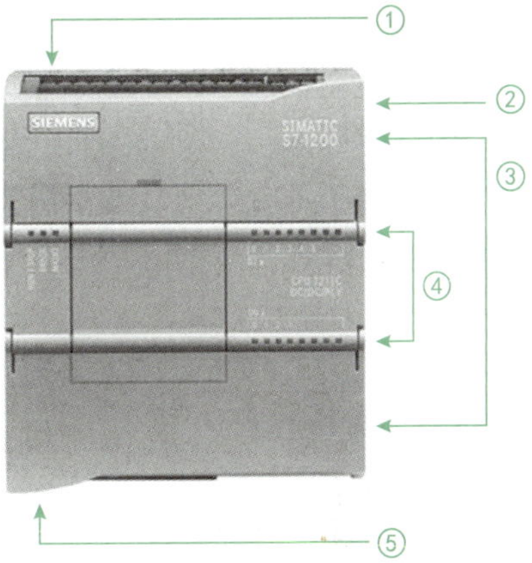

图 1-1-2 中的序号分别表示：

① 电源接口。

② 存储卡插槽（上部保护盖下面）。

③ 可拆卸用户接线连接器（在保护盖下面）。

④ 板载 I/O 的状态 LED。

⑤ PROFINET 以太网接口 RJ-45 连接器（在 CPU 的底部）。

图 1-1-2　S7-1200 PLC 的 CPU 外形

（2）S7-1200 PLC 的 CPU 技术规范

要掌握 S7-1200 PLC 的 CPU 的具体技术性能，必须要查看常规规范，见表 1-1-2，其是 CPU 选型的主要依据。

表 1-1-2　S7-1200 PLC 的 CPU 常规规范

特征		CPU 1211C	CPU 1212C	CPU 1214C	CPU 1215C	CPU 1217C
本机板载数字量		6入/4出	8入/6出	14入/10出		
本机板载模拟量		2入			2入/2出	
信号模块（SM）扩展		无	2	8		
信号板（SB）、电池板（BB）或通信板（CB）		1				
通信模块（CM）（左侧扩展）		3				
高速计数器		最多可组态 6 个使用任意内置或 SB 输入的高速计数器				
脉冲输出	总计	最多可组态 4 个使用任意内置或 SB 输出的脉冲输出				
	1 MHz	—				Qa.0~Qa.3
	100 kHz	Qa.0 到 Qa.3				Qa.4~Qb.1
	20 kHz	—	Qa.4~Qa.5	Qa.4~Qb.1		—
用户存储器	工作	50 KB	75 KB	100 KB	125 KB	150 KB
	负载	1 MB	2 MB	4 MB		
	保持性	10 KB				

续表

特征		CPU 1211C	CPU 1212C	CPU 1214C	CPU 1215C	CPU 1217C
过程映像大小	输入（I）	1 024 字节				
	输出（Q）	1 024 字节				
位存储器（M）		4 096 字节		8 192 字节		
物理尺寸/mm×mm×mm		90×100×75		110×100×75	130×100×75	150×100×75

（3）S7-1200 PLC 的信号板与信号模块

S7-1200 PLC 提供有多种 I/O 信号板与信号模块，用于扩展其 CPU 能力。各种 CPU 的正面都可以增加一块信号板，信号模块连接到 CPU 的右侧，各种 CPU 能够连接扩展的模块数量见表 1-1-2。

信号板可用于只需要少量附 I/O 的情况下使用，其不增加硬件的安装空间。安装时首先取下端子盖板，然后将信号板直接插入 S7-1200 PLC 的 CPU 正面的槽内，如图 1-1-3 所示。信号板有可拆卸的端子，因此可以很容易地更换。

相对信号板来说，信号模块可以为 CPU 系统扩展更多的输入输出点数。信号模块包括数字量输入模块、数字量输出模块、数字量输入/输出模块、模拟量输入模块、模拟量输出模块、模拟量输入/输出模块等。

（4）S7-1200 PLC 的通信

S7-1200 PLC 具有非常强大的通信功能，提供的通信模块规格齐全，主要有串行通信模块 CM1241、紧凑型交换机模块 CSM1277、PROFIBUS-DP 主站模块 CM1243-5、PROFIBUS-DP 从站模块 CM1242-5、GPRS 模块 CP1242-7、I/O 主站模块 CM1278、通信处理器 CP1243-1。

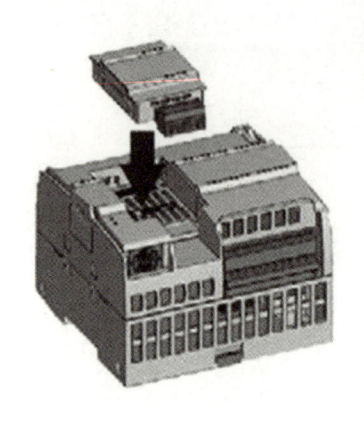

图 1-1-3　安装信号板

2. 可编程控制器的选型

目前，国内工业控制系统中使用的可编程序控制器，少部分是国内开发或仿制的 PLC，大部分是国外产品。各种机型种类繁多，型号不统一，基本性能大同小异，但主要参数仍有较大的差别，如 I/O 点数、存储器容量、扫描速度、指令数、编程语言、模拟量 I/O 模块及智能模块、通信功能等有所不同，各种机型适用于不同的工业控制系统。

用户选择 PLC 可参考下列原则：

① 可靠性及性能维护。

② 使用方便及使用效果。

③ 编程方便与否。

④ 能在恶劣环境下工作。

⑤ 与现有设备的兼容性；联网能力；运算速度。

⑥ 修改与扩充能力；接口容量的实用性；诊断能力。

⑦ 价格。

所以在 PLC 选型时应注意的问题有：

① 根据系统要求，估算出所需要的 I/O 点数，再增加 20%~30% 的备用量，以便随时增加控制功能。对一个控制对象，由于采用不同的控制方法或编程水平不一样，故 I/O 点数有所不同。

② 编程语言的种类，一般有指令集（IS）、梯形图（LD）和功能块语言（FBL）等。对中大型 PLC，还配有高级编程语言。

③ 如果控制系统需要，则考虑模拟量输入/输出模块及其他智能模块的选用。

④ 通信功能，包括通信接口、通信速度、通信站数和通信网络等。

⑤ 要考虑性能价格比、备品备件的购买渠道和经销公司的技术服务质量。

⑥ 要考虑 PLC 的输出型式。较常用的有可带交流或直流负载的继电器输出型。还有适用于直流负载的晶体管输出型和适用于交流负载的晶闸管输出型，它们属于无触点输出型。

⑦ 电源模块的额定输出电流要大于或等于主机、I/O 模块和其他专用模块等消耗的电流之和。当使用扩展机架时，从主机架电源模块到最远一个扩展机架的线路压降应当要小于 0.25 V。

⑧ 输入信号电源，一般利用 PLC 内部提供的直流 24 V 电源。对带有有源器件的接近开关，如果现场干扰较大，可外接 220 V 输入电源，以提高系统的可靠性。

⑨ 要优选 PLC 主流机型，做到资源共享。大型企业需要大量的 PLC 设备组成一个集散控制系统和管理系统，因此优选主流机型更为重要。

1.1.3 任务要求

以某机械手控制系统为例，控制要求为：

输入为起停按钮、物料检测光电传感器、旋转限位传感器及各气缸伸缩到位检测传感器；输出为驱动电磁换向阀的线圈。共计 10 个输入点、8 个输出点，其中输入点均为 24 V 开关信号，输出点连接 24 V 电磁换向阀。机械手控制系统 I/O 端口分配及功能表见表 1-1-3。

根据任务要求选择合适的 S7-1200 PLC 可编程控制器型号。

表 1-1-3 I/O 端口分配及功能表

输入			输出		
名称	PLC 端口	功能	名称	PLC 端口	功能
SB1	I0.0	启动按钮	Y1	Q0.0	夹紧电磁阀
SB2	I0.1	停止按钮	Y2	Q0.1	放松电磁阀

续表

输入			输出		
名称	PLC 端口	功能	名称	PLC 端口	功能
SB3	I0.2	复位按钮	Y3	Q0.2	上升电磁阀
SA1	I0.3	选择开关	Y4	Q0.3	下降电磁阀
SB1	I0.0	启动按钮	Y1	Q0.0	夹紧电磁阀
SQ1	I0.4	手抓限位	Y5	Q0.4	伸出电磁阀
SQ2	I0.5	上升限位	Y6	Q0.5	缩回电磁阀
SQ3	I0.6	下降限位			
SQ4	I0.7	伸出限位			
SQ5	I1.0	缩回限位			

1.1.4 思考题

1. S7-1200 CPU 1214C 型最多可以扩展多少个通信模块？
2. S7-1200 系列的 CPU 1214C 型板载输入输出点数分别有多少？

任务 1.2 可编程控制器的安装与拆卸

1.2.1 任务目标

1. 学会 S7-1200 PLC 的 CPU 的安装与拆卸方法。
2. 学会 S7-1200 PLC 扩展模块的安装与拆卸方法。

1.2.2 任务指导

S7-1200 设备设计得易于安装。用户在安装时可以将 S7-1200 安装在面板或标准导轨上，并且可以水平或垂直安装。S7-1200 尺寸较小，用户可以有效地利用空间。S7-1200 被设计成通过自然对流冷却。为保证适当冷却，设备的上方和下方必须留出至少 25 mm 的空隙。此外，模块前端与机柜内壁间至少应留出 25 mm 的深度，如图 1-2-1 所示。

本次任务实训采用 DIN 轨道进行安装固定。

1. S7-1200 PLC 设备的安装尺寸

S7-1200 每个 CPU、SM、CM 和 CP 都支持安装在 DIN 导轨上，使用模块上的 DIN 导轨卡夹即可将设备固定在导轨上。其具体安装尺寸见图 1-2-2 和表 1-2-1。

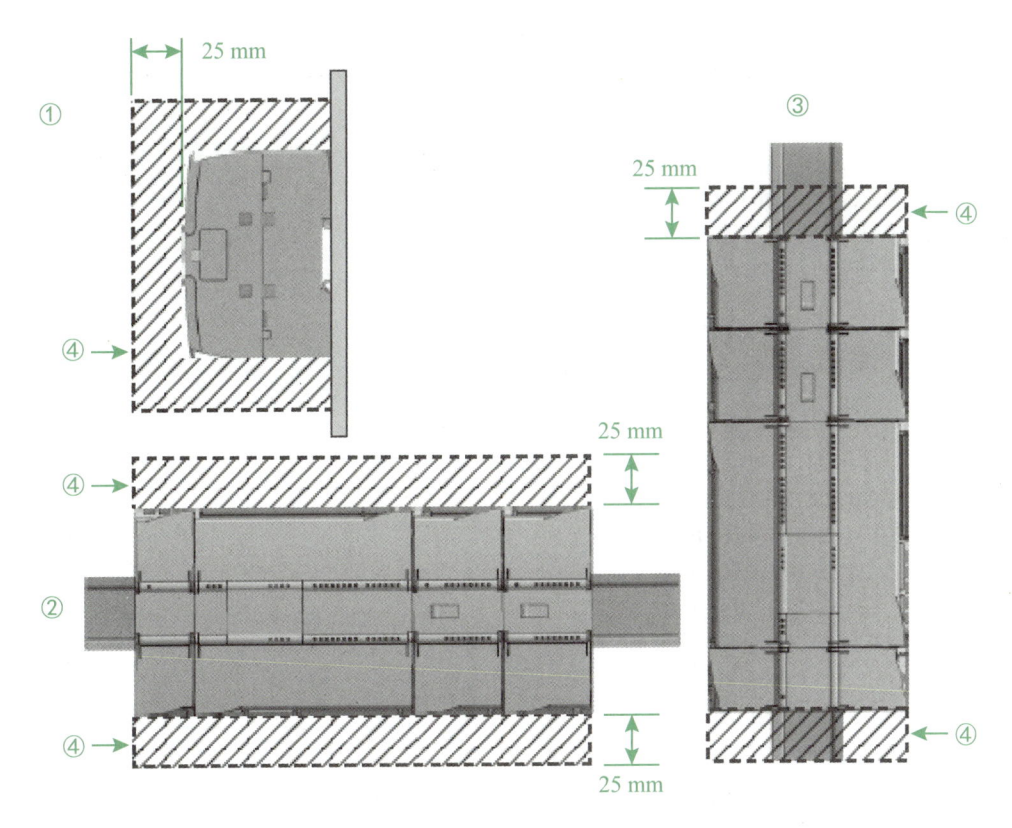

① 侧视图 ③ 垂直安装
② 水平安装 ④ 空隙区域

图 1-2-1　S7-1200 PLC 系统布局图

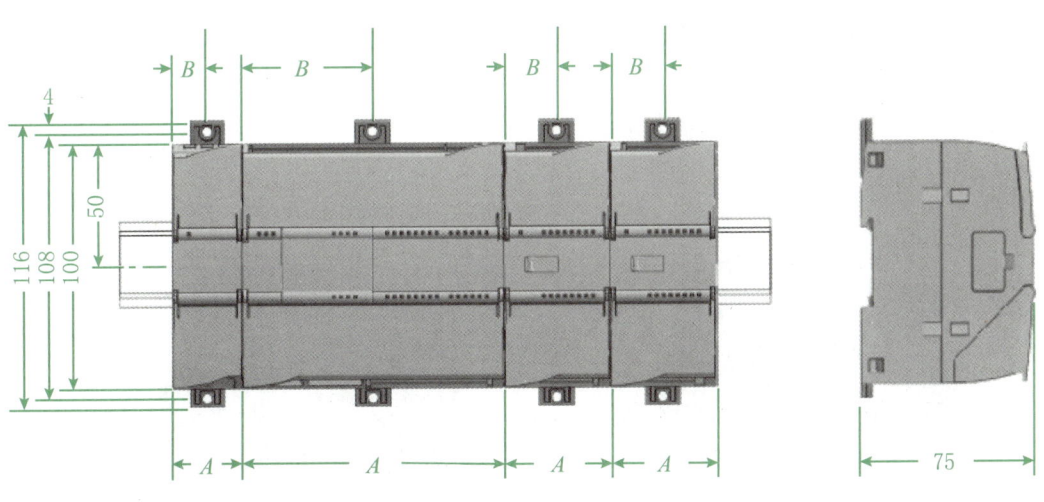

图 1-2-2　CPU1214C 安装尺寸

表 1-2-1　CPU1214C 安装尺寸

S7-1200 设备		宽度 A/mm	宽度 B/mm
CPU	CPU 1214C	110	55
信号模块	数字 8 和 16 点 模拟 2、4 和 8 点 热电偶 4 和 8 点 RTD4 点	45	22.5
	数字量 DQ8x 继电器（切换）	70	22.5
	模拟 16 点 RTD8 点	70	35
通信接口	CM 1241 RS232 和 CM 1241 RS422/485 CM 1243-5 PROFIBUS 主站和 CM 1242-5 PROFIBUS 从站 CM 1242-2 AS-i 主站 CP 1242-7 GPRS	30	15
	TS Adapter IE Basic	60	15

2. 安装和拆卸 CPU

图 1-2-3 所示为将 CPU 安装到 DIN 导轨上的效果。

其具体操作步骤如下：

① 安装 DIN 导轨。安装导轨间距需间隔 75 mm 以上。

② 确保 CPU 和所有 S7-1200 设备都与电源断开。

③ 将 CPU 挂到 DIN 导轨上方。

④ 拉出 CPU 下方的 DIN 导轨卡夹，以便能将 CPU 安装到导轨上。

⑤ 向下转动 CPU 使其在导轨上就位。

⑥ 推入卡夹将 CPU 锁定到导轨上。

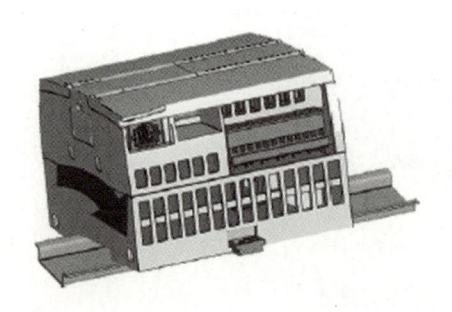

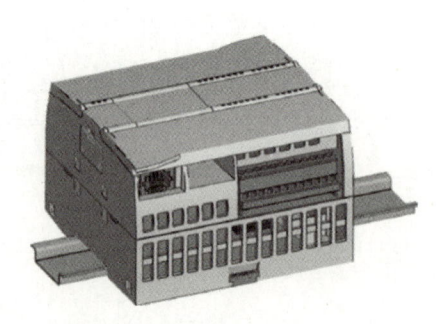

图 1-2-3　安装 CPU 模块

拆卸 CPU 模块，如图 1-2-4 所示，具体拆卸步骤如下：
① 确保 CPU 和所有 S7-1200 设备都与电源断开。
② 从 CPU 断开 I/O 连接器、接线和电缆。
③ 将 CPU 和所有相连的通信模块作为一个完整单元拆卸。所有信号模块应保持安装状态。
④ 如果信号模块（SM）已连接到 CPU，则需要缩回总线连接器：
第一步，将螺丝刀放到信号模块（SM）上方的小接头旁。
第二步，向下按，使连接器与 CPU 分离。
第三步，将小接头完全滑到右侧。
⑤ 卸下 CPU：
第一步，拉出 DIN 导轨卡夹，从导轨上松开 CPU。
第二步，向上转动 CPU 使其脱离导轨，然后从系统中卸下 CPU。

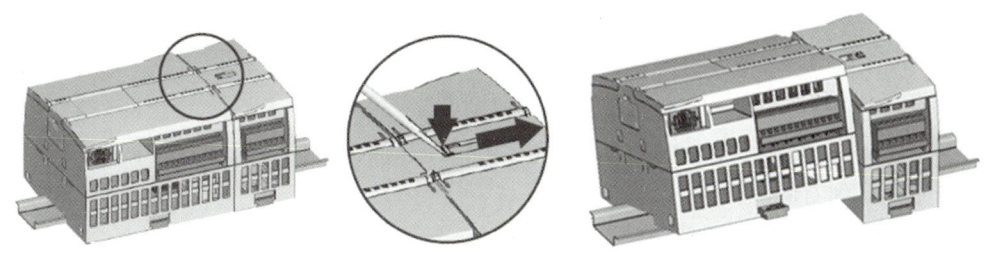

图 1-2-4 拆卸 CPU 模块

3. 安装和拆卸信号模块（SM）

在安装 CPU 之后还要安装信号模块（SM），如图 1-2-5 所示。

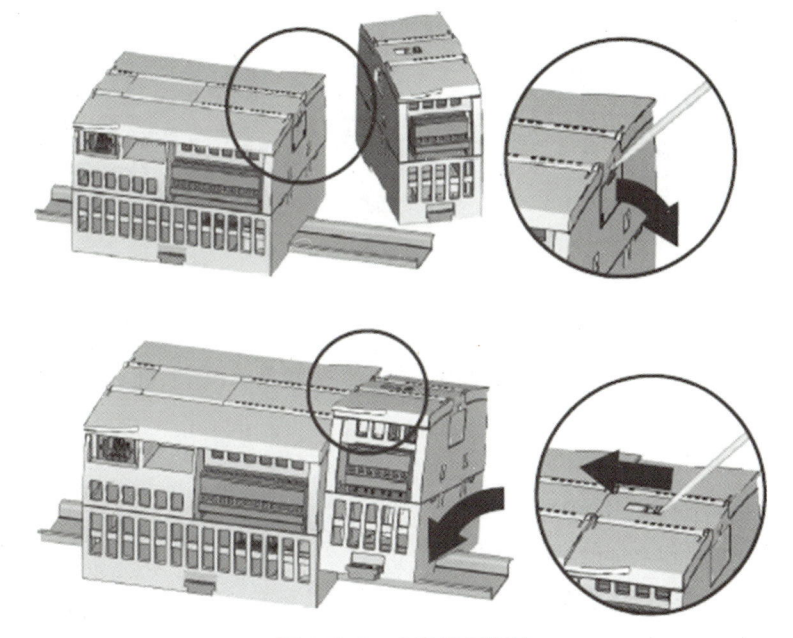

图 1-2-5 安装信号模块

其具体操作步骤如下：

① 确保 CPU 和所有 S7-1200 设备都与电源断开。

② 卸下 CPU 右侧的连接器盖。将螺丝刀插入盖上方的插槽中。将其上方的盖轻轻撬出并卸下。收好盖以备再次使用。

③ 将 SM 连接到 CPU。将 SM 装在 CPU 旁边，并将 SM 挂到 DIN 导轨上，拉出下方的 DIN 导轨卡夹以便将 SM 安装到导轨上。向下转动 CPU 旁的 SM 使其就位并推入下方的卡夹将 SM 锁定到导轨上。

④ 伸出总线连接器即为 SM 建立了机械和电气连接。将螺丝刀放到 SM 上方的小接头旁。将小接头滑到最左侧，使总线连接器伸到 CPU 中。

用户也可以在不卸下 CPU 或其他信号模块处于原位时，卸下任何信号模块，拆卸信号模块的过程如图 1-2-6 所示。拆卸 SM 模块实质就是断开 CPU 的电源并卸下其与 SM 的 I/O 连接器和接线。

拆卸 SM 模块的具体操作步骤如下：

① 确保 CPU 和所有 S7-1200 设备都与电源断开。

② 缩回总线连接器。将螺丝刀放到 SM 上方的小接头旁，向下按使连接器与 CPU 分离，将小接头完全滑到右侧。

如果右侧还有 SM，则对该 SM 重复该步骤。

③ 卸下 SM。拉出下方的 DIN 导轨卡夹从导轨上松开 SM。向上转动 SM 使其脱离导轨。从系统中卸下 SM。

④ 如有必要，用盖子盖上 CPU 的总线连接器以避免污染。

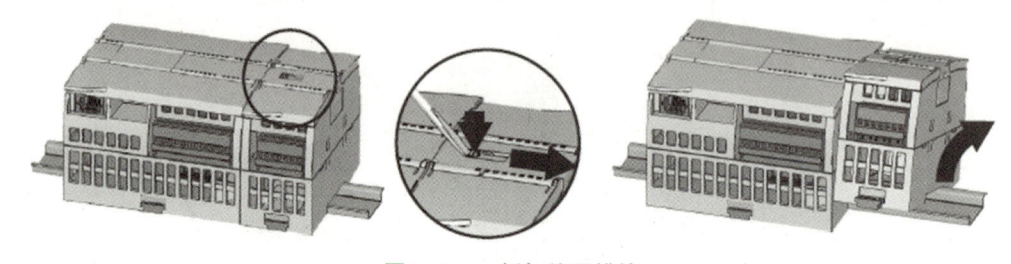

图 1-2-6　拆卸信号模块

4. 安装和拆卸信号板

要安装信号板（SB），首先要断开 CPU 的电源并卸下 CPU 上部和下部的端子板盖子，如图 1-2-7 所示。

其具体操作步骤如下：

① 确保 CPU 和所有 S7-1200 设备都与电源断开。

② 卸下 CPU 上部和下部的端子板盖板。

③ 将螺丝刀插入 CPU 上部接线盒盖背面的槽中。

④ 轻轻将盖撬起并从 CPU 上卸下。

⑤ 将模块直接向下放入 CPU 上部的安装位置中。
⑥ 用力将模块压入该位置直到卡入就位。
⑦ 重新装上端子板盖板。

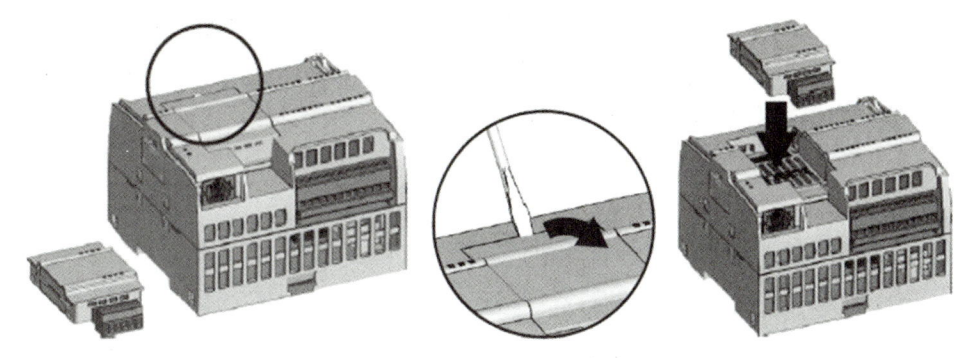

图 1-2-7　安装信号板

从 CPU 上卸下 SB，要断开 CPU 的电源并卸下 CPU 上部和下部的端子盖板，拆卸信号板，如图 1-2-8 所示。

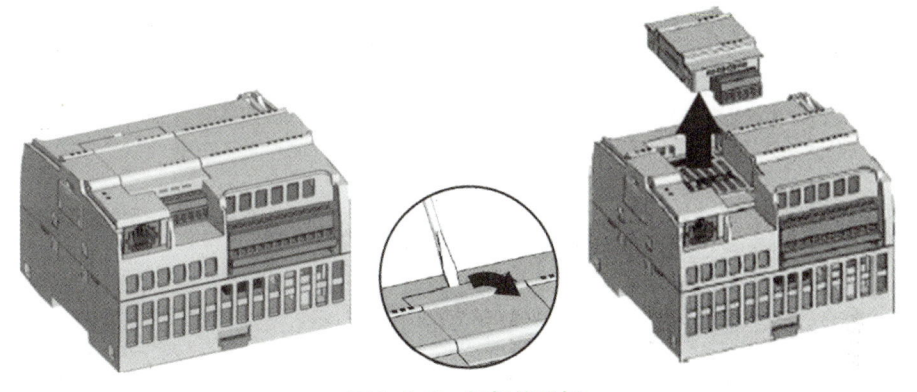

图 1-2-8　拆卸信号板

其具体操作步骤如下：
① 确保 CPU 和所有 S7-1200 设备都与电源断开。
② 卸下 CPU 上部和下部的端子板盖板。
③ 将螺丝刀插入模块上部的槽中。
④ 轻轻将模块撬起使其与 CPU 分离。
⑤ 将模块直接从 CPU 上部的安装位置中取出。
⑥ 将盖板重新装到 CPU 上。
⑦ 重新装上端子板盖子。

5. 安装和拆卸通信模块（CM）

将全部通信模块（CM）连接到 CPU 上，然后将该组件作为一个单元安装到 DIN 导轨或面板上，安装通信模块的示意图如图 1-2-9 所示。

其具体操作步骤如下：

① 确保 CPU 和所有 S7-1200 设备都与电源断开。

② 请先将 CM 连接到 CPU 上，然后再将整个组件作为一个单元安装到 DIN 导轨或面板上。

③ 卸下 CPU 左侧的总线盖。将螺丝刀插入总线盖上方的插槽中，轻轻撬出上方的盖。

④ 卸下总线盖。收好盖以备再次使用。

⑤ 将 CM 或 CP 连接到 CPU 上。使 CM 的总线连接器和接线柱与 CPU 上的孔对齐。用力将两个单元压在一起直到接线柱卡入到位。

⑥ 将 CPU 和 CP 安装到 DIN 导轨或面板上。

图 1-2-9　安装通信模块

将 CPU 和通信模块（CM）作为一个完整单元从 DIN 导轨或面板上卸下。拆卸通信模块如图 1-2-10 所示。

其具体操作步骤如下：

① 确保 CPU 和所有 S7-1200 设备都与电源断开。

② 拆除 CPU 和 CM 上的 I/O 连接器和所有接线及电缆。

③ 对于 DIN 导轨安装，将 CPU 和 CM 上的下部 DIN 导轨卡夹掰到伸出位置。

④ 从 DIN 导轨或面板上卸下 CPU 和 CM。

⑤ 用力抓住 CPU 和 CM，并将它们分开。

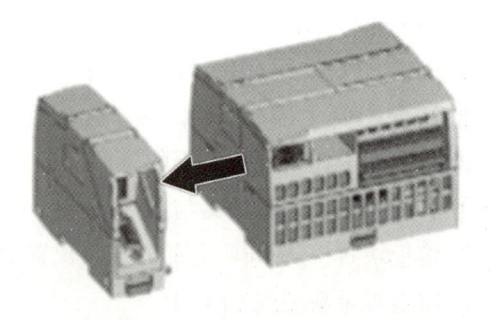

图 1-2-10　拆卸通信模块

6. 拆卸和重新安装 S7-1200 PLC 端子板连接器

通过卸下 CPU 的电源并打开连接器上的盖子，准备从系统中拆卸端子板连接器。拆卸端子板示意图如图 1-2-11 所示。

其具体操作步骤如下：

① 确保 CPU 和所有 S7-1200 设备都与电源断开。
② 查看连接器的顶部并找到可插入螺丝刀头的槽。
③ 将螺丝刀插入槽中。
④ 轻轻撬起连接器顶部使其与 CPU 分离。连接器从夹紧位置脱离。
⑤ 抓住连接器并将其从 CPU 上卸下。

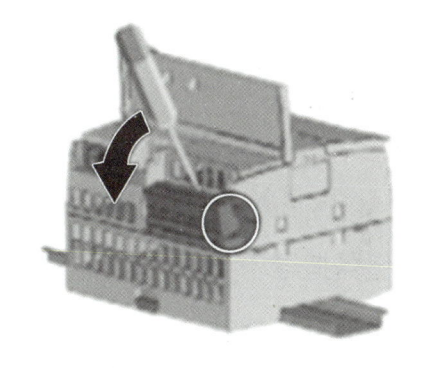

图 1-2-11 拆卸端子连接器

断开 CPU 的电源并打开连接器的盖子，准备端子板安装的组件。安装端子板示意图如图 1-2-12 所示。

其具体操作步骤如下：

① 确保 CPU 和所有 S7-1200 PLC 设备都与电源断开。
② 使连接器与单元上的插针对齐。
③ 将连接器的接线边对准连接器座沿的内侧。
④ 用力按下并转动连接器直到卡入到位。仔细检查以确保连接器已正确对齐并完全啮合。

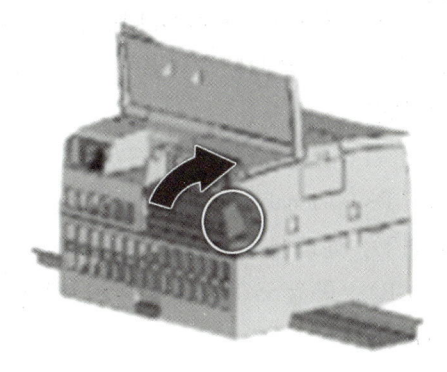

图 1-2-12 安装端子连接器

1.2.3 任务要求

按任务指导的介绍方法，对 S7-1200 PLC 的 CPU 模块、信号模块、通信模块、信号板、端子板进行安装与拆卸训练，以达到熟练拆装的水平。

1.2.4 思考题

1. 西门子 S7-1200 PLC 的安装环境要求。
2. 西门子 S7-1200 PLC 安装需要预留的通风空间。

任务1.3 编程软件与仿真软件的安装

1.3.1 任务目标

1. 学会 TIA 博途软件 STEP 7 Professional 的安装。
2. 学会 TIA 博途软件的仿真软件 S7-PLCSIM 的安装。

1.3.2 任务指导

1. TIA 博途软件介绍

TIA 博途（Totally Integrated Automation Portal）软件是西门子全集成自动化的全新工程设计软件平台，S7-1200 用 TIA 博途软件中的 STEP 7 Basic（基本版）或 STEP 7 Professional（专业版）编程。

TIA 博途软件中的 STEP 7 Professional 可用于 S7-1200/1500、S7-300/400 和 WinAC 的组态和编程。TIA 博途软件中的 WinCC 工程组态是用于西门子的 HMI、工业 PC 和标准 PC 的组态软件，精简面板可使用 WinCC 的基本版。STEP 7 集成了 WinCC 的基本版。

软件中的 STEP 7 Safety 适用于标准和故障安全自动化的工程组态系统，支持所有的 S7-1200F/1500F-CPU 和老型号 F-CPU。

SINAMICS Startdrive 是适用于所有西门子驱动装置和控制器的工程组态平台，集成了硬件组态、参数设置以及调试和诊断功能，可以无缝集成到 SIMATIC 自动化解决方案。

TIA 博途软件结合面向运动控制的 SCOUT 软件，可以实现对 SIMOTION 运动控制器的组态和程序编辑。

2. 安装 TIA 博途软件对计算机的要求

STEP 7 Professional（专业版）/Basic（基本版）安装前的大小相差不大。推荐的计算机硬件配置如下：处理器主频 Core i5-6440EQ 3.4 GHz 或者相当，16 GB 或者更多（对于大型项目为 32 GB），硬盘 SSD 配备至少 50 GB 的存储空间，15.6" 宽屏显示器，分辨率为 1 920 像素×1 080 像素。

STEP 7 Professional/Basic 要求的计算机操作系统为非家用版的 64 位的 Windows 7 SP1、

非家用版的 64 位的 Windows 10 和非家用版的 64 位的 Windows 11 以及某些 Windows 服务器，不支持 Windows XP。64 位的 Windows 7 Home Premium SP1（64 位）和 Windows 10 Home Version（64 位）仅可以安装 STEP 7 Basic（基本版）。

TIA 博途软件中的软件应按下列顺序安装：STEP 7 Professional、S7-PLC SIM、WinCC Professional、StartDrive、STEP 7 Safety Advanced。

3. 安装 TIA 博途软件

建议在安装 TIA 博途软件之前关闭或静默杀毒软件和防火墙软件。双击文件夹"STEP7 Professional V15"中的"TIA_Portal_STEP_7_Pro_WINCC_Pro_V15.exe"可执行文件进行解压，解压完成后双击"Start.exe"文件便可开始安装 STEP 7。

① 在"安装语言"对话框，采用默认选项，即"安装语言：中文"，单击对话框的"下一步"按钮，进入"产品语言"对话框，如图 1-3-1 所示。

② 在"产品语言"对话框中，采用默认的英语和中文，单击对话框的"下一步"按钮，进入"产品配置"对话框，如图 1-3-2 所示。

图 1-3-1 "安装语言"对话框   图 1-3-2 "产品语言"对话框

③ 在"产品配置"对话框，建议采用"典型"配置和 C 盘中默认的安装路径，如图 1-3-3 所示。单击"浏览"按钮，可以设置安装软件的目标文件夹。

④ 在"许可证条款"对话框，用鼠标单击窗口下面的两个小正方形复选框，使方框中出现"√"（上述操作简称为"勾选"），接受列出的许可证协议的条款，如图 1-3-4 所示。

⑤ 在"安全控制"对话框，勾选复选框"我接受此计算机上的安全和权限设置"，如图 1-3-5 所示。

⑥ "概览"对话框列出了前面设置的产品配置、产品语言和安装路径。确认无误后单击"安装"按钮，开始安装软件，如图 1-3-6 所示。

图 1-3-3　STEP 7 Professional V15 安装方式及路径

图 1-3-4　"许可证条款"对话框

图 1-3-5　"安全控制"对话框

图 1-3-6　程序安装概览

⑦ 安装快结束时，单击"许可证传送"对话框中的"跳过许可证传送"按钮（见图 1-3-7），以后再传送许可证密钥。此后，系统会继续安装过程，最后单击"安装已成功完成"对话框中的"重新启动"按钮，立即重启计算机。

S7-PLCSIM V15 和 STEP 7 Professional V15 的安装过程几乎完全相同。

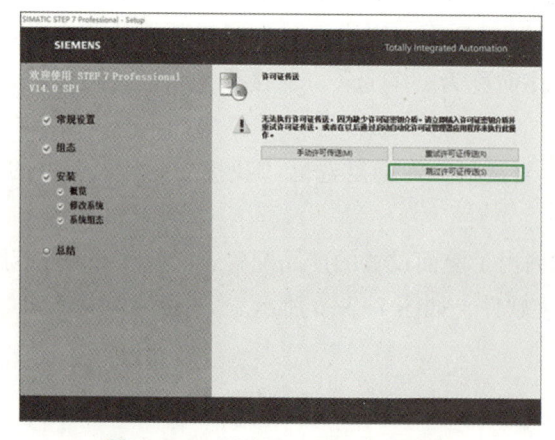

图 1-3-7　"许可证传送"对话框

1.3.3 任务要求

1. 按照安装步骤安装 STEP 7 Professional V15 软件。
2. 参照 STEP 7 Professional V15 的安装过程安装 S7-PLCSIM V15 软件。

1.3.4 思考题

1. 安装 STEP 7 Professional／Basic V15 的硬件要求。
2. 安装 STEP 7 Professional／Basic V15 的软件要求。

任务 1.4　TIA 博途软件使用入门与项目创建

1.4.1 任务目标

1. 学会使用 STEP 7 Professional 软件新建项目。
2. 学会对机械手控制系统进行硬件组态。

1.4.2 任务指导

1. 新建一个项目

在应用程序中打开"TIA Portal V15"程序。

执行启动视图中的菜单命令"创建新项目",在出现的"创建新项目"对话框中,将项目的名称修改为"任务 1.4"。单击"路径"输入框右边的按钮,可以修改保存项目的路径。单击"创建"按钮,开始生成项目,如图 1-4-1 所示。

视频讲解

项目的创建方法

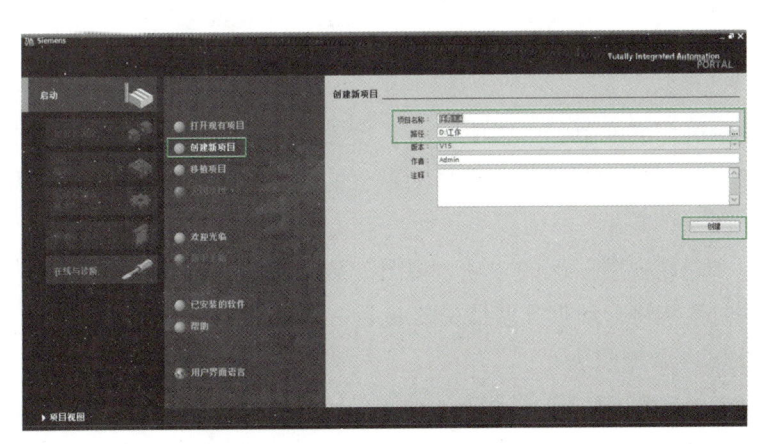

图 1-4-1　创建新项目

2. 添加新设备

双击项目树中的"组态设备",系统弹出"组态设备"对话框,如图1-4-2所示。单击其中的"控制器"按钮,双击要添加的CPU的订货号,可以添加一个PLC。在项目树、设备视图和网络视图中可以看到添加的CPU,如图1-4-3、图1-4-4所示。

图1-4-2 组态设备

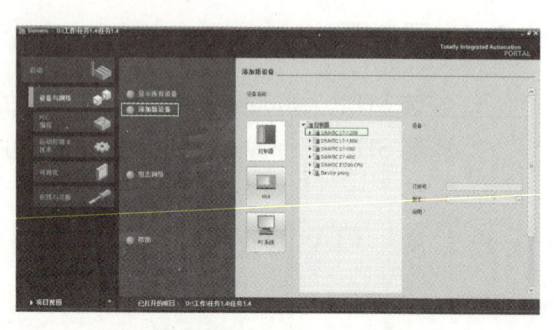

图1-4-3 添加CPU设备

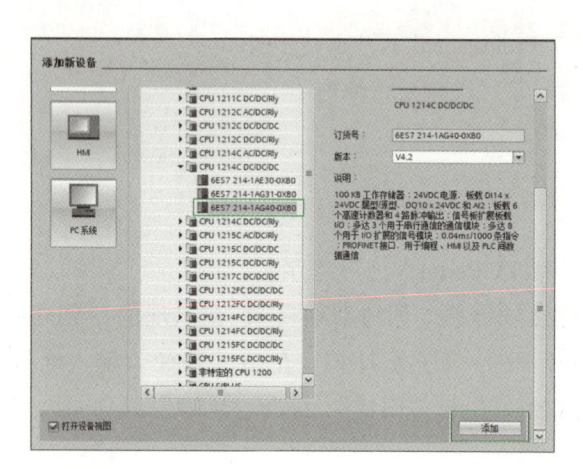

图1-4-4 添加1214C DC/DC/DC CPU 设备

3. 设置项目的参数

在项目视图中执行菜单命令"选项"→"设置",选中工作区左边浏览窗口的"常规"项,如图1-4-5所示,用户界面语言选择为默认的"中文",助记符选择为默认的"国际"(英语助记符)。

建议用选中"起始视图"区的"项目视图"或"最近的视图"单选框。这样以后在打开TIA博途软件时系统将自动打开项目视图或上一次关闭的视图。

4. 在设备视图中添加模块

打开项目树中的"PLC_1"文件夹,如图1-4-6所示,双击其中的"设备组态",打开设备视图,即可打开已有的1号插槽中的CPU模块。在硬件组态时,需要将I/O模块或通信模块放置到工作区的机架的插槽内,有两种放置硬件对象的方法。

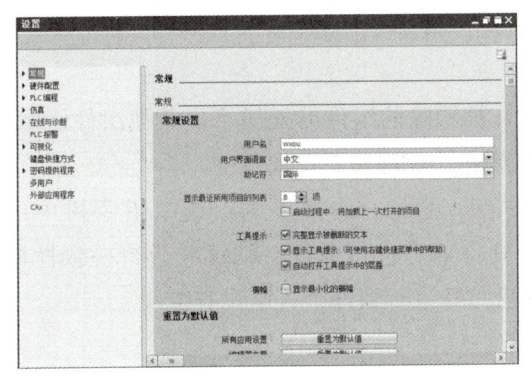

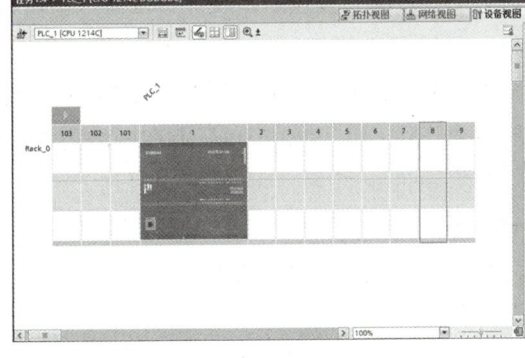

图 1-4-5　设置 TIA 博途软件的常规参数　　　　图 1-4-6　在项目视图中组态硬件

(1) 用"拖拽"的方法放置硬件对象

单击图 1-4-6 中最右边竖条上的"硬件目录"按钮，打开硬件目录窗口。打开文件夹"DI/DQ"→"DI8/DQ8 24VDC"，单击选中订货号为输入 DC/8 输出 DC（6ES7223-1BH32-0XB0）输入/输出模块，其背景变为深色。可以插入该模块的 CPU 右边的插槽四周出现深蓝色的方框，只能将该模块插入这些插槽。用鼠标左键按住该模块不放，移动鼠标，将选中的模块"拖"到机架中 CPU 右边的 2 号插槽，该模块浅色的图标和订货号随着光标一起移动。松开鼠标左键，拖动的模块将被放置到选中的插槽，如图 1-4-7 所示。

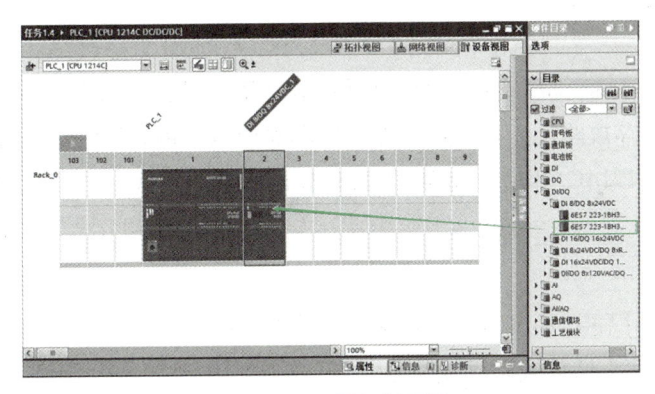

图 1-4-7　添加新硬件

用上述的方法将 CPU、HMI 或分布式 I/O 拖拽到网络视图，可以生成新的设备。

(2) 用双击的方法放置硬件对象

放置模块还有另外一种简便的方法，首先用鼠标左键单击机架中需要放置模块的插槽，使它的四周出现深蓝色的边框。用鼠标左键双击硬件目录中要放置的模块的订货号，该模块便出现在选中的插槽中。

5. 硬件目录中的过滤器

如果勾选了图 1-4-6 中"硬件目录"窗口左上角的"过滤"复选框，则将激活硬件目录的过滤器功能，硬件目录只显示与工作区有关的硬件。例如，打开 S7-1200 的设备视图时，如果勾选了"过滤"复选框，硬件目录窗口不显示其他控制设备，只显示 S7-1200 的组件。

6. 删除硬件组件

可以删除设备视图或网络视图中的硬件组件，被删除的组件的插槽可供其他组件使用。不能单独删除 CPU 和机架，只能在网络视图或项目树中删除整个 PLC 站。

删除硬件组件后，可能在项目中产生矛盾，即违反了插槽规则。选中指令树中的"PLC_1"，单击工具栏上的"编译"按钮，对硬件组态进行编译。编译时进行一致性检查，如果有错误将会显示错误信息，应改正错误后重新进行编译，直至没有错误。

7. 复制与粘贴硬件组件

可以在项目树、网络视图或设备视图中复制硬件组件，然后将保存在剪贴板上的组件粘贴到其他地方。可以在网络视图中复制和粘贴站点，在设备视图中复制和粘贴模块。

可以用拖拽的方法或通过剪贴板在设备视图或网络视图中移动硬件组件，但是 CPU 必须在 1 号槽。

8. 改变设备的型号

用鼠标右击设备视图中要更改型号的 CPU 或 HMI，选择系统弹出的快捷菜单中的"更改设备类型"命令，双击出现的"更改设备"对话框的"新设备"列表中用来替换的设备的订货号，设备型号被更改。

1.4.3 任务要求

使用 STEP 7 Professional 软件新建机械手控制系统项目，项目名称为"任务 1.4 机械手控制系统的实现"，存放路径为"D:\可编程控制器应用实训\任务 1.4 机械手控制系统的实现"，选用的为"1214C DC/DC/DC（6ES7214-1AG40-0XB0）"型 CPU。

1.4.4 思考题

1. S7-1200 CPU 1214C 最多可以扩展多少信号模块？
2. 可以使用哪些方法放置硬件模块？

实训要求

1. 实施任务并观察结果，记录完整操作过程。
2. 归纳可编程控制器的选型的方法和注意事项。
3. 归纳可编程控制器安装与拆卸的操作方法。
4. 归纳 TIA 博途软件的安装环境和安装方法。
5. 总结项目创建及硬件组态的方法。

实训注意事项

1. 硬件操作前必须切断电源。
2. 实训前认真阅读任务指导内容。
3. 保持安全、文明操作。

模块小结

本模块介绍了可编程序控制器的认识性实践技能,包括可编程序控制器的选型、硬件拆装、TIA 博途软件安装及使用。可编程序控制器的选型可以从 CPU 功能、编程语言、模拟量 I/O 模块及智能模块、通信功能及性价比等方面考虑。对可编程控制器的硬件进行安装与拆卸,包括 CPU、信号板、信号模块、通信模块。TIA 博途软件的安装要注意软件对安装环境的要求以及软件安装的正确步骤和方法。通过 TIA 博途软件创建一个新项目,主要包括设置项目的参数、硬件组态等任务。通过认识性的操作训练,使学习者能够得到可编程序控制器技术基本应用技能的训练。

模块 2
可编程控制器的指令应用实训

学习目标

1. 能够运用位逻辑指令在控制系统中进行编写控制程序。
2. 能够运用定时器与计数器指令进行时间控制和信号计数。
3. 能够运用数据处理指令进行数据处理并编写控制程序。
4. 能够运用数学运算指令进行数据运算并编写控制程序。
5. 能够解释跳转和标签指令对程序进行控制的用法。
6. 能够运用 TIA 博途软件进行控制程序编写、调试和在线监控。

学习任务

1. 运用位逻辑指令对电动机单向运行进行启动和停车的控制。
2. 根据要求运用定时器与计数器指令对电动机进行启动和停车的控制。
3. 根据要求运用数据处理指令对 8 段 LED 数码管进行控制。
4. 根据要求运用数学运算指令对采集到的数据进行计算并控制。
5. 运用跳转和标签指令对两台电动机进行不同工作模式的控制。

学习建议

本模块围绕 5 个实训任务，以具体任务实施的方式展开。内容涉及 S7-1200 PLC 的基本指令、功能指令编程及应用。在学习时要关注每个指令的功能和用法，为后续实训任务的实施奠定基础。首先通过观看视频教材了解指令在应用中的使用方法，再通过具体任务的实施开展实训活动，学会如何根据控制要求正确运用指令，并尝试独立进行简单控制程序的编写。

关键词

S7-1200 PLC、位逻辑指令、定时器与计数器指令、数据处理指令、数学运算指令、跳转和标签指令、程序编写。

任务 2.1　位逻辑指令实训

2.1.1　任务目标

1. 学会 TIA 博途编程软件的使用方法。
2. 学会并掌握逻辑指令的使用及编程方法。
3. 能够根据功能控制要求编写 I/O 分配表，绘制接线图。
4. 能够根据功能控制要求完成硬件安装及硬件组态。
5. 能够编制电动机单向运行的控制程序及系统调试。

2.1.2　任务导入

逻辑指令是可编程控制器编写程序最常用的指令，理解并能熟练应用逻辑指令是进行程序编写的先决条件。逻辑指令的主要组成部分是位逻辑指令，主要有触点指令、线圈指令、置位和复位指令、边沿跳变指令等，见表 2-1-1。

表 2-1-1　位逻辑指令

指令	功能	指令	功能
─┤├─	常开触点	SR（S Q / R1）	复位优先
─┤/├─	常闭触点	RS（R Q / S1）	置位优先
─┤NOT├─	取反触点	─┤P├─	上升沿检测触点
─( )─	输出线圈	─┤N├─	下降沿检测触点
─(/)─	取反输出线圈	─(P)─	上升沿检测线圈
─(S)─	置位	─(N)─	下降沿检测线圈
─(R)─	复位	P_TRIG（CLK Q）	上升沿触发器
─(SET_BF)─	区域置位	N_TRIG（CLK Q）	下降沿触发器
─(RESET_BF)─	区域复位		

2.1.3 任务要求

电动机单向运行的启动/停止控制是最基本、最常用的控制。按下启动按钮，电动机启动运行，按下停止按钮，电动机停车。由于 PLC 的带负载能力有限，一般不能直接驱动电动机，而是通过接通接触器（或继电器）的线圈来控制接通电动机的主电路的。为了了解电动机的运行状况，可以分别用绿色指示灯 L1 和红色指示灯 L2 表示电动机的运行和停止状态。

2.1.4 任务准备

① 安装有 TIA 博途软件的计算机。
② 使用 S7-1200 实验箱电动机模块，若不具备实验箱也可以使用 S7-1200 PLC、按钮和指示灯进行模拟。
③ 连接导线及以太网线。
④ 常用电工工具。
⑤ 熟悉常开触点，常闭触点，输出线圈，置位、复位等基本逻辑指令的功能及用法。

2.1.5 任务实施及步骤

S7-1200 PLC 电动机单向运行的启动/停止控制主要步骤包括硬件连接、设备组态、PLC 编程、系统调试等。

1. 端口分配及硬件连接

（1）I/O 端口分配表

电动机单向运行的启动/停止控制系统 I/O 端口分配及功能见表 2-1-2。

表 2-1-2 I/O 端口分配及功能表

输入			输出		
名称	PLC 端口	功能	名称	PLC 端口	功能
SB1	I0.0	启动按钮	KA	Q0.0	电动机继电器
SB2	I0.1	停止按钮	HL1 灯	Q0.1	绿色指示灯
			HL2 灯	Q0.2	红色指示灯

（2）硬件连接

本任务使用 S7-1200 PLC 实验箱实现。按接线图将实验箱上的连接线一一连接，完成硬件连接，如图 2-1-1、图 2-1-2 所示。完成的接线情况如图 2-1-3 所示。

2. 设备组态

完成接线后，进行设备组态。组态过程主要是利用 TIA 博途软件进行项目的创建，创建完成的效果如图 2-1-4 所示。具体步骤如下：

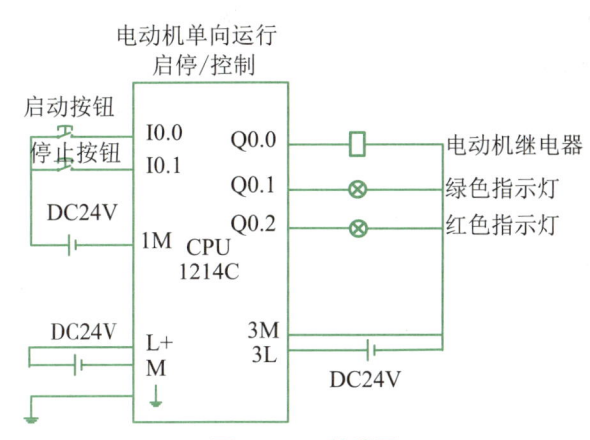

模块 2　可编程控制器的指令应用实训　25

图 2-1-1　接线图

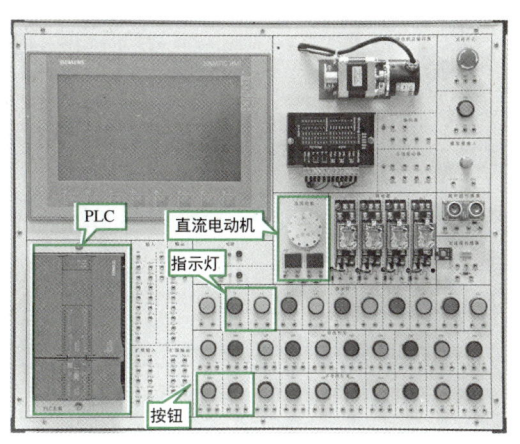

图 2-1-2　实验设备实物图

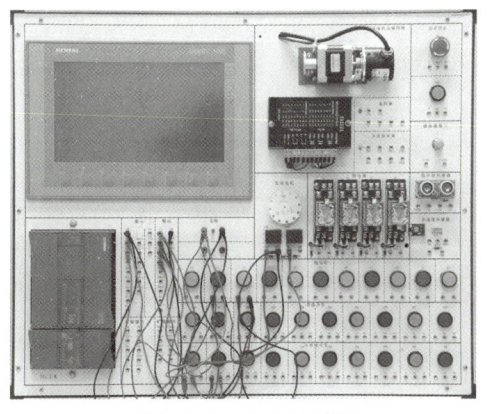

图 2-1-3　接线完成图

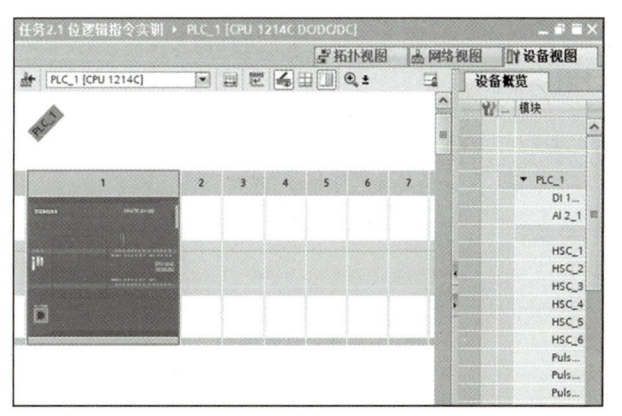

图 2-1-4　项目的创建

① 新建项目。打开 TIA 博途软件，输入项目名称，创建新项目。

② 组态设备。添加新设备，选择具体设备和版本号，进行组态设备。

③ 下载设备。

3. 编写控制程序

① 创建变量表。进入软件后，第一步要创建变量表。

② 编写程序。输入程序块，双击"程序块"中 Main（主程序）选项，进入程序编辑模式。

4. 系统调试

结合实验设备进行程序下载、监控、运行，操作实验设备。

① 将编写好的程序下载到 PLC 中，控制电动机和指示灯进行工作，如图 2-1-5 所示，检查各项准备是否符合任务要求。

② 装载程序，单击监控和运行指令，如图 2-1-6、图 2-1-7、图 2-1-8 所示。

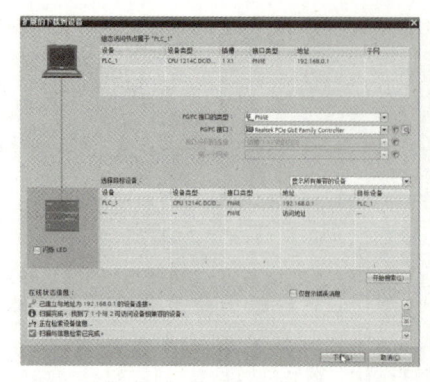

图 2-1-5 程序下载

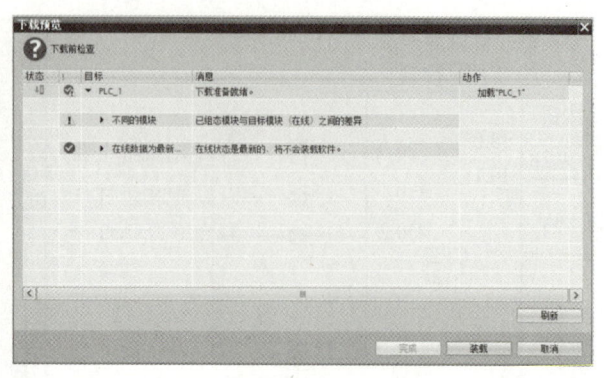

图 2-1-6 装载程序

图 2-1-7 完成下载

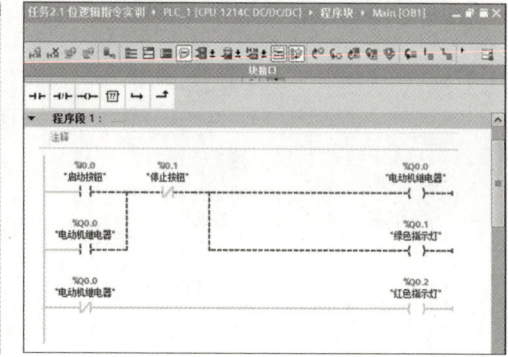

图 2-1-8 监控程序

③ 按任务要求，在实验设备上进行操作，如图 2-1-9、图 2-1-10 所示。

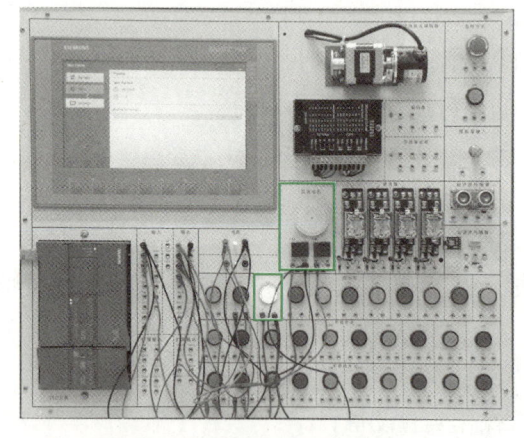

图 2-1-9 电动机单向启动状态

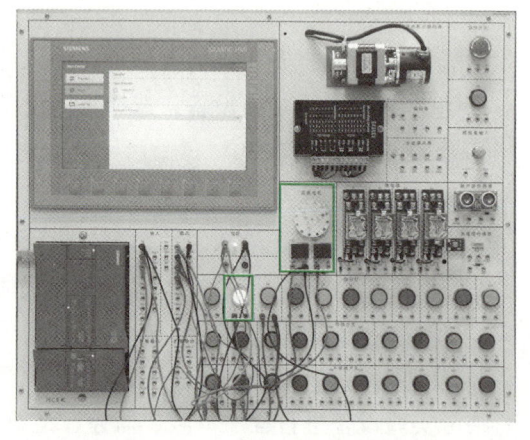

图 2-1-10 电动机停止运行状态

按下启动按钮，电动机启动，绿色指示灯点亮，松开启动按钮该状态继续维持。按下停止按钮，电动机停止运行，红色指示灯点亮，控制过程结束。这样我们就可以实现电动机单向启动/停止控制了。

2.1.6 任务指导

1. 程序设计

完成本任务的编程方法有多种，既可以使用最常见的触点、线圈指令，采用"启保停"电路实现；也可以采用置位、复位指令实现，指令功能说明如下。

（1）常开触点和常闭触点指令

常开触点在指定位为"1"状态时闭合，为"0"状态时断开；常闭触点在指定位为"1"状态时断开，为"0"状态时闭合。

（2）输出线圈

线圈输出指令将线圈的状态写入指定的地址，通电时写入"1"，断电时写入"0"。取反输出线圈中间有"/"符号，如果有能流流过取反输出线圈，则指定的地址为"0"，反之为"1"。

（3）置位指令和复位指令

S（置位）指令将指定的地址置位，即变为"1"状态并保持；R（复位）指令将指定的地址复位，即变为"0"状态并保持。置位指令和复位指令最主要的特点是有记忆和保持功能。

（4）多点置位和多点复位指令

SET_BF（多点置位）指令将指定的地址开始的连续若干个位地址的位变为"1"状态并保持；RESET_BF（多点复位）指令将指定的地址开始的连续若干个位地址的位变为"0"状态并保持。多点置位指令和多点复位指令最主要的特点是有记忆和保持功能。

（5）置位优先锁存器和复位优先锁存器

SR 是复位优先锁存器，当置位（S）接通，复位（R1）未接通时，指定地址置位为"1"；当置位（S）未接通，复位（R1）接通时，指定地址被复位为"0"；在置位（S）和复位（R1）同时接通时，指定地址被复位为"0"。

RS 为置位优先锁存器，当复位（R）接通，置（S1）未接通时，指定地址复位为"0"；当复位（R）未接通，置位（S1）接通时，指定地址置位为"1"；在复位（R）和置位（S1）都接通时，指定地址置位为"1"。

2. 创建变量表并编写程序

（1）创建变量表

① 创建程序。进入软件后，第一步要创建变量表，如图 2-1-11 所示。

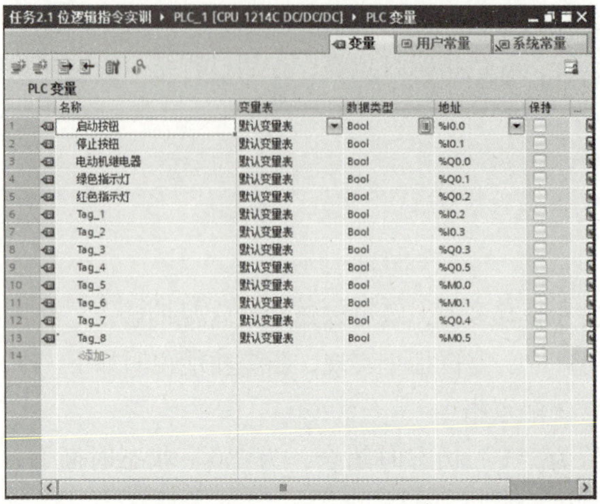

图 2-1-11 创建变量表

② 为启动按钮和停止按钮分配输入地址变量，分别为 I0.0 和 I0.1，如图 2-1-12 所示。

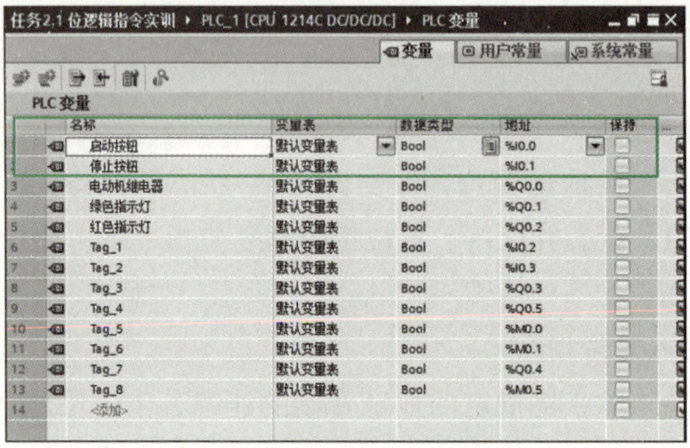

图 2-1-12 输入地址变量

③ 输出地址变量 Q0.0~Q0.2 分别代表继电器和指示灯，如图 2-1-13 所示。

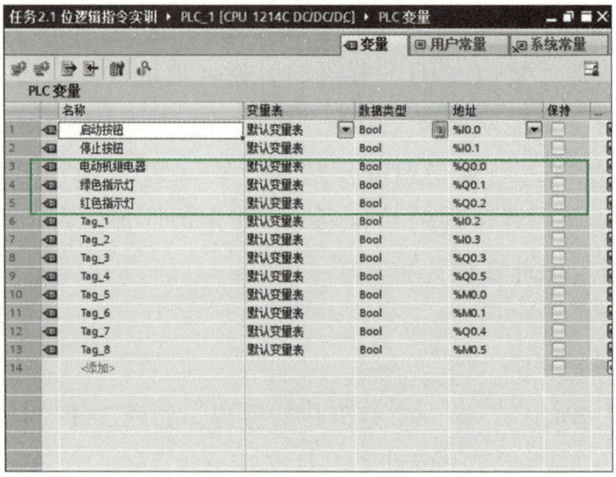

图 2-1-13 输出地址变量

④ 设置完成变量后，就可以进入程序编写环节了。

（2）编写程序

输入程序块。双击"程序块"中的 Main（主程序）选项，进入程序编辑模式。本次任务程序既可以使用触点和线圈，采用"启保停"电路编写（见图 2-1-14），也可以使用置位复位指令编写（见图 2-1-15）。

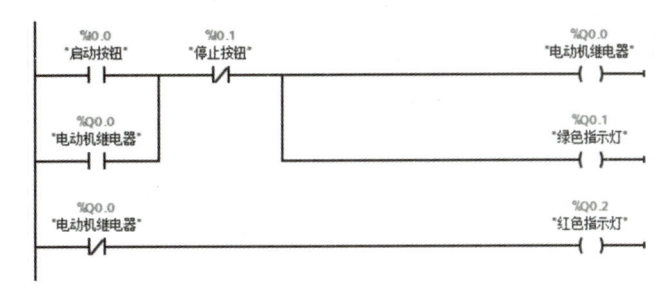

图 2-1-14　电动机启动/停止控制梯形图程序 1

图 2-1-15　电动机启动/停止控制梯形图程序 2

2.1.7　思考题

1. S7-1200 PLC 的多点置位和多点复位指令在使用时要注意哪些地方？
2. S7-1200 PLC 的置位优先锁存器和复位优先锁存器有什么区别？

任务 2.2　定时器与计数器指令实训

2.2.1　任务目标

1. 学会 TIA 博途编程软件的使用方法。
2. 学会定时器与计数器的使用及编程方法。
3. 能够根据功能控制要求编写 I/O 分配表，绘制接线图。
4. 能够根据功能控制要求完成硬件安装及硬件组态。
5. 能够编制电动机间歇运行的控制程序及系统调试。

2.2.2 任务导入

S7-1200编程时涉及的基本指令较多,其中最常见的基本指令是定时器和计数器指令,而且在控制应用中时间控制和信号计数也是较为常见的控制形式,因此理解并学会定时器和计数器的使用方法十分必要。定时器和计数器指令见表2-2-1。

表 2-2-1 定时器和计数器指令

类型	脉冲定时器	接通延时定时器	断开延时定时器	记忆接通延时定时器
指令	TP	TON	TOF	TONR
功能	生成具有预设宽度时间的脉冲	输出Q在预设的延时过后设置为ON	输出Q在预设的延时过后重置为OFF	输出Q在预设的延时过后设置为ON
梯形图	TP Time IN Q PT ET	TON Time IN Q PT ET	TOF Time IN Q PT ET	TONR Time IN Q R ET PT

类型	加计数器	减计数器	加减计数器
指令	CTU	CTD	CTUD
功能	通过获取计数输入信号的上升沿进行加法计数	通过获取计数输入信号的上升沿进行减法计数	通过获取对应计数输入信号的上升沿,进行加、减法计数
梯形图	CTU Int CU Q R CV PV	CTD Int CD Q LD CV PV	CTUD Int CU QU CD QD R CV LD PV

2.2.3 任务要求

本任务要求设计梯形图程序控制一台电动机按以下顺序启动和停车:按启动按钮后,电动机启动并维持运转10 s,然后暂停运行10 s,时间到后电动机再次启动,重复循环3次后电动机完全停止运转;按下停止按钮,无论电动机处于何种运动状态,电动机立刻停止运行,运行时间和循环次数数据清零。

2.2.4 任务准备

① 安装有 TIA 博途软件的计算机。

② 使用 S7-1200 实验箱电动机模块，若不具备实验箱也可以使用 S7-1200 PLC 并使用按钮和指示灯模拟输入输出设备。

③ 连接导线及以太网线。

④ 常用电工工具。

⑤ 熟悉定时器指令和计数器指令的功能及用法。

2.2.5 任务实施及步骤

S7-1200 PLC 电动机间歇运行的控制主要步骤包括硬件连接、设备组态、PLC 编程、系统调试等。

1. 端口分配及硬件连接

（1）I/O 端口分配表

电动机间歇运行的控制系统 I/O 端口分配及功能见表 2-2-2。

表 2-2-2 I/O 端口分配及功能表

输入			输出		
名称	PLC 端口	功能	名称	PLC 端口	功能
SB1	I0.0	启动按钮	KA	Q0.0	电动机继电器
SB2	I0.1	停止按钮	HL1 灯	Q0.1	绿色运行状态指示灯
			HL2 灯	Q0.2	红色暂停状态指示灯

（2）硬件连接

本任务使用 S7-1200 PLC 实验箱实现。按接线图将实验箱上的连接线一一连接，完成硬件连接，如图 2-2-1、图 2-2-2 所示。完成的接线情况如图 2-2-3 所示。

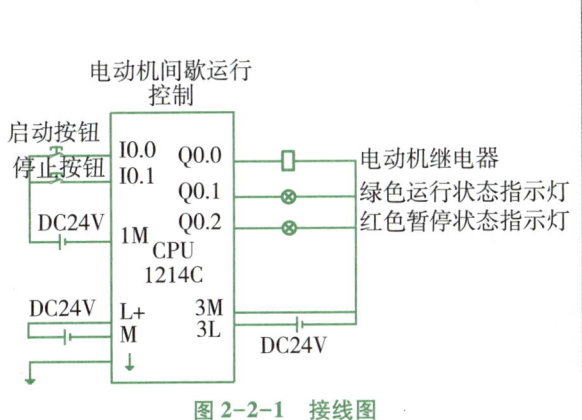

图 2-2-1 接线图

图 2-2-2 实验设备实物图

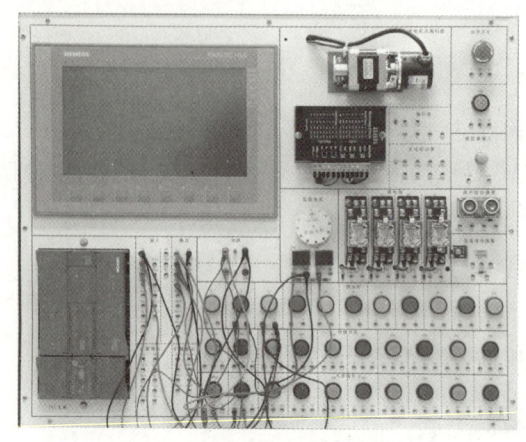

图 2-2-3 接线完成图

2. 设备组态

完成接线后，进行设备组态。组态过程主要是利用 TIA 博途软件进行项目的创建，如图 2-2-4 所示。具体步骤如下：

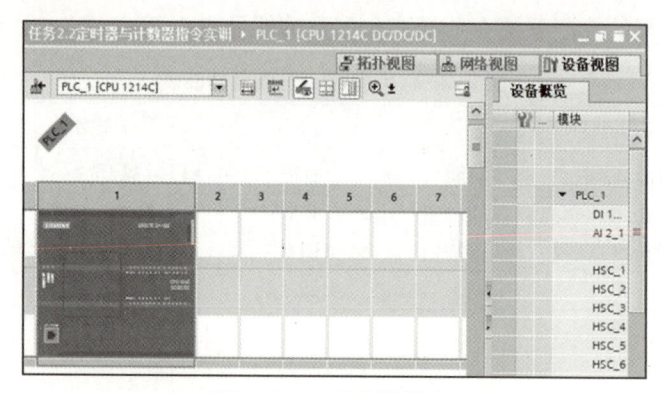

图 2-2-4 项目的创建

① 新建项目。打开 TIA 博途软件，输入项目名称，创建新项目。
② 组态设备。添加新设备，选择具体设备和版本号，进行组态设备。
③ 下载设备。

3. 编写控制程序

① 创建变量表。进入软件后，第一步要创建变量表。
② 编写程序。双击"程序块"中 Main（主程序）选项，进入程序编辑模式。

4. 系统调试

结合实验设备，进行程序的下载、监控、运行，操作实验设备。
① 将编写好的程序下载到 PLC 中，控制电动机和指示灯工作，如图 2-2-5 所示，检查各项准备是否符合任务要求。
② 装载程序，单击"监控"和"运行"项，如图 2-2-6、图 2-2-7、图 2-2-8 所示。

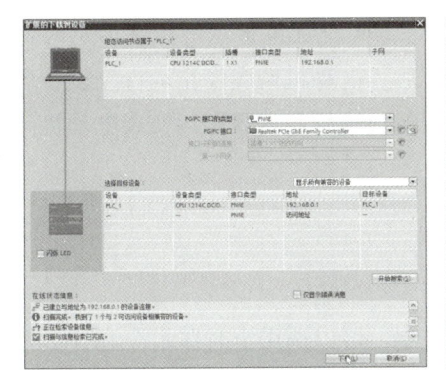

图 2-2-5　程序下载

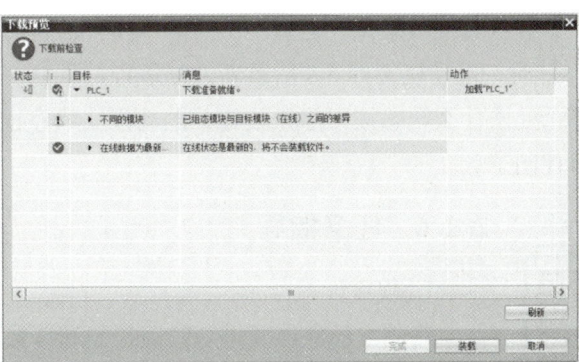

图 2-2-6　装载程序

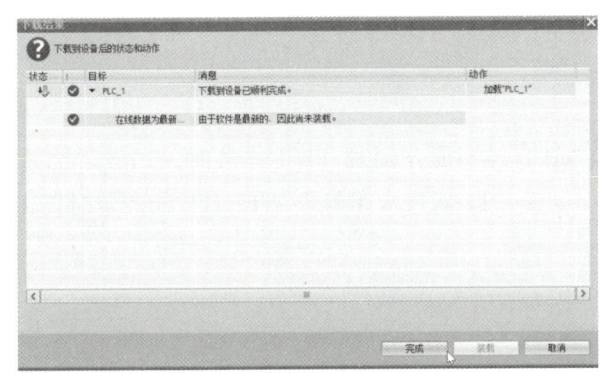

图 2-2-7　完成下载

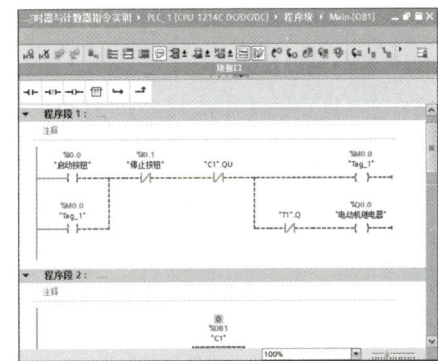

图 2-2-8　监控程序

③ 按任务要求，在实验设备上进行操作，如图 2-2-9、图 2-2-10 所示。

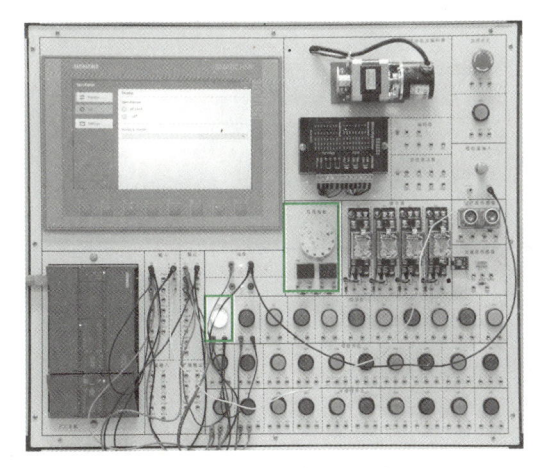

图 2-2-9　电动机运行状态

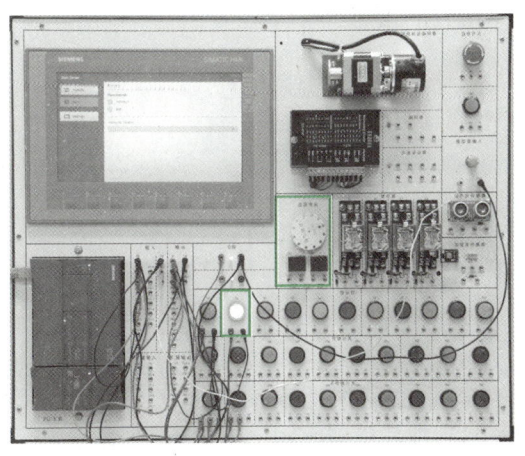

图 2-2-10　电动机暂停运行状态

按下启动按钮，电动机启动的同时绿色指示灯点亮，定时器开始 10 s 计时，松开启动按钮，该状态继续维持；运行 10 s 后，电动机暂停运行，同时红色指示灯点亮，定时器开始 5 s 计时，电动机暂停 5 s 后重新恢复运行；重复三次后，电动机彻底停止运行。设备启动后不论处于什么状态按下停止按钮，电动机立即停止运行。这样我们就可以实现电动机间歇运行控制了。

2.2.6 任务指导

知识拓展
计数器指令的应用

1. 程序设计

完成本任务需要进行时间控制和计数控制，可以选用定时器指令和计数器指令实现。在控制过程中需要进行运行计时和暂停计时两个方面的时间控制，可以选用较为常见的接通延时定时器 TON 进行编程，通过两个 TON 定时器搭建周期时间电路实现时间上的控制。计数方面可以选用加计数器 CTU 进行循环工作次数的记录。

（1）TON 定时器搭建周期时间电路

通过两个定时器搭建了周期电路，当 M0.0 导通时定时器 T1 工作计时，10 s 后接通定时器 T2，定时器 T2 开始计时工作，计时 5 s 后，T2 通过常闭触点"T2.Q"切断定时器 T1。从而在定时器 T1 的 Q 端形成周期性信号。

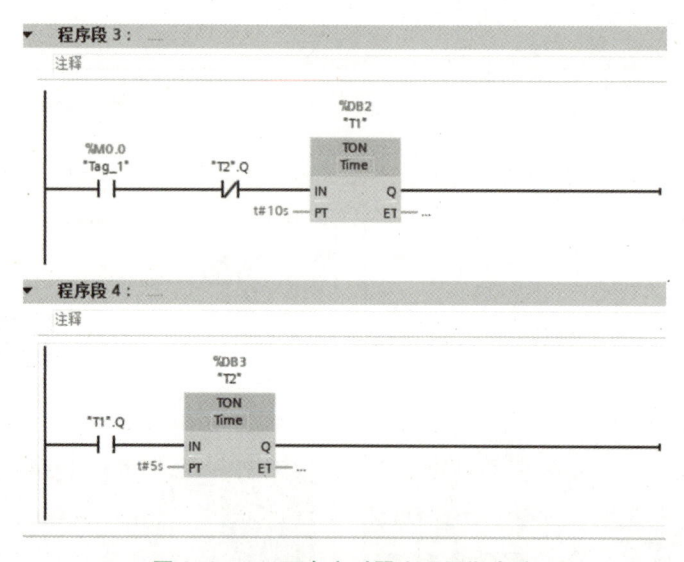

图 2-2-11 两个定时器实现周期电路

（2）加计数器

使用加计数器进行次数计数，定时器 T1 每计一次计时周期就向计数器 CU 端传送一次信号，计数器 C1 计数 1 次。M0.0 在本设计中用于记录电动机是否在工作，当电动机工作满三次停止时，计数器复位端收到 M0.0 的下降沿信号，计数器清 0。

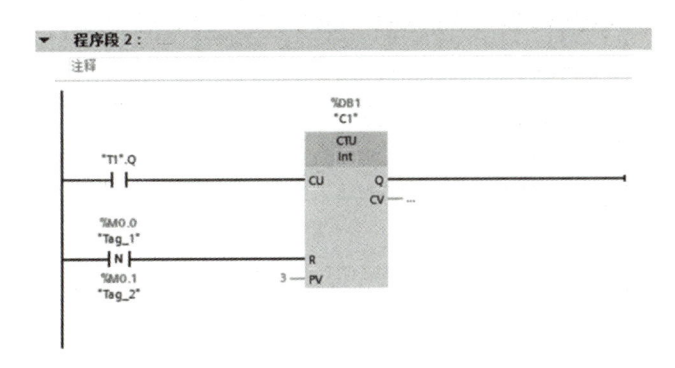

图 2-2-12　CTU 指令的应用

2. 创建变量表并编写程序

（1）创建变量表

① 创建程序。进入软件后，第一步要创建变量表，如图 2-2-13 所示。

② 为启动按钮和停止按钮分配输入地址变量，分别为 I0.0 和 I0.1，如图 2-2-14 所示。

③ 输出地址变量 Q0.0~Q0.2 分别代表继电器和指示灯，如图 2-2-15 所示。

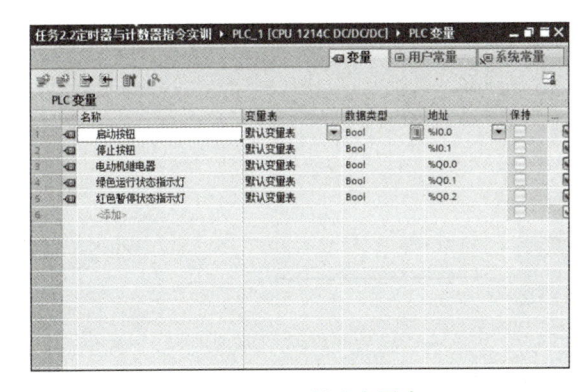

图 2-2-13　创建变量表　　　　　　　图 2-2-14　输入地址变量

④ 设置完变量后，就可以进入程序编写环节了。

（2）编写程序

输入程序块。双击"程序块"中的 Main（主程序）选项，进入程序编辑模式。本次任务程序难点是使用定时器搭建周期电路，需要使用两个定时器分别控制运行和暂停时间，时间周期电路的应用较为常见，需要重点理解和掌握。梯形图程序如图 2-2-16 所示。

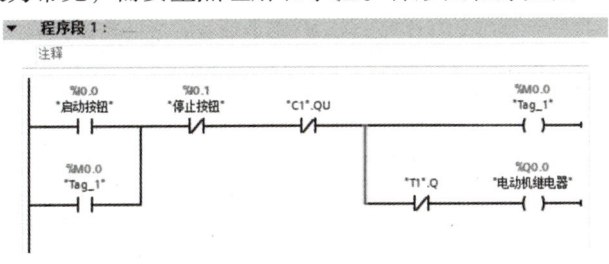

图 2-2-15　输出地址变量

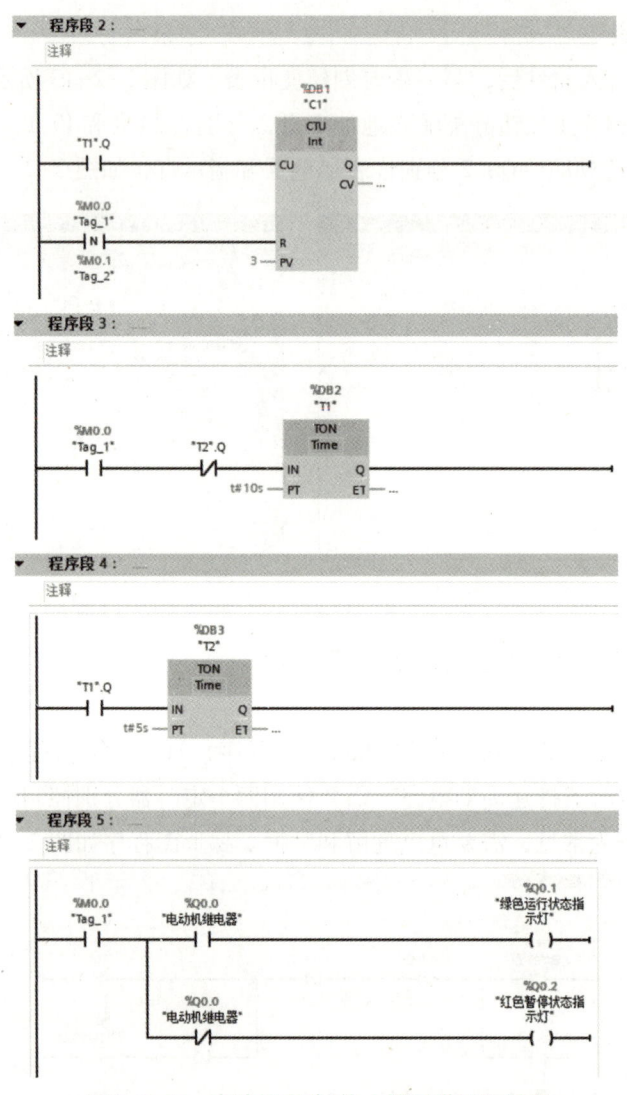

图 2-2-16　电动机启动/停止控制梯形图程序

2.2.7 思考题

1. S7-1200 PLC 的 TONR 指令使用有何特点？需要注意哪些地方？
2. S7-1200 PLC 的 CTUD 指令使用有何特点？需要注意哪些地方？

任务 2.3　数据处理指令实训

2.3.1 任务目标

1. 学会 TIA 博途编程软件的使用方法。
2. 学会常见数据处理指令的使用及编程方法。
3. 能够根据功能控制要求编写 I/O 分配表，绘制接线图。
4. 能够根据功能控制要求完成硬件安装及硬件组态。
5. 能够编制八段 LED 数码管的控制程序及系统调试。

2.3.2 任务导入

S7-1200 编程时经常需要对一些数据进行处理，包括对存储器进行赋值，或者将一些不同类型的数据进行转换，转换为相同类型的数据，然后进行比较或者移位等操作，这都需要用到一些数据处理指令。数据处理指令种类比较多，本任务主要涉及数据移动指令、移位指令、比较指令，利用这些常见的数据指令对八段 LED 数码管进行显示控制。

2.3.3 任务要求

本任务要求设计梯形图程序控制一个八段 LED 数码管进行工作，要求按下启动按钮后数码管开始工作，循环显示数值 0~9，每个值显示 1 s 后跳到下一个值。工作过程中按下停止按钮，立刻停止工作。

2.3.4 任务准备

① 安装有 TIA 博途软件的计算机。
② 使用 S7-1200 实验箱 LED 数码管控制模块，若不具备实验箱，也可以使用 S7-1200 PLC、按钮和 LED 数码管模拟输入输出设备。
③ 连接导线及以太网线。
④ 常用电工工具。
⑤ 熟悉数据处理指令等功能及编程方法。

2.3.5 任务实施及步骤

S7-1200 PLC 数码显示控制主要步骤包括硬件连接、设备组态、PLC 编程、系统调试等。

1. 端口分配及硬件连接

（1）I/O 端口分配表

数码显示控制系统 I/O 端口分配及功能表见表 2-3-1。

表 2-3-1　I/O 端口分配及功能表

输入			输出		
名称	PLC 端口	功能	名称	PLC 端口	功能
SB1	I0.0	启动按钮	A 段	Q0.0	八段 LED 显示 A 段
SB2	I0.1	停止按钮	B 段	Q0.1	八段 LED 显示 B 段
			C 段	Q0.2	八段 LED 显示 C 段
			D 段	Q0.3	八段 LED 显示 D 段
			E 段	Q0.4	八段 LED 显示 E 段
			F 段	Q0.5	八段 LED 显示 F 段
			G 段	Q0.6	八段 LED 显示 G 段
			H 段	Q0.7	八段 LED 显示 H 段

（2）硬件连接

本任务使用 S7-1200 PLC 实验箱实现。按接线图将实验箱上的连接线一一连接，完成硬件连接，如图 2-3-1、图 2-3-2 所示。完成的接线情况如图 2-3-3 所示。

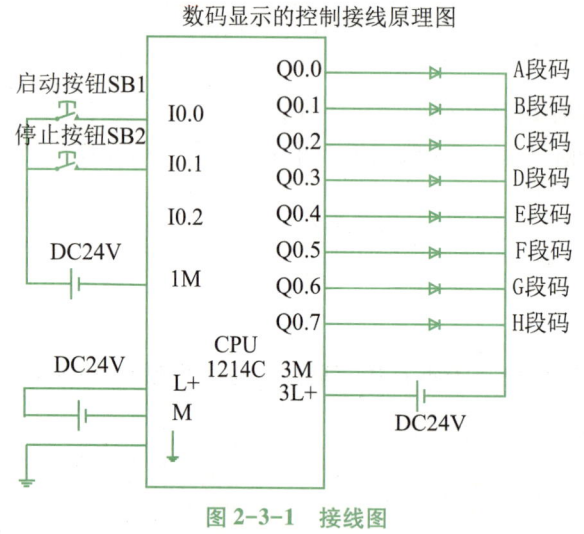

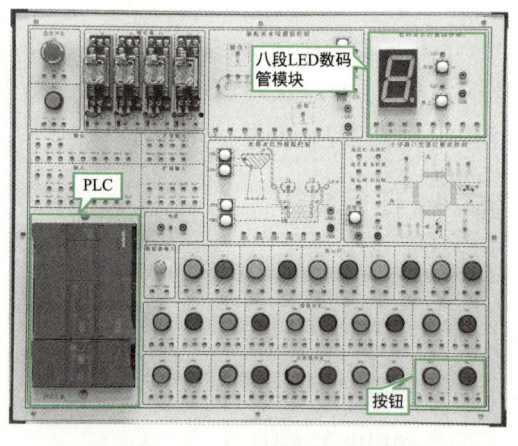

图 2-3-1　接线图

图 2-3-2　实验设备实物图

2. 设备组态

完成接线后，进行设备组态。组态过程主要是利用 TIA 博途软件进行项目的创建，如图 2-3-4 所示。具体步骤如下：

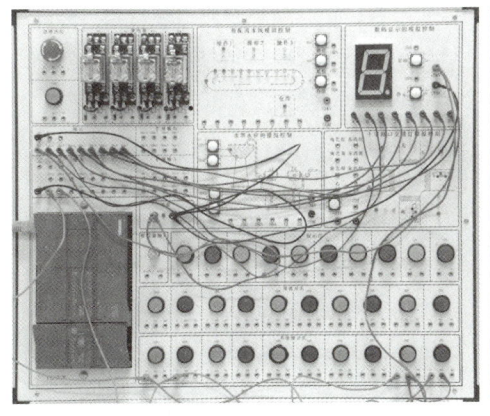

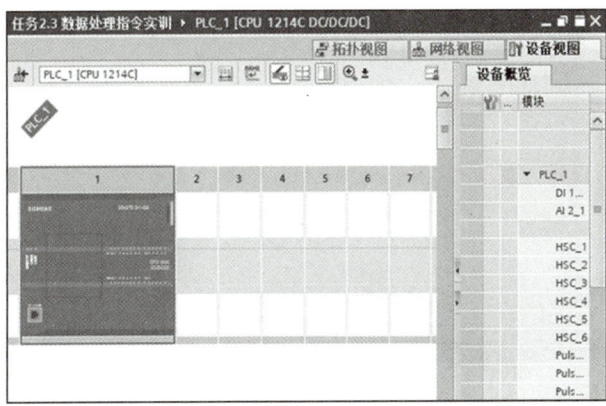

图 2-3-3 接线完成图　　　　　　　　图 2-3-4 项目的创建

① 新建项目。打开 TIA 博途软件，输入项目名称，创建新项目。
② 组态设备。添加新设备，选择具体设备和版本号，进行设备组态。
③ 下载设备。

3. 编写控制程序

① 创建变量表。进入软件后，第一步要创建变量表。
② 编写程序。输入程序块，双击"程序块"中 Main（主程序）选项，进入程序编辑模式。

4. 系统调试

结合实验设备进行程序下载、监控、运行，操作实验设备。

① 将编写好的程序下载到 PLC，控制八段 LED 显示模块进行工作，如图 2-3-5 所示。检查各项准备是否符合任务要求。
② 装载程序，单击"监控"和"运行"选项，如图 2-3-6、图 2-3-7、图 2-3-8 所示。
③ 按任务要求，在实验设备上进行操作，如图 2-3-9、图 2-3-10 所示。

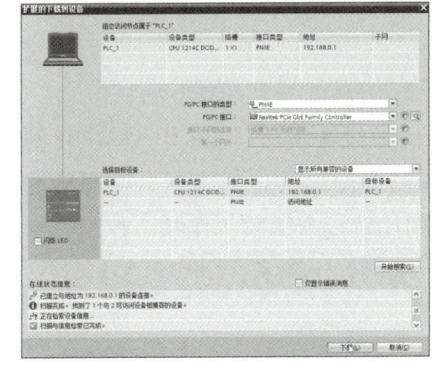

图 2-3-5 程序下载　　　　　　　　图 2-3-6 装载程序

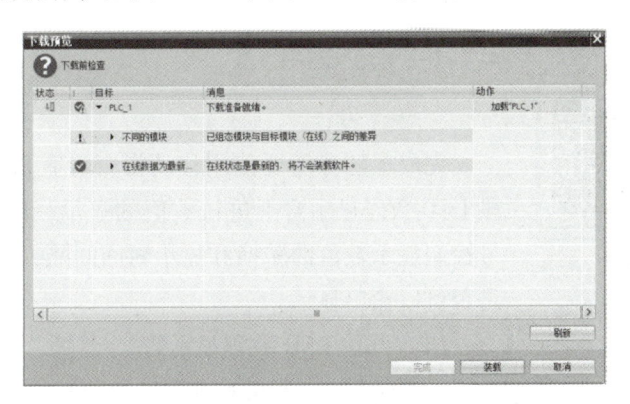

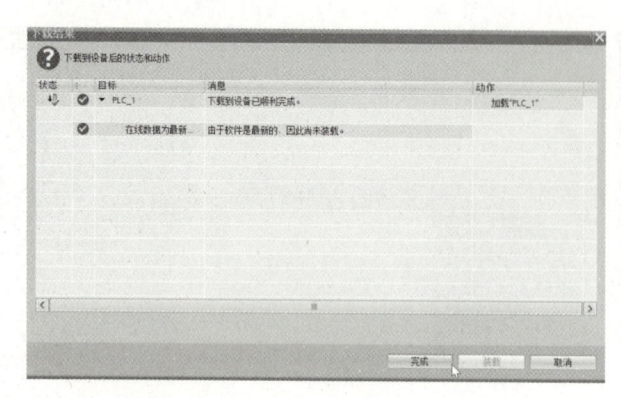

图 2-3-7　完成下载 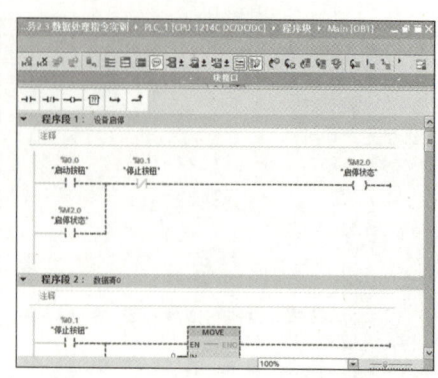　　　　　　　　　图 2-3-8　监控程序

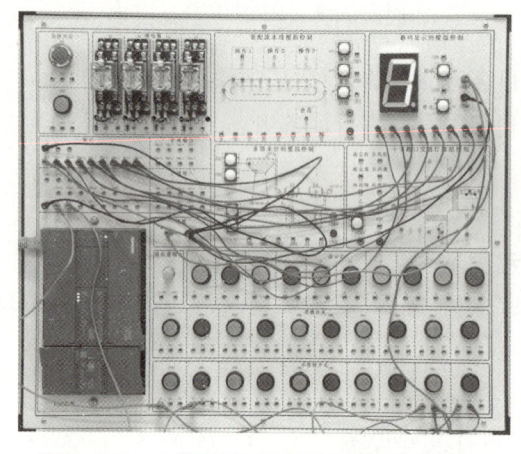

图 2-3-9　八段 LED 数码显示管显示数值 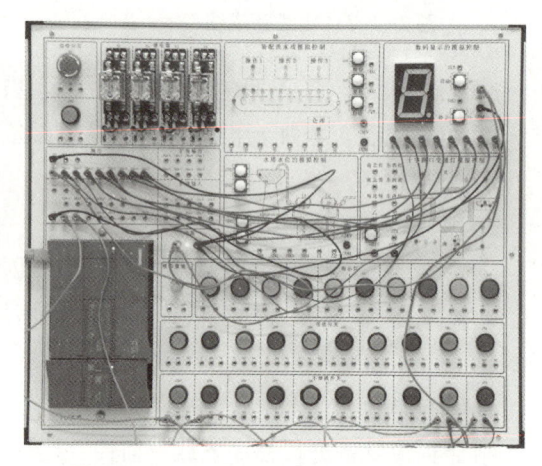　　　图 2-3-10　八段 LED 数码显示管停止工作

按下启动按钮，八段 LED 数码显示管上显示数字 0，1 秒后显示数字 1，再 1 秒后显示数字 2，接着按顺序显示 3、4、5、6、7、8、9，一轮显示完毕后从 0 开始重新显示数值，周而复始。当显示数值过程中按下停止按钮，设备立刻停止工作。这样我们就可以实现八段 LED 数码显示管的控制了。

知识拓展

移位指令、转换指令的应用

2.3.6　任务指导

1. 程序设计

完成本任务需要使用移动指令将显示段码通过输出端口 Q0.0~Q0.7 送到八段 LED 数码显示管上进行数值的显示，同时需要使用移位指令配合时间脉冲信号控制显示数值的转换和显示时间间隔，使用比较指令比较工作状态控制显示码是否可以输出显示。

（1）八段 LED 数码显示管

八段 LED 数码显示管有共阴极和共阳极两种不同类型，本任务使用的是共阴极数码管，共阴极数码管使用时公共端接到直流电源的负极。阳极端用于控制八段 LED 数码显示管中哪一段点亮，通过点亮不同的段拼成一个数字或字母并显示出来。数码管引脚及分类如图 2-3-11 所示。

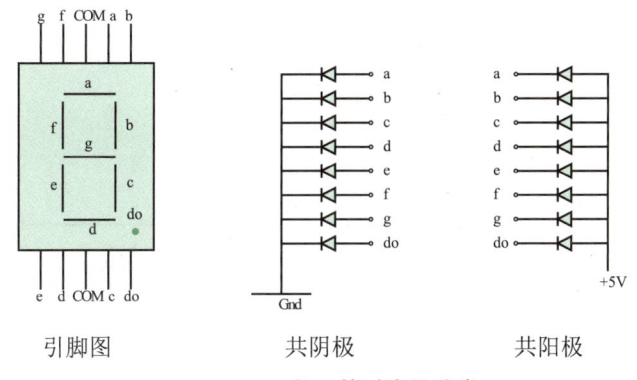

图 2-3-11　数码管引脚及分类

在本次任务中八段 LED 数码显示管的阳极端通过可编程控制器的输出端口控制，Q0.0~Q0.7 对应控制数码管段码 A~段码 H。当需要点亮某一段时对应的可编程控制器输出端口输出高电位 1 信号即可。因此每一个显示的数值和字符都有一个对应的显示码，见表 2-3-2。

表 2-3-2　八段显示码的编码规则

IN	OUT Q0.7　　　Q0.0　hgfe　dcba	段码显示	IN	OUT Q0.7　　　Q0.0　hgfe　dcba
0	0011　1111		8	0111　1111
1	0000　0110		9	0110　0111
2	0101　1011		A	0111　0111
3	0100　1111		B	0111　1100
4	0110　0110		C	0011　1001
5	0110　1101		D	0101　1110
6	0111　1101		E	0111　1001
7	0000　0111		F	0111　0001

（2）MOVE 指令

MOVE 指令可将存储在指定地址的数据元素复制到新地址，其往往将数据成组地传输到指定地址。本任务可以使用 MOVE 指令一次将数据送到 Q0.0~Q0.7 端口。

（3）比较指令

比较指令用来比较数据类型相同的两个数 IN1 与 IN2 的大小，比较符号可以是"="（等于）、"<>"（不等于）、">"、">="、"<" 和 "<="。满足比较条件时结果为"TURE"，触点接通。比较指令的梯形图如图 2-3-12 所示，其中 IN1 和 IN2 分别在触点的上面和下面，它们的数据类型应相同，操作数可以是 I、Q、M、L、D 存储区中的变量或常数。

在本任务中比较指令主要用于比较标志值，控制输出显示段码。如图 2-3-12 所示，当 MW4 中的标志值为 00000010，即值为 2 时，MOVE 指令输出显示段码十六进制 06H，到 QB0 端口（Q0.0~Q0.7）控制八段 LED 数码管显示数值 1。

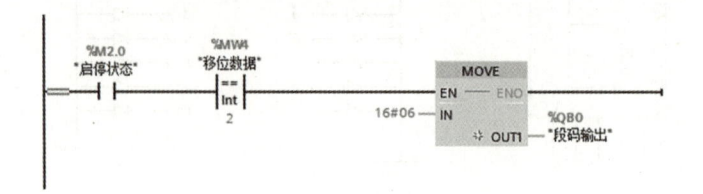

图 2-3-12　比较指令的梯形图

（4）移位指令

移位指令 SHR 和 SHL 分别能将输入参数 IN 指定的存储单元的整个内容逐位右移和逐位左移若干位。本任务使用移位指令定时移位产生标志值，再通过比较指令比对标志值并输出对应的 LED 显示码控制八段 LED 数码显示管工作，如图 2-3-13 所示。用移位指令移动标志值二进制数中的 1 的位置产生下一个标志值。初始第一个工作状态的标志数据为 00000001，即值 1 对应显示数值为 0；第二个工作状态标志数据为 00000010，即值 2 对应显示数值为 1，第三个工作状态标志数据为 00000100，即值 4 对应显示数值为 2。以此类推一共产生 10 个标志值，对应 10 个显示数值。

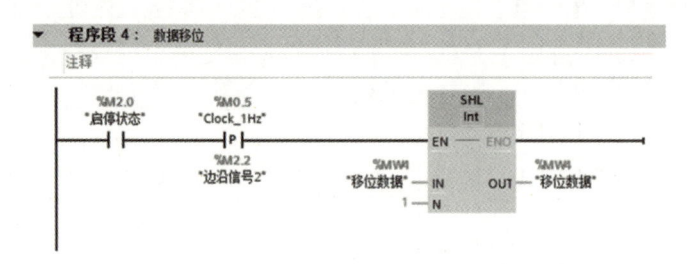

图 2-3-13　移位指令的应用

2. 创建变量表并编写程序

（1）创建变量表

① 进入软件后，第一步要创建变量表，如图 2-3-14 所示。

② 为启动按钮和停止按钮分配输入地址变量，分别为 I0.0 和 I0.1，如图 2-3-15 所示。

③ 输出地址变量 Q0.0~Q0.7 分别代表八段 LED 数码显示管的 A 段~H 段，其中，QB0 包含 Q0.0~Q0.7，是字型数据的应用，如图 2-3-16 所示。

④ 在编程时还需要使用到一些中间变量，在这里也进行了定义，如图 2-3-17 所示。此外，本任务还要使用时钟信号，需要在进行组态时勾选，如图 2-3-18 所示。

⑤ 设置完变量后就可以进入程序编写环节了。

模块 2　可编程控制器的指令应用实训　43

图 2-3-14　创建变量表

图 2-3-15　输入地址变量

图 2-3-16　输出地址变量

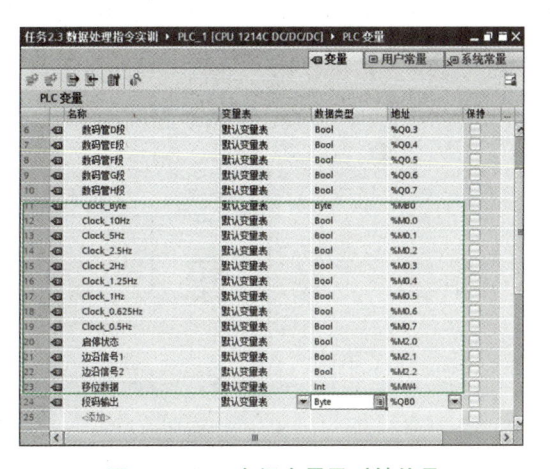

图 2-3-17　中间变量及时钟信号

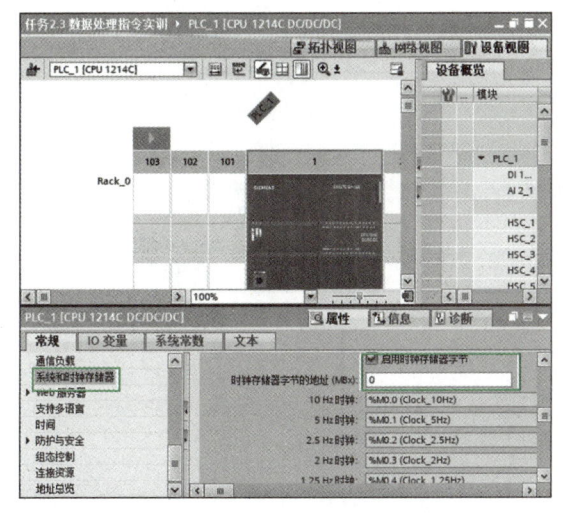

图 2-3-18　设置系统时钟

(2) 编写程序

输入程序块。双击"程序块"中的 Main（主程序）选项，进入程序编辑模式。本任务的程序难点有两个：一是显示码什么时候进行输出，需要使用比较指令、移位指令和时间脉冲信号联合控制。二是对应数值的显示码是多少，如何送到八段 LED 数码显示管上，需要查阅显示码并使用移位指令进行数值的移动。程序段 2 主要是在停止时对当前数据清 0，程序段 3 用于启动时设置初始数据，程序段 4 用于控制标志值数据的移位，标志值从初始值 00000001 开始每隔 1 s 移位 1 次产生下一个标志值。程序段 5 开始用于比较标志值并输出显示数值的段码，显示数值的段码可在表 2-3-1 查得，如显示 0 对应的段码为 00111111 即 3fh，其他值显示方式类似。程序梯形图如图 2-3-19 所示。

2.3.7 思考题

1. S7-1200 PLC 的比较指令使用有何特点，需要注意哪些地方？
2. S7-1200 PLC 的移位指令和循环移位指令有什么区别？

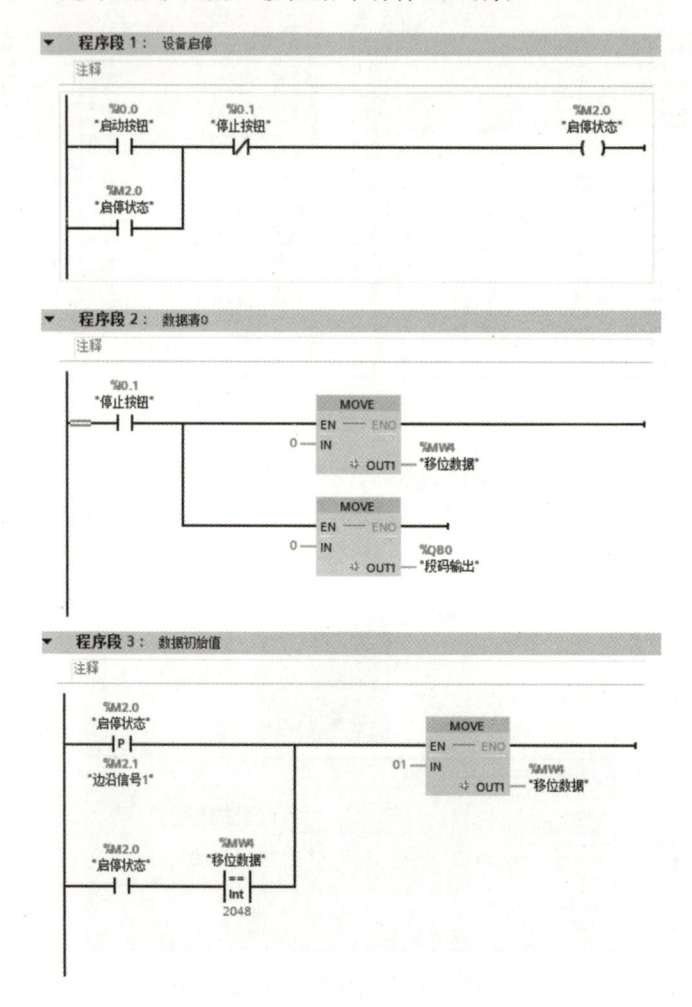

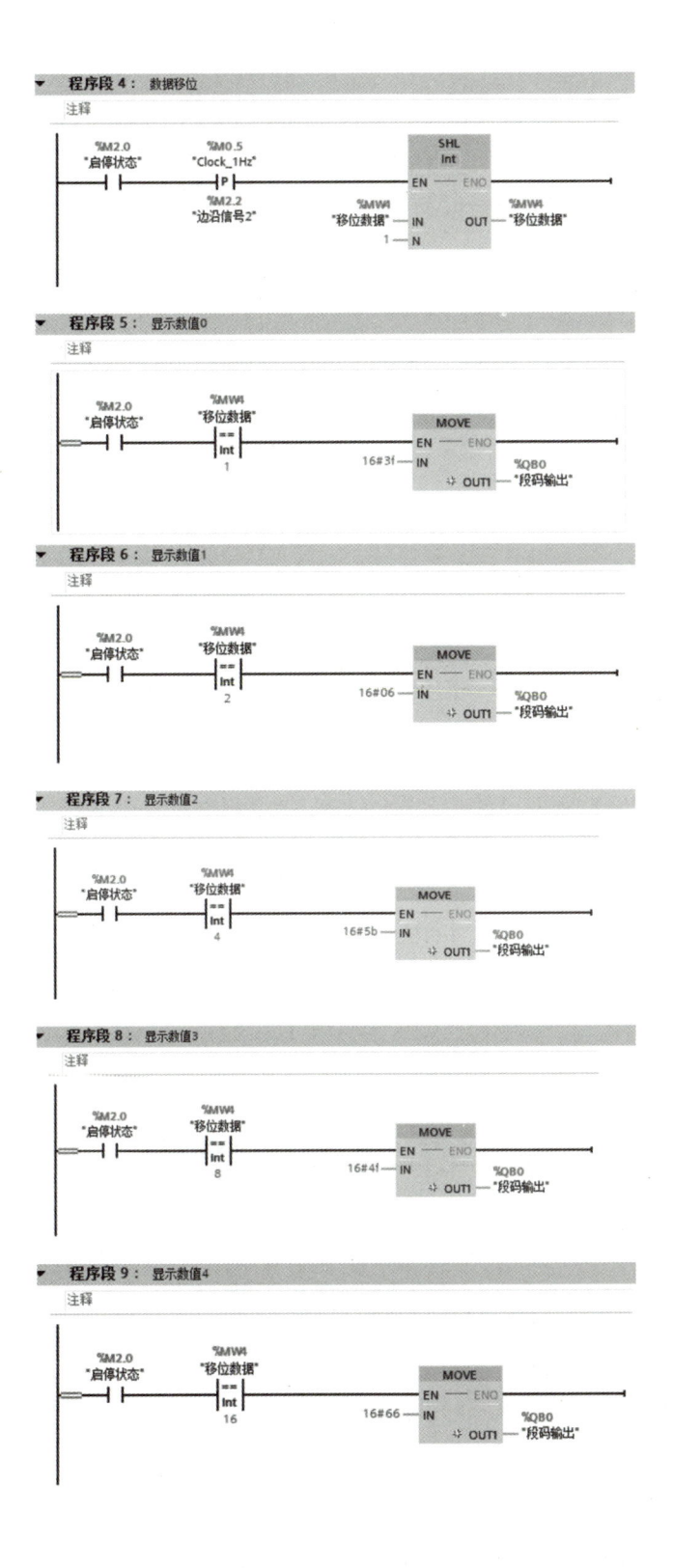

模块 2　可编程控制器的指令应用实训　45

程序段 4： 数据移位
注释

```
    %M2.0      %M0.5                    SHL
   "启停状态"   "Clock_1Hz"                Int
    ──┤├────────┤P├──────────────┬──EN ── ENO──┬──────
              %M2.2              │             │
             "边沿信号2"       %MW4            %MW4
                              "移位数据"─IN  OUT─"移位数据"
                                    1─N
```

程序段 5： 显示数值0
注释

```
    %M2.0       %MW4                    MOVE
   "启停状态"  "移位数据"                ────────
    ──┤├─────────┤==├──────────────EN ── ENO──
                  Int              16#3f─IN         %QB0
                   1                    ⇟OUT1─"段码输出"
```

程序段 6： 显示数值1
注释

```
    %M2.0       %MW4                    MOVE
   "启停状态"  "移位数据"                ────────
    ──┤├─────────┤==├──────────────EN ── ENO──
                  Int              16#06─IN         %QB0
                   2                    ⇟OUT1─"段码输出"
```

程序段 7： 显示数值2
注释

```
    %M2.0       %MW4                    MOVE
   "启停状态"  "移位数据"                ────────
    ──┤├─────────┤==├──────────────EN ── ENO──
                  Int              16#5b─IN         %QB0
                   4                    ⇟OUT1─"段码输出"
```

程序段 8： 显示数值3
注释

```
    %M2.0       %MW4                    MOVE
   "启停状态"  "移位数据"                ────────
    ──┤├─────────┤==├──────────────EN ── ENO──
                  Int              16#4f─IN         %QB0
                   8                    ⇟OUT1─"段码输出"
```

程序段 9： 显示数值4
注释

```
    %M2.0       %MW4                    MOVE
   "启停状态"  "移位数据"                ────────
    ──┤├─────────┤==├──────────────EN ── ENO──
                  Int              16#66─IN         %QB0
                  16                    ⇟OUT1─"段码输出"
```

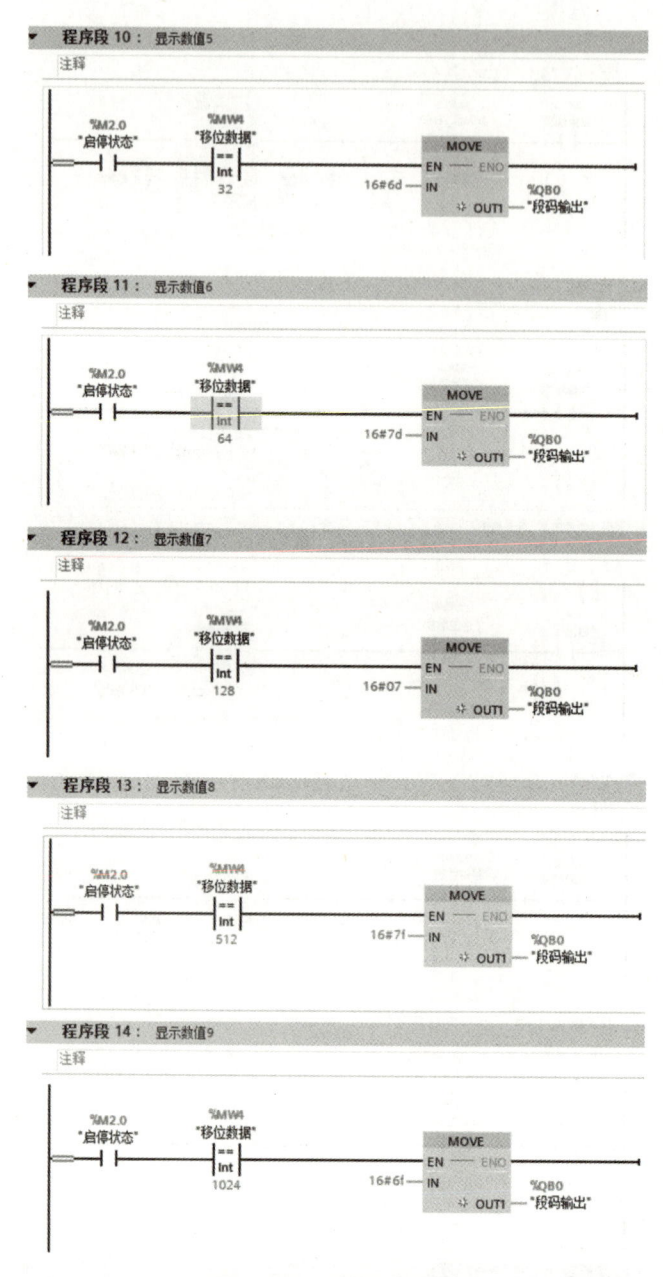

图 2-3-19 梯形图程序

任务 2.4　数学运算指令实训

2.4.1　任务目标

1. 学会 TIA 博途编程软件的使用方法。

2. 学会常见数据运算指令的使用及编程方法。
3. 能够根据功能控制要求编写 I/O 分配表，绘制接线图。
4. 能够根据功能控制要求完成硬件安装及硬件组态。
5. 能够编制压力采集预警系统控制程序及系统调试。

2.4.2 任务导入

S7-1200 在控制设备工作时往往需要对采集到的一些数据进行相应的计算，这就需要使用一些数学运算指令。数学运算指令包括数学函数指令、字逻辑运算指令。数学运算指令的功能各不相同，但使用时要考虑的问题基本类似，要注意输入数据个数和类型、输出数据类型。本任务以一个具体实例为代表来实践数学运算指令的编程方法。

2.4.3 任务要求

现有一个压力采集预警系统，其中的压力变送器测量量程为 0~10 MPa，输出信号为 0~10 V（可用电位器代替压力变送器），使用 CPU 1214C PLC 集成的模拟量输入通道 0（转换的数值范围为 0~27 648）输入 PLC，假设目前采集到的数据为 N，要求计算出当前对应的以 kPa 为单位的压强值。控制过程中按下启动按钮设备开始工作，按下停止按钮设备停止工作。当工作时压力值低于 8 MPa 时绿色指示灯点亮，当压力值大于 8 MPa 时红色警示灯闪烁。

2.4.4 任务准备

① 安装有 TIA 博途软件的计算机。
② 使用 S7-1200 实验箱指示灯、按钮模块、压力变送器，若不具备相应条件，也可以使用 S7-1200 PLC、按钮、指示灯及电位器等元件替代。
③ 连接导线及以太网线。
④ 常用电工工具。
⑤ 熟悉常见数学运算指令的功能及用法。

2.4.5 任务实施及步骤

S7-1200 PLC 压力采集预警系统主要步骤包括硬件连接、设备组态、PLC 编程、系统调试等。

1. 端口分配及硬件连接

（1）I/O 端口分配表
压力采集预警系统 I/O 端口分配及功能表，见表 2-4-1。

48　可编程控制器应用实训

表 2-4-1　I/O 端口分配及功能表

输入			输出		
名称	PLC 端口	功能	名称	PLC 端口	功能
SB1	I0.0	启动按钮	HL1	Q0.0	绿色正常指示灯
SB2	I0.1	停止按钮	HL2	Q0.1	红色警示指示灯
RP	AI0	模拟输入口			

（2）硬件连接

本任务使用 S7-1200 PLC 实验箱实现。按接线图将实验箱上的连接线一一连接，完成硬件连接，如图 2-4-1、图 2-4-2 所示。完成的接线情况如图 2-4-3 所示。

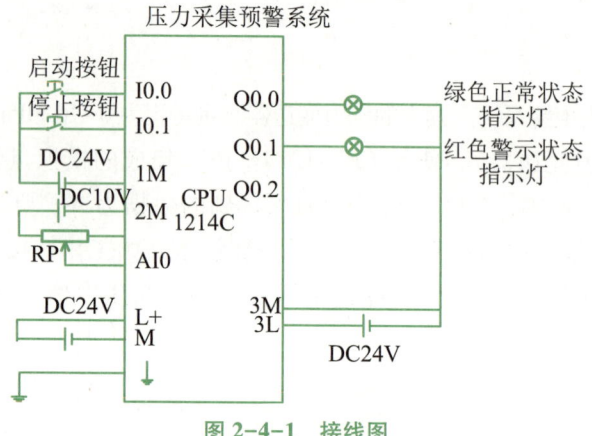

图 2-4-1　接线图

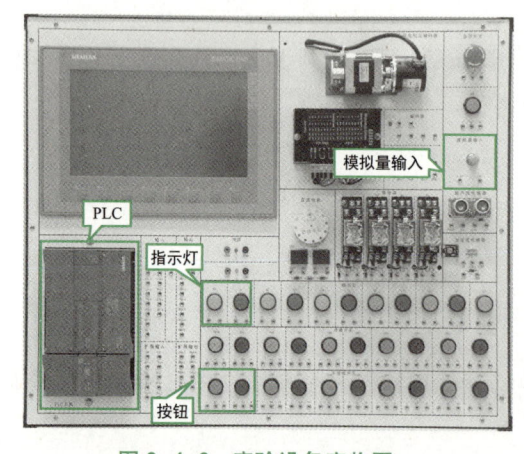

图 2-4-2　实验设备实物图

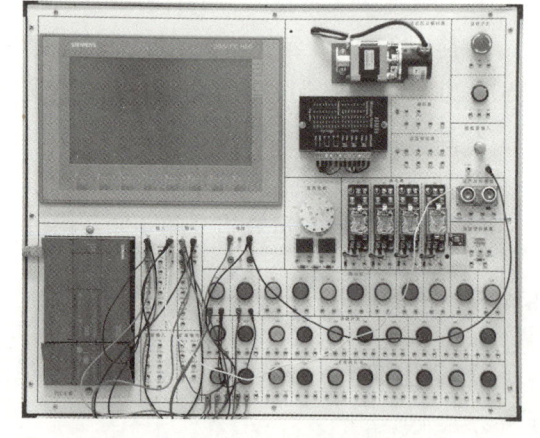

图 2-4-3　接线完成图

2. 设备组态

完成接线后，进行设备组态。组态过程主要是利用 TIA 博途软件进行项目的创建，如图 2-4-4 所示。具体步骤如下：

① 新建项目。打开 TIA 博途软件，输入项目名称，创建新项目。
② 组态设备。添加新设备，选择具体设备和版本号，进行设备组态。
③ 下载设备。

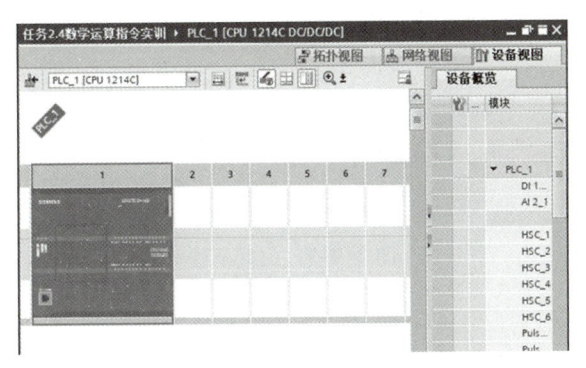

图 2-4-4　项目的创建

3. 编写控制程序

① 创建变量表。进入软件后，第一步要创建变量表。
② 编写程序。输入程序块。双击"程序块"中 Main（主程序）选项，进入程序编辑模式。

4. 系统调试

结合实验设备进行程序下载、监控、运行，操作实验设备。

① 将编写好的程序下载到 PLC 中，控制设备进行工作，如图 2-4-5 所示。检查各项准备是否符合任务要求。
② 装载程序，单击"监控"和"运行"项，如图 2-4-6、图 2-4-7、图 2-4-8 所示。
③ 按任务要求，在实验设备上进行操作，如图 2-4-9、图 2-4-10 所示。

图 2-4-5　程序下载　　　　　　图 2-4-6　装载程序

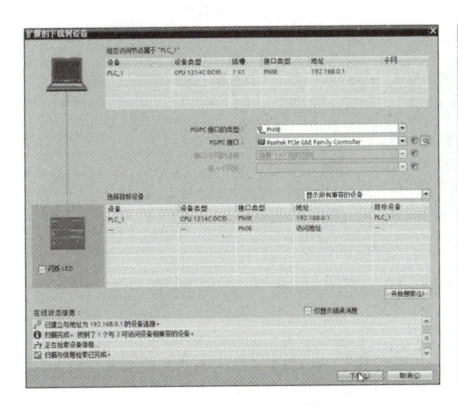

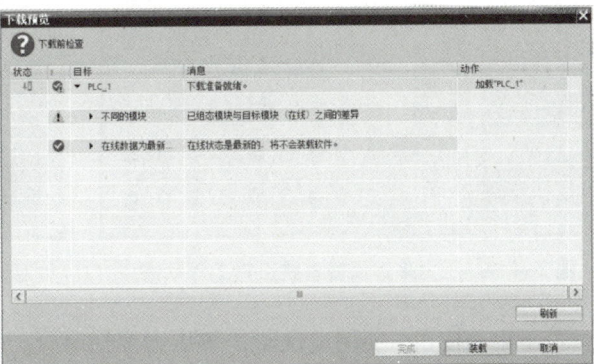

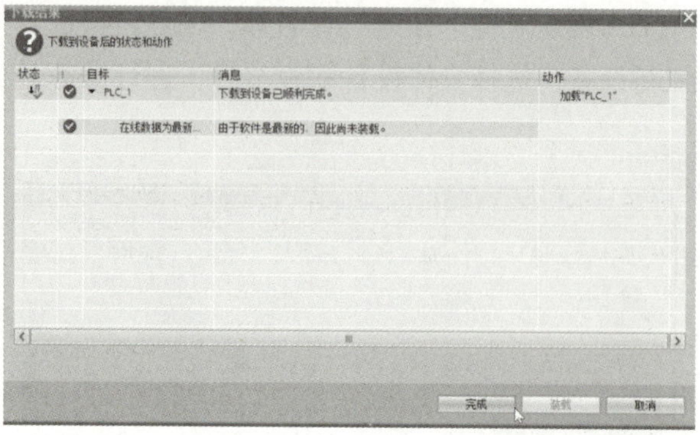

图 2-4-7 完成下载

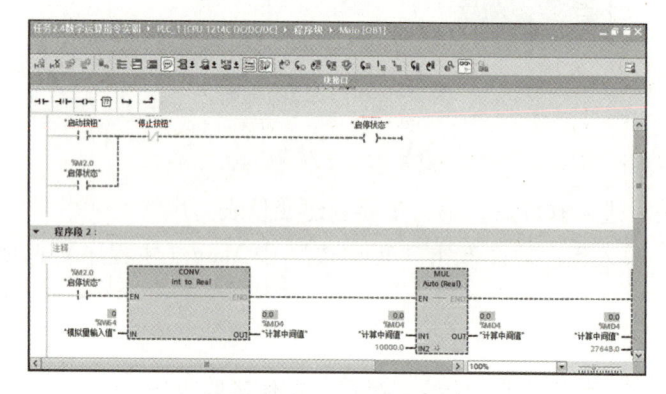

图 2-4-8 监控程序

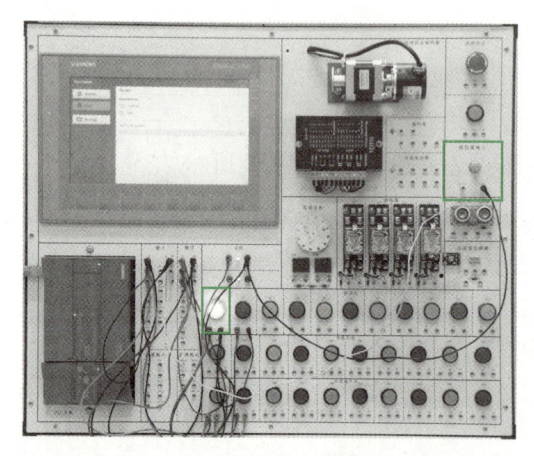

图 2-4-9 压力采集预警系统正常工作状态 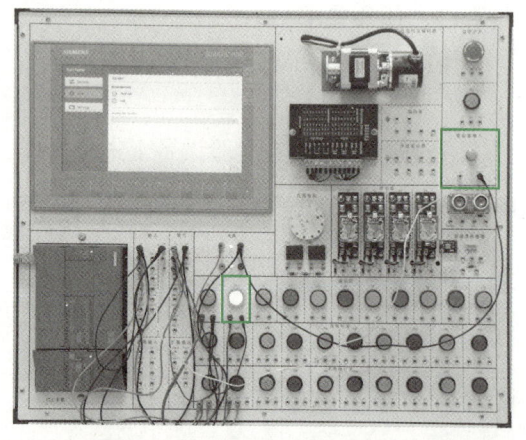　　图 2-4-10 压力采集预警系统警示工作状态

按下启动按钮，使用电位器代替压力变送装置，电位器条件范围 0~10 V，调节电位器，电位器的电压值在 0~8 V 时，相当于压强值在 8 MPa 以下，绿色指示灯点亮，表示正常工作；当电位器的值超过 8 V 时，相当于压力值在 8 MPa 以上，绿色指示灯熄灭，红色指示灯点亮进行警示。按下停止按钮，设备停止工作。这样我们就可以实现压力采集预警系统的控制了。

2.4.6 任务指导

1. 程序设计

本设计中 0~10 MPa（0~10 000 kPa）对应转换后的数值 0~27 648，转换公式为：

$$P = (10\,000 \times N)/27\,648\,(kPa)$$

因此完成本任务需要使用数学运算指令对采集到的数据进行计算，主要使用乘法指令和除法指令，还需要使用转换指令将整数数据转为实数进行计算。转换时需要先乘后除否则会损失原始数据的精度。

（1）四则运算指令

S7-1200 中最常见的数学运算指令是四则运算指令，可以使用的有加、减、乘、除运算指令，本任务主要使用数字指令完成公式的计算，先用乘法指令完成采样值乘以 10 000，再将结果除以 27 648。梯形图如图 2-4-11 所示。

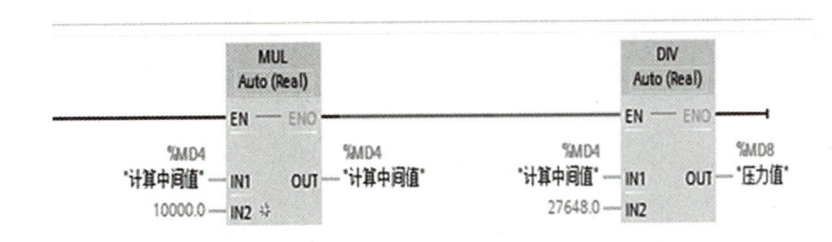

图 2-4-11　运算指令应用梯形图

（2）CONV 指令

CONV 指令的参数 IN、OUT 的数据类型包括 Byte、Word、DWord、SInt、Int、DInt、USInt、UInt、UDint、BCDl6、BCD32 和 Real，IN 还可以是常数。EN 输入端接通时，CONV 指令将输入 IN 指定的数据转换为 OUT 指定的数据类型。本任务将采样的模拟量数值从字节型数据转换为双字型数据以便进行后续计算，如图 2-4-12 所示。

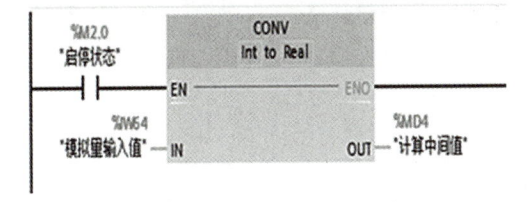

图 2-4-12　CONV 指令运用梯形图

2. 创建变量表并编写程序

（1）创建变量表

① 创建程序。进入软件后，第一步要创建变量表，如图 2-4-13 所示。

图 2-4-13　创建变量表

② 为启动按钮和停止按钮分配输入地址变量 I0.0、I0.1 和模拟量输入 IW64，如图 2-4-14 所示。

图 2-4-14　输入地址变量

③ 输出地址变量 Q0.0，Q0.1 分别代表绿色指示灯和红色指示灯，如图 2-4-15 所示。

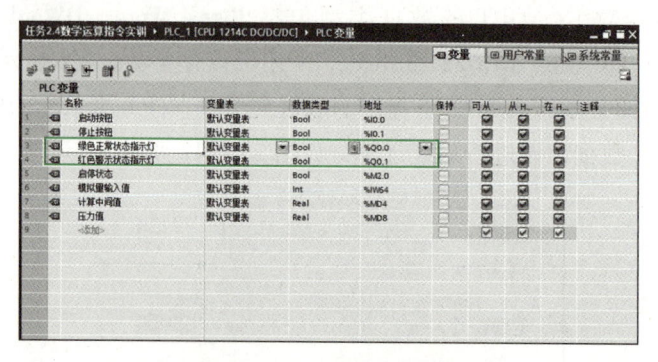

图 2-4-15　输出地址变量

④ 在编程时还需要使用一些中间变量，包括启停状态，计算时用于存储结果的存储单元在这里也进行了定义，如图 2-4-16 所示。

⑤ 设置完变量后，就可以进入程序编写环节了。

图 2-4-16 中间变量

（2）编写程序

输入程序块。双击"程序块"中的 Main（主程序）选项，进入程序编辑模式。本次程序编写时先用转换指令 CONV 将采集到的数据转换为实数，然后按照计算公式进行计算，结果也为实数，需要使用双字型数据进行存放，这里使用了 MD4 和 MD8 存放计算中间结果和最终压强值，计算出的压强值单位为 kPa。程序段 1 用于控制设备的启停；程序段 2 用于转换数据类型，并按照公式 $P=(10\ 000×N)/27\ 648$（kPa）计算；程序段 3 用于进行压力值的判断，当压力值超过 8 000 kPa 时，红色警示灯亮，小于或等于 8 000 kPa 时，绿色正常状态指示灯亮。程序如图 2-4-17 所示。

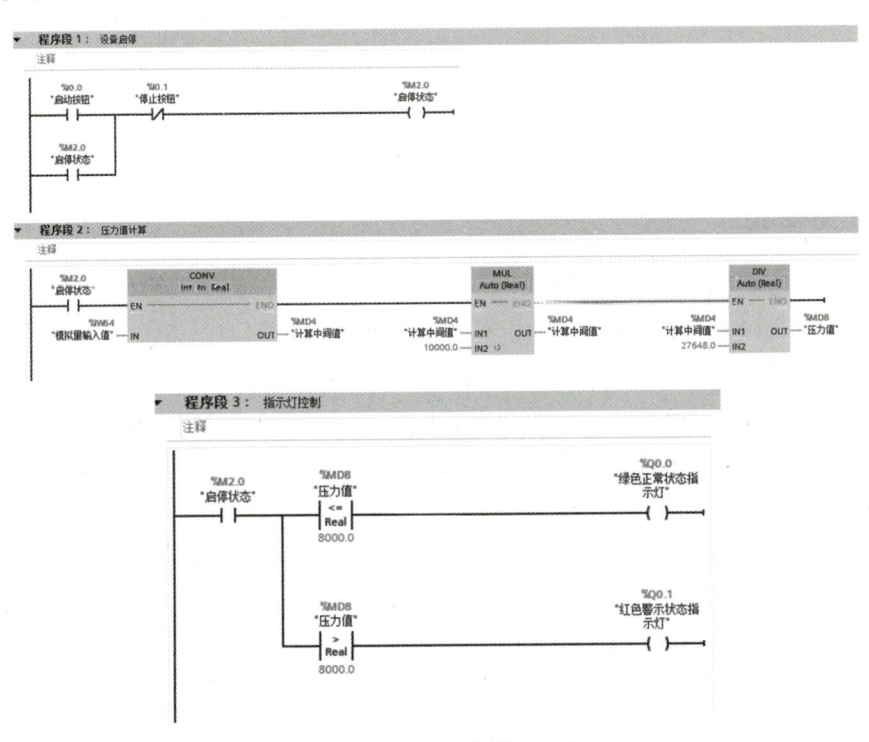

图 2-3-17 编制梯形图程序

2.4.7 思考题

1. S7-1200 PLC 的运算指令在使用时需要注意哪些地方？
2. 假设某加工工件为直径 10 cm，高 10 cm 的圆柱体，尝试使用 S7-1200 PLC 的运算指令计算其圆截面积、圆周长和圆柱体积。

任务 2.5　其他指令实训

2.5.1 任务目标

1. 学会 TIA 博途编程软件的使用方法。
2. 学会常见程序控制指令的使用及编程方法。
3. 能够根据功能控制要求编写 I/O 分配表，绘制接线图。
4. 能够根据功能控制要求完成硬件安装及硬件组态。
5. 能够编制电动机运行模式控制程序及系统调试。

2.5.2 任务导入

S7-1200 除了前文介绍和使用的一些指令，还有程序控制类指令、扩展类指令、通信类指令、工艺类指令等。其中，程序控制类指令主要用于控制程序的执行流程，在编写控制程序时使用较多，本任务以电动机多种工作模式的控制实例为代表实践程序控制类指令的编程方法。

2.5.3 任务要求

现要对两台电动机 M1，M2 进行控制，工作模式有 3 种，使用按钮 SB0 进行工作模式的选择，用指示灯 HL1～HL3 代表目前处于哪种工作模式。

当按钮 SB0 第一次被按下时设备处于第一种工作模式——手动工作模式，指示灯 HL1 点亮，其他指示灯熄灭。两台电动机可以单独启停，按钮 SB1 可对电动机 M1 进行启动；按钮 SB2 可对电动机 M1 进行停止控制；按钮 SB3 可对电动机 M1 进行启动；按钮 SB4 可对电动机 M1 进行停止控制。

当按钮 SB0 第二次被按下时设备处于第二种工作模式——自动工作模式，指示灯 HL2 点亮，其他指示灯熄灭。按下 SB1 按钮，电动机 M1 启动，10 s 后电动机 M2 启动并持续工作；按下按钮 SB2，两台电动机同时停止工作。

当按钮 SB0 第三次被按下时设备处于第三种工作模式——周期工作模式，指示灯 HL3 点亮，其他指示灯熄灭。按下启动按钮 SB3，电动机 M1 启动工作 10 s 后停止，M1 停止的同时电动机 M2 启动工作 10 s 后停止，M2 停止的同时 M1 再次启动工作，周而复始，按下停止按钮 SB4 时，两台电动机同时停止工作。

当按钮 SB0 第四次被按下时，设备所有指示灯熄灭，设备全部关闭。电动机运行时不能进行工作模式选择。

2.5.4 任务准备

① 安装有 TIA 博途软件的计算机。
② 使用 S7-1200 实验箱指示灯、按钮模块、电动机，若不具备相应条件也可以使用 S7-1200 PLC、按钮及指示灯等元件进行替代。
③ 连接导线及以太网线。
④ 常用电工工具。
⑤ 熟悉程序控制类指令的功能及用法。

2.5.5 任务实施及步骤

S7-1200 PLC 电动机多种模式运行控制主要步骤包括硬件连接、设备组态、PLC 编程、系统调试等。

1. 端口分配及硬件连接

（1）I/O 端口分配表

电动机单向运行的启动/停止控制系统 I/O 端口分配及功能见表 2-5-1。

表 2-5-1 I/O 端口分配及功能表

输入			输出		
名称	PLC 端口	功能	名称	PLC 端口	功能
SB0	I0.0	模式选择按钮	HL1	Q0.0	工作模式 1 指示灯
SB1	I0.1	模式 1M1 启动按钮（模式 2 启动按钮）	HL2	Q0.1	工作模式 2 指示灯
SB2	I0.2	模式 1M1 停止按钮（模式 2 停止按钮）	HL3	Q0.2	工作模式 3 指示灯
SB3	I0.3	模式 1M2 启动按钮（模式 3 启动按钮）	KM1	Q0.3	电动机 M1
SB4	I0.4	模式 1M2 停止按钮（模式 3 停止按钮）	KM2	Q0.4	电动机 M2

（2）硬件连接

本任务使用 S7-1200 PLC 实验箱实现。按接线图将实验箱上的连接线一一连接，完成硬件连接，如图 2-5-1、图 2-5-2 所示。完成的接线情况如图 2-5-3 所示。

可编程控制器应用实训

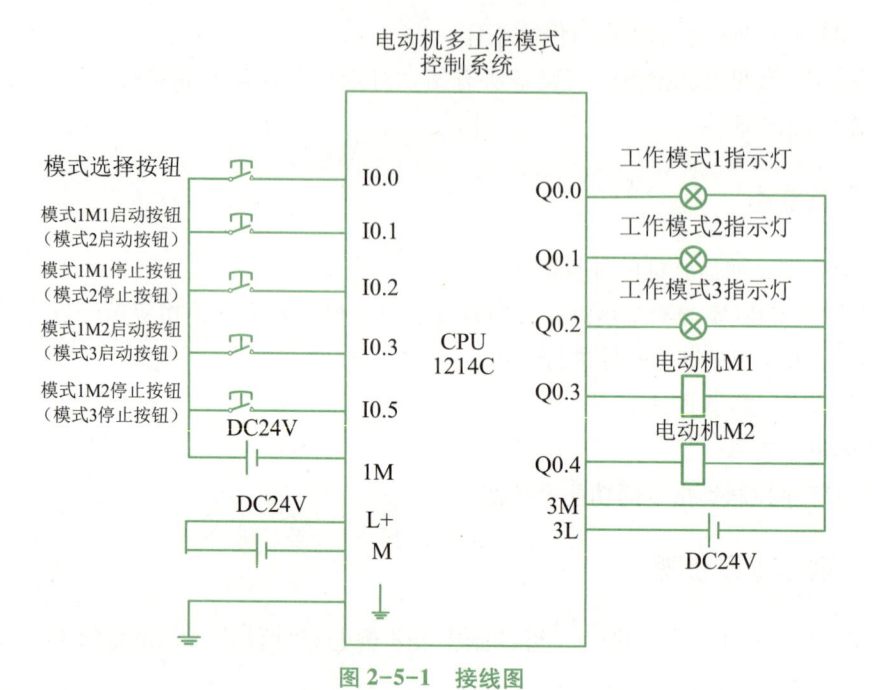

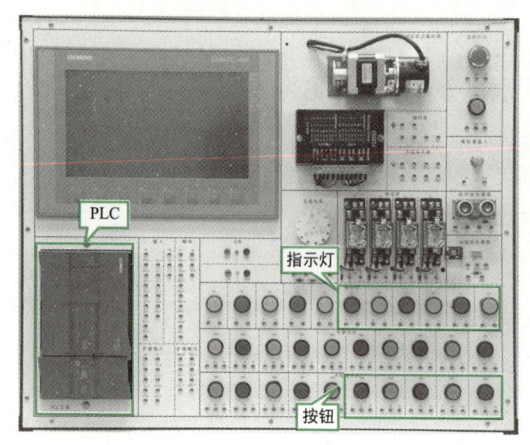

图 2-5-1 接线图

图 2-5-2 实验设备实物图

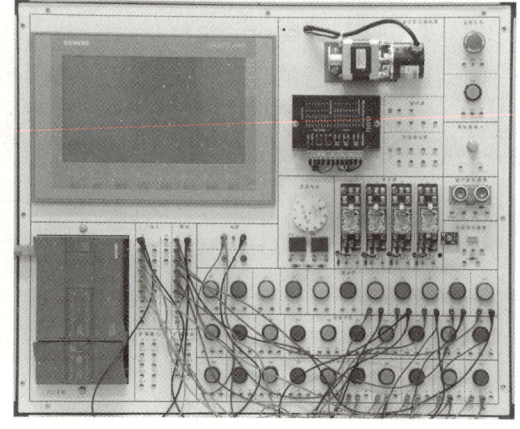

图 2-5-3 接线完成图

2. 设备组态

完成接线后，进行设备组态。组态过程主要是利用 TIA 博途软件进行项目的创建，如图 2-5-4 所示。具体步骤如下：

① 新建项目。打开 TIA 博途软件，输入项目名称，创建新项目。

② 组态设备。添加新设备，选择具体的设备和版本号，进行设备组态。

③ 下载设备。

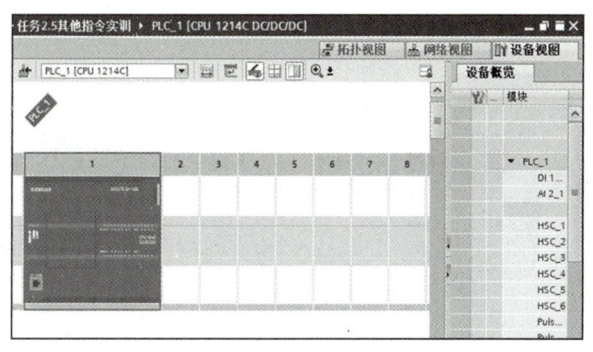

图 2-5-4　项目的创建

3. 编写控制程序

① 创建变量表。进入软件后，第一步要创建变量表。

② 编写程序。输入程序块。双击"程序块"中的 Main（主程序）选项，进入程序编辑模式。

4. 系统调试

结合实验设备进行程序下载、监控、运行，操作实验设备。

① 将编写好的程序下载到 PLC 中，控制设备进行工作，如图 2-5-5 所示。检查各项准备是否符合任务要求。

② 装载程序，单击"监控"和"运行"项，如图 2-5-6、图 2-5-7、图 2-5-8 所示。

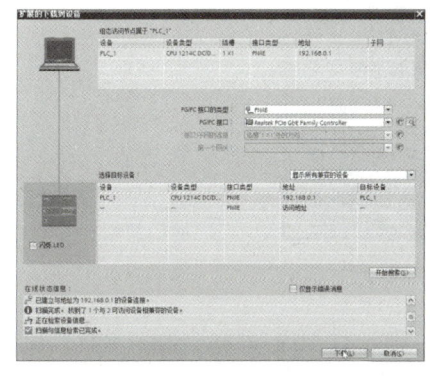

图 2-5-5　程序下载

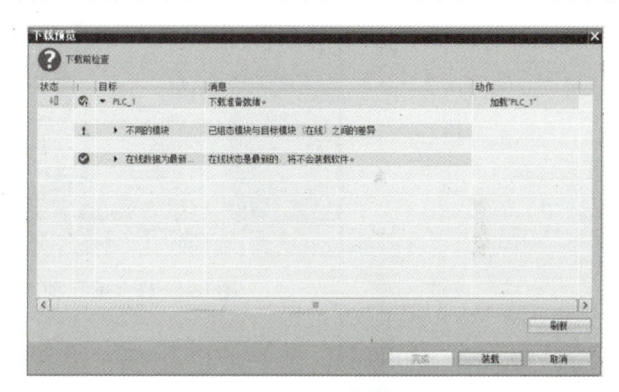

图 2-5-6　装载程序

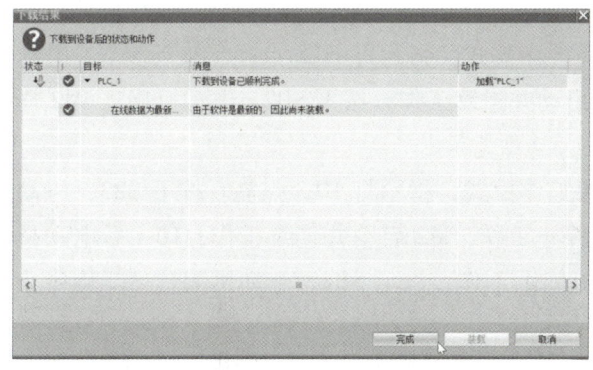

图 2-5-7　完成下载

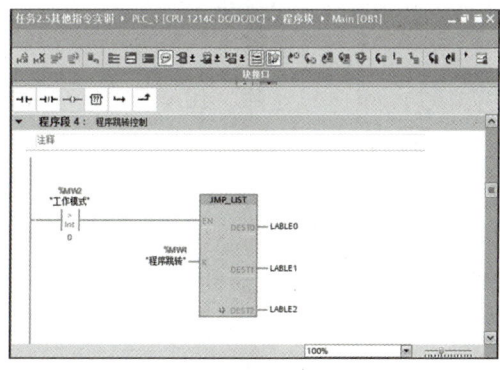

图 2-5-8　监控程序

③ 按任务要求，在实验设备上进行操作，如图 2-5-9、图 2-5-10、图 2-5-11 所示。

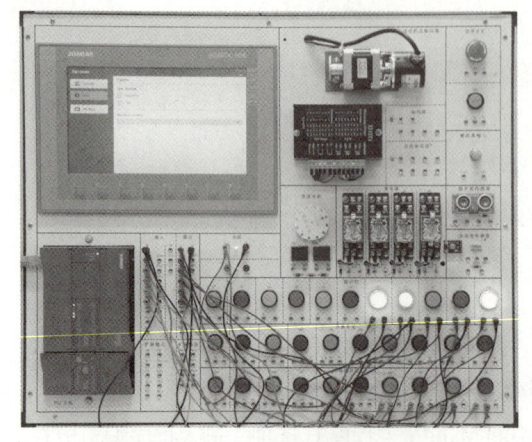

图 2-5-9　第一种工作模式

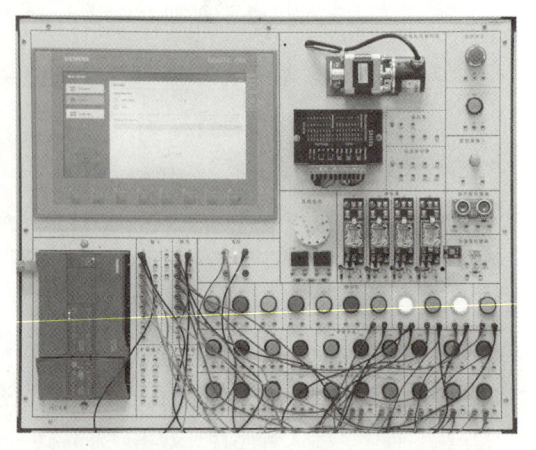

图 2-5-10　第二种工作模式

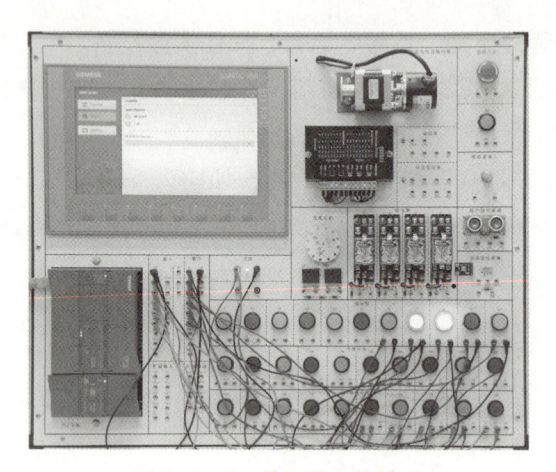

图 2-5-11　第三种工作模式

第一次按下 SB0 按钮，设备处于第一种工作模式，指示灯 HL1 点亮。按下 SB1，电动机 M1 启动并连续工作，按下 SB2，电动机 M1 停止工作；按下 SB3，电动机 M2 启动并连续工作，按下 SB4，电动机 M2 停止工作。

第二次按下 SB0 按钮，设备处于第二种工作模式，指示灯 HL2 点亮。按下 SB1，电动机 M1 启动并连续工作，10 s 后电动机 M2 启动并连续工作，按下 SB2，电动机 M1、M2 均停止工作。

第三次按下 SB0 按钮，设备处于第三种工作模式，指示灯 HL3 点亮。按下 SB3，电动机 M1 启动并连续工作，10 s 后电动机 M1 停止工作，M2 启动并连续工作，10 s 后电动机 M2 停止工作 M1 再次启动，两台电动机轮流间歇工作，按下 SB4，电动机 M1、M2 均停止工作。

2.5.6 任务指导

1. 程序设计

本任务需要设计 3 种工作模式,并使用程序控制类指令进行工作模式的切换选择。可以使用的控制指令有多种,这里选择使用跳转和标签指令实现程序执行顺序的改变。

(1) 跳转与标签指令

跳转指令 JMP 中止程序的线性扫描,跳转到指令中地址标签所在的目的地址。没有执行跳转指令时,各个程序段按从上到下的先后顺序执行,这种执行方式称为线性扫描。跳转时不执行跳转指令与标签 LABEL 之间的程序,跳到目的地址后,程序继续按线性扫描的方式顺序执行。

(2) 定义跳转列表指令

可用于定义多个有条件跳转,并继续执行由 K 参数的值指定的程序段中的程序。使用跳转标签(LABEL)可定义跳转,跳转标签可以在指令框的输出指定。用户也可在指令框中增加输出的数量。S7-1200 CPU 最多可以声明 32 个输出。输出从值 "0" 开始编号,每次新增输出后以升序继续编号。本任务根据选择工作模式按钮按下的次数进行跳转控制,按钮按下次数减 1 后得到的值即为跳转列表指令的参数序号值,当按钮按一下对应的是 DEST0 程序将转移到 LABEL0 处,当按钮按两下对应的是 DEST1 程序将转移到 LABEL1 处,当按钮按三下对应的是 DEST2 程序将转移到 LABEL2 处,如图 2-5-12 所示。

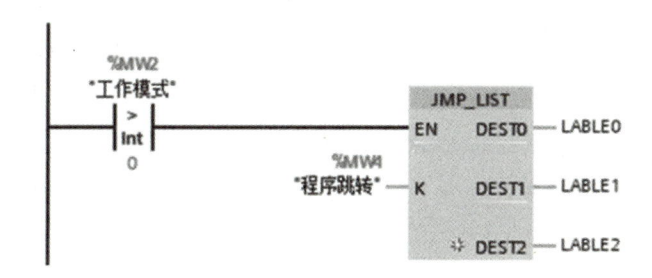

图 2-5-12 定义跳转列表指令

2. 创建变量表并编写程序

(1) 创建变量表

① 创建程序。进入软件后,第一步要创建变量表,如图 2-5-13 所示。

② 输入地址,其中工作模式按钮 I0.0 用于选择 3 种工作模式。其余 4 个按钮 I0.1~I0.4 用于操作电动机启停,由于有多种工作模式,因此这些操作按钮在不同的工作模式下具有不同的操作功能,如图 2-5-14 所示。

③ 输出地址变量 Q0.0、Q0.1、Q0.2 分别用于控制指示灯,表示当前是哪种控制模式,Q0.3 和 Q0.4 分别用于控制电动机 M1 和 M2,本任务使用指示灯代表电动机工作状态,如图 2-5-15 所示。

④ 在编程时还需要使用一些中间变量,包括启停状态、工作模式的存储单元等,在这

里也进行了定义，如图 2-5-16 所示。

⑤ 设置完变量后，就可以开始进入程序编写环节了。

图 2-5-13　创建变量表

图 2-5-14　输入地址变量

图 2-5-15　输出地址变量

图 2-5-16　中间变量

（2）编写程序

输入程序块。双击"程序块"中的 Main（主程序）选项，进入程序编辑模式。本次程序编写要注意设置合适的跳转条件控制程序执行时的流程，同时要注意标签的设置，跳转指令和标签要配合好，避免程序执行跳转时出现死循环或者执行混乱。

程序段 1 用于选择工作模式，通过计数器计数 I0.0 对应的按钮按下次数，从而选择当前的工作模式。

程序段 2 根据当前选择的工作模式计算出跳转标签号。程序段 1 和程序段 2 如图 2-5-17 所示。

程序段 3 用于判断工作模式计数值是否在 1~3，程序段 4 用于进行跳转控制，程序段 3 和程序段 4 如图 2-5-18 所示。

程序段 5 为工作模式为 1 时的两台电动机的控制程序，程序段 6 为两台电动机顺序启动控制程序，程序段 7 为两台电动机间歇运行控制程序，以及工作模式指示灯的状态控制程序，如图 2-5-19 所示。

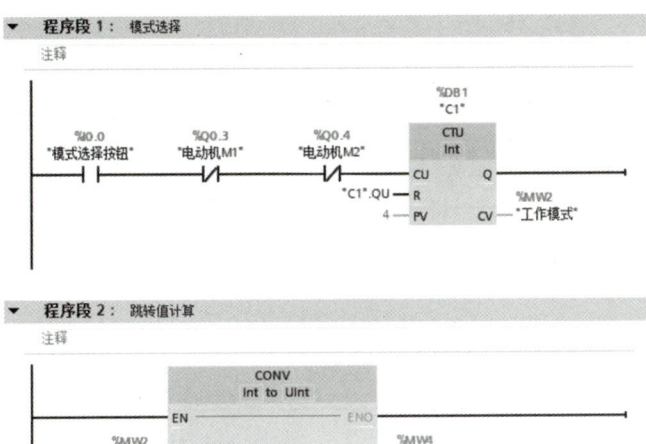

图 2-5-17　程序段 1 和程序段 2

图 2-5-18　程序段 3 和程序段 4

程序段 5：模式1

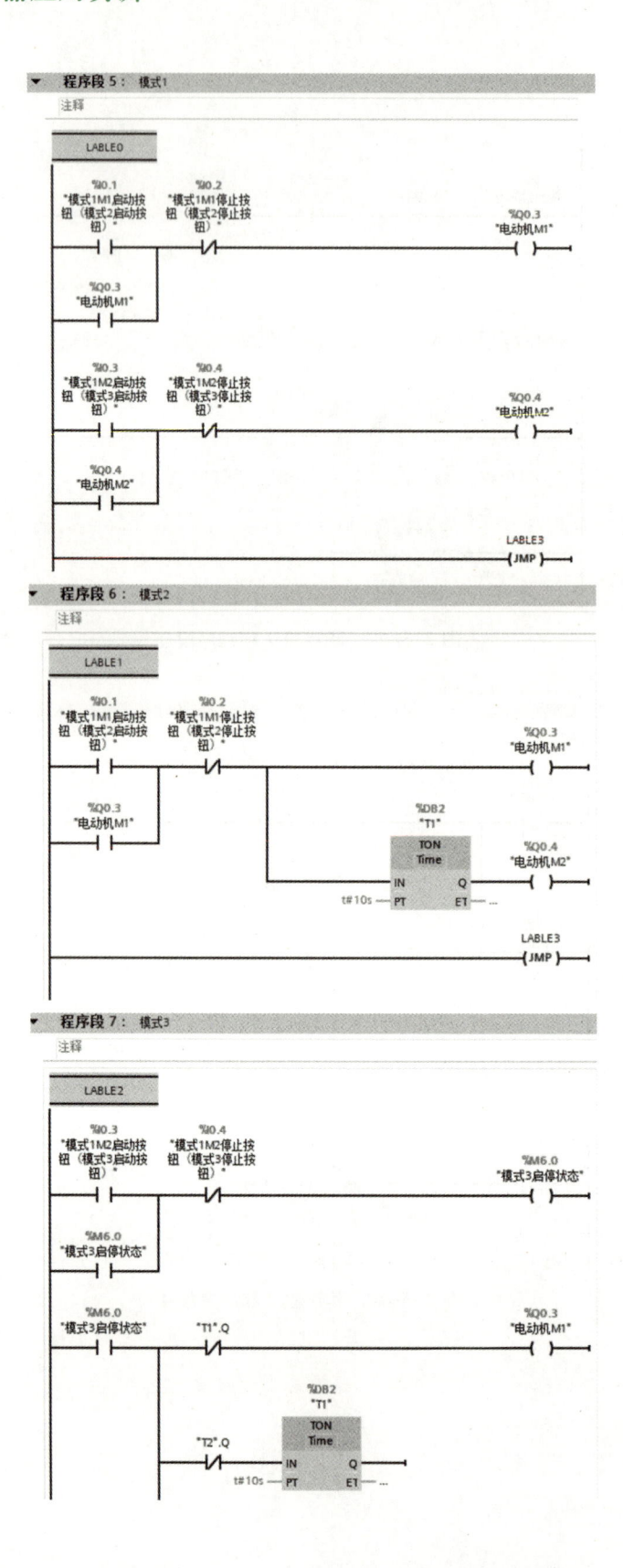

注释

LABLE0

| %I0.1 "模式1M1启动按钮（模式2启动按钮）" | %I0.2 "模式1M1停止按钮（模式2停止按钮）" | | %Q0.3 "电动机M1" |

%Q0.3 "电动机M1"

| %I0.3 "模式1M2启动按钮（模式3启动按钮）" | %I0.4 "模式1M2停止按钮（模式3停止按钮）" | | %Q0.4 "电动机M2" |

%Q0.4 "电动机M2"

LABLE3
—(JMP)—

程序段 6：模式2

注释

LABLE1

| %I0.1 "模式1M1启动按钮（模式2启动按钮）" | %I0.2 "模式1M1停止按钮（模式2停止按钮）" | | %Q0.3 "电动机M1" |

%Q0.3 "电动机M1"

%DB2 "T1"
TON Time
IN   Q — %Q0.4 "电动机M2"
t#10s — PT ET — ...

LABLE3
—(JMP)—

程序段 7：模式3

注释

LABLE2

| %I0.3 "模式1M2启动按钮（模式3启动按钮）" | %I0.4 "模式1M2停止按钮（模式3停止按钮）" | | %M6.0 "模式3启停状态" |

%M6.0 "模式3启停状态"

| %M6.0 "模式3启停状态" | "T1".Q | | %Q0.3 "电动机M1" |

%DB2 "T1"
TON Time
"T2".Q — IN   Q
t#10s — PT ET — ...

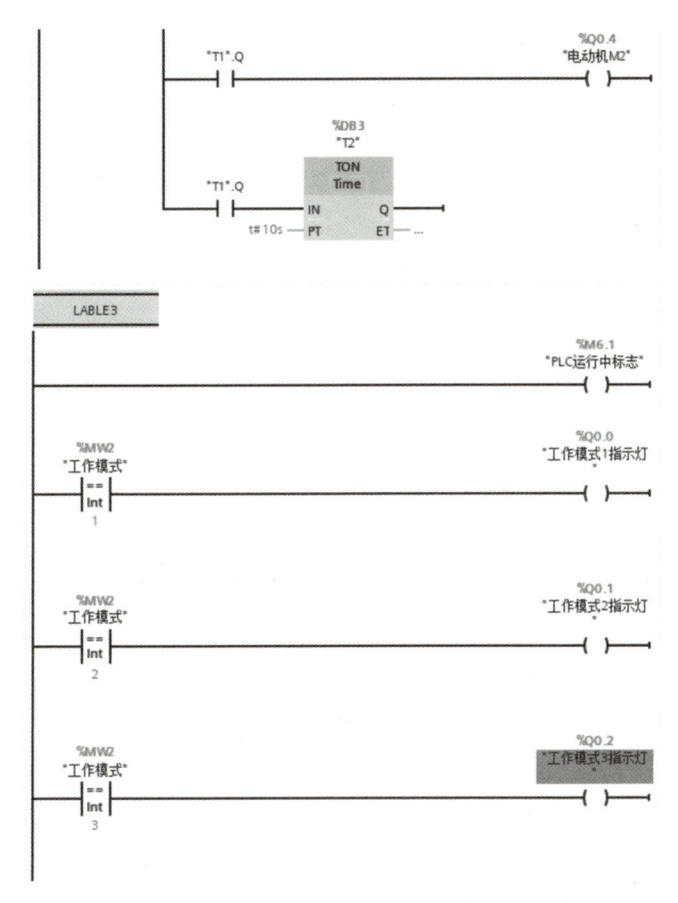

图 2-5-19　程序段 5 至程序段 7

2.5.7　思考题

1. S7-1200 PLC 多功能选择程序还可以通过哪些方法实现？

2. 比较 S7-1200 PLC 中定义跳转列表指令（JMP_LIST）和跳转分支指令（SWITCH）的区别？

实训要求

1. 操作并观察系统的运行，做好运行及调试记录。
2. 归纳并记录 PLC 与外部设备的接线过程及注意事项。
3. 观察 PLC 指令的工作过程，归纳 PLC 指令的编程用法及注意事项。
4. 尝试用其他指令编写程序，实现新的控制过程。
5. 完成实训报告一份。

实训注意事项

1. 接线时必须切断电源。
2. 需认真看懂原理图才可开始接线。
3. 实验箱上面板电源通过导线连接电源接孔获得。
4. 接电前必须经检查无误后,才能通电操作。
5. 实训前按任务准备要求,复习相关理论知识。
6. 保持安全、文明操作。

模块小结

本模块介绍了 S7-1200 PLC 常用指令的应用,包括位逻辑指令、定时器与计数器指令、数据处理指令、数学运算指令、跳转和标签指令等。位逻辑指令主要有触点指令、线圈指令、置位和复位指令、边沿跳变指令等,位逻辑指令使用 1 和 0 两个数字,在触点和线圈中,1 表示接通状态,0 表示未接通状态。定时器的作用类似于继电器—接触器控制系统中的时间继电器,但功能比时间继电器强大得多。计数器指令是用来累计输入脉冲的次数,在实际应用中经常用来对产品进行计数或完成一些复杂的逻辑控制。常用的数据处理指令有移动指令、移位指令、比较指令等,用于对存储器进行赋值,或者将一些不同类型的数据进行转换,然后进行比较或者移位等操作。数学运算指令的功能各不相同,使用时要注意输入数据个数和类型、输出数据类型等。跳转与标签指令是程序控制类指令,其作用是控制程序的执行顺序,提高 CPU 的程序执行速度。通过可编程控制器的指令应用实训,使学习者能够运用 TIA 博途软件进行简单的控制程序编制、调试和在线监控,提高学习者程序设计的能力。

模块 3
可编程控制器的基本技能实训

学习目标

1. 能够叙述可编程控制器的控制过程。
2. 能够按控制要求制定控制系统的控制方案。
3. 能够装配可编程控制器控制系统的硬件部分。
4. 能够使用 TIA 博途软件创建一个完整的项目。
5. 根据要求能够进行控制程序的编写。
6. 能够使用 TIA 博途软件调试控制程序。
7. 能够使用典型程序设计方法进行程序编写。
8. 领会安全文明生产要求。

学习任务

1. 运用基本逻辑指令实现电动机正反转的控制。
2. 运用定时器指令、置复位指令及比较指令实现电动机的顺序控制和逆序控制。
3. 运用定时器指令实现三相电动机 Y-△ 降压启动控制。
4. 根据任务要求运用顺序控制法对送料小车进行控制。
5. 根据任务要求运用数据处理指令实现对彩灯的控制。
6. 根据任务要求运用定时器对水塔水位控制系统进行控制。
7. 根据任务要求运用比较指令实现交通信号灯的自动控制。
8. 根据任务要求运用传送指令、边沿检测指令对自动控制成型机进行控制。
9. 根据任务要求采用经验设计法编程对自动控制轧钢机进行控制。
10. 利用 PLC 控制变频器,实现电动机七段速周期运转。
11. 使用触摸屏设计一个电动机控制系统的人机界面。

学习建议

　　本模块围绕12个实训任务，以具体任务实施的方式展开。内容涉及控制任务的分析、控制方案的制定、控制系统的硬件操作、指令的应用、TIA博途软件使用、项目创建、控制程序编写、系统调试等。在学习时要关注控制系统的设计思路和方法、指令的应用以及典型程序设计方法，并积极思考系统综合设计的思路。首先，通过观看视频教材领会控制系统硬件、软件的设计方法，并阅读文字教材学习知识点的指导；其次，参与具体任务的实施，开展实训活动，学会如何根据控制要求实现一个完整的控制系统，并尝试团队合作开展可编程控制器技术的创新创业活动。

关键词

　　可编程控制器、控制方案、TIA博途软件、项目创建、硬件系统、程序设计、系统调试。

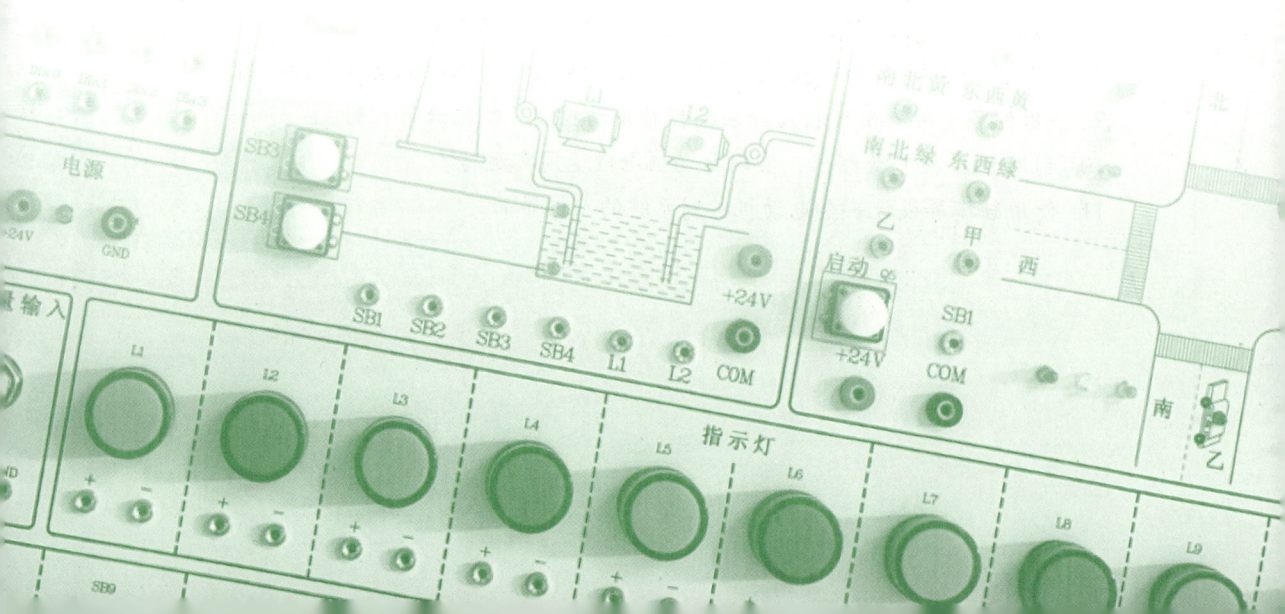

任务 3.1 电动机正反转控制

3.1.1 任务目标

1. 根据任务要求能够制定实现电动机正反转的控制方案。
2. 学会逻辑指令的功能及用法。
3. 能够完成电动机正反转控制的硬件安装及硬件组态。
4. 能够编制电动机正反转控制程序及系统调试。

3.1.2 任务导入

在实际生产中,很多情况都需要机械的运动部件能够进行正、反两个方向的运动。例如,工作台的前进与后退;提升机构的上升与下降;机械装置的夹紧与放松等。在电力拖动系统中,这些生产机械往往由三相异步电动机拖动,这种正反方向的运动就转化为三相异步电动机的正反转控制。本任务主要利用 PLC 中的基本逻辑指令完成电动机的正反转控制。

3.1.3 任务要求

按下正转按钮,电动机开始正转。按下反转按钮,电动机开始反转。按下停止按钮,电动机停止运行。电气原理图如图 3-1-1 所示。

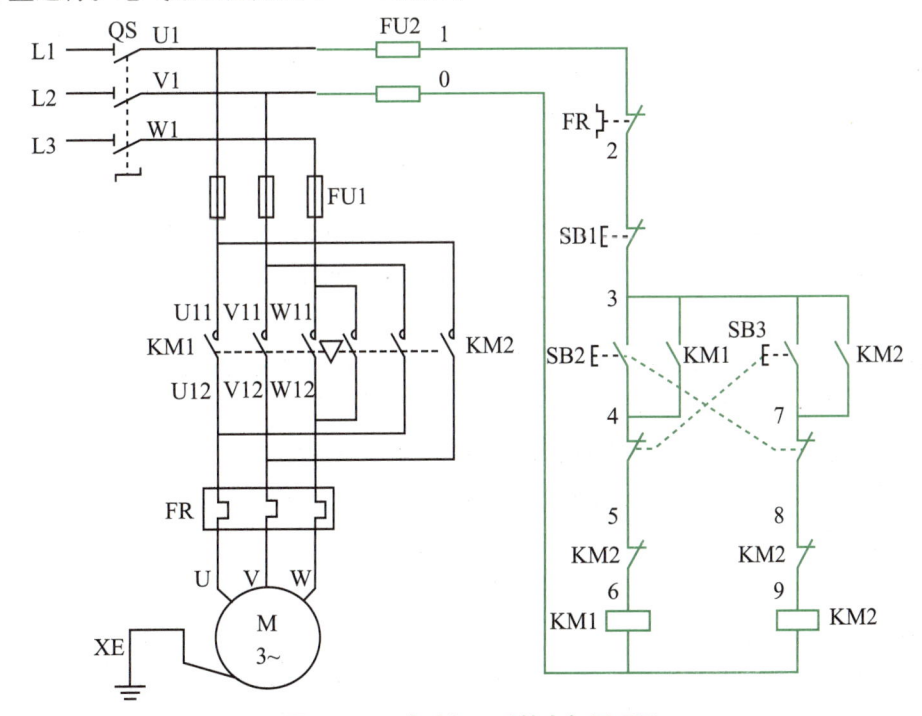

图 3-1-1 电动机正反转电气原理图

3.1.4 任务准备

① 安装有 TIA 博途软件的计算机。

② 使用 S7-1200 实验箱中的电动机控制模块,若不具备实验箱也可以使用 S7-1200 PLC、按钮及指示灯来模拟。

③ 连接导线及以太网线。

④ 常用电工工具。

⑤ 熟悉基本逻辑指令的功能及用法。

3.1.5 任务实施及步骤

S7-1200 PLC 电动机正反转控制系统的实现主要步骤包括硬件连接、设备组态、PLC 编程、系统调试等步骤。

1. 端口分配及硬件连接

(1) I/O 端口分配表

电动机正反转控制系统 I/O 端口分配及功能见表 3-1-1。

表 3-1-1 I/O 端口分配及功能表

输入			输出		
名称	PLC 端口	功能	名称	PLC 端口	功能
SB1	I0.0	停止按钮	L1 灯	Q0.0	正转指示
SB2	I0.1	正转按钮	L2 灯	Q0.1	反转指示
SB2	I0.2	反转按钮			
FR	I0.3	热继电器			

(2) 硬件连接

本任务使用 S7-1200 PLC 实验箱实现。按接线图将实验箱上的连接线一一连接,完成硬件连接,如图 3-1-2、图 3-1-3 所示。完成的接线情况如图 3-1-4 所示。

2. 设备组态

完成接线后,进行设备组态。组态过程主要是利用 TIA 博途软件进行项目的创建,如图 3-1-5 所示。具体步骤如下:

① 新建项目。打开 TIA 博途软件,输入项目名称,创建新项目。

② 组态设备。添加新设备,选择具体设备和版本号,进行设备组态。

③ 下载设备。

3. 编写控制程序

① 创建变量表。进入软件后,第一步要创建变量表。

② 编写程序。输入程序块。双击"程序块"中的 Main(主程序)选项,进入程序编辑模式。

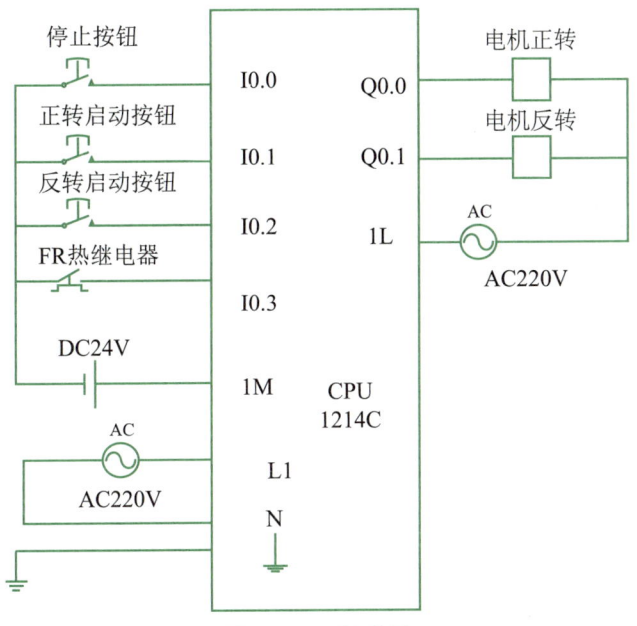

图 3-1-2　接线图

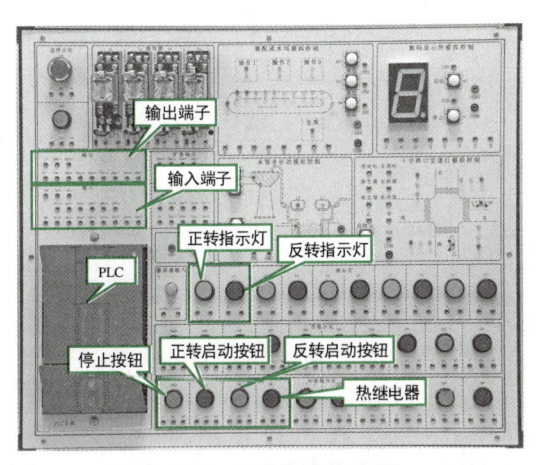

图 3-1-3　实验设备实物图

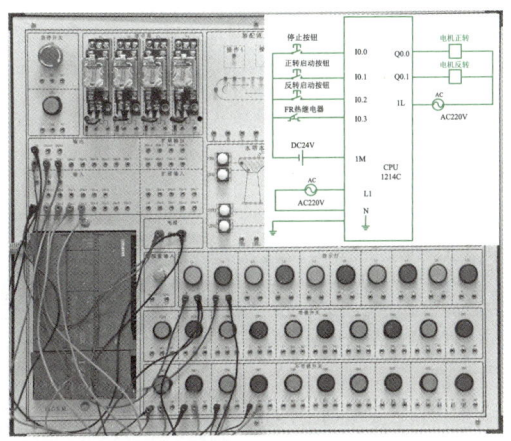

图 3-1-4　接线完成图

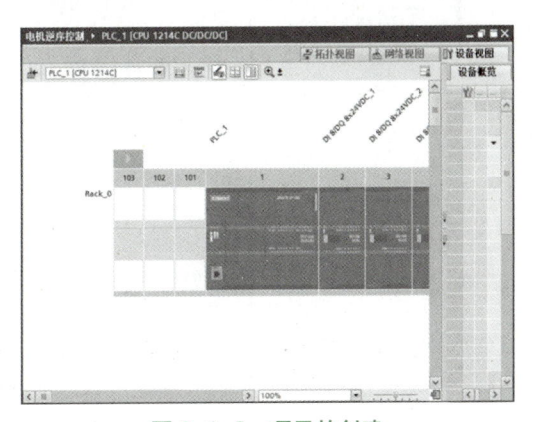

图 3-1-5　项目的创建

4. 系统调试

结合实验设备进行程序下载、监控、运行，操作实验设备。

① 将编写好的程序下载到 PLC 中，控制电动机正反转工作，如图 3-1-6 所示。检查各项准备是否符合任务要求。

② 装载程序，单击"监控"和"运行"选项，如图 3-1-7、图 3-1-8、图 3-1-9 所示。

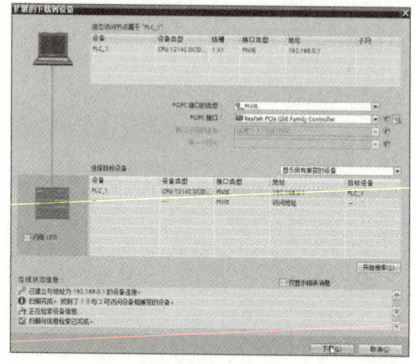

图 3-1-6　程序下载

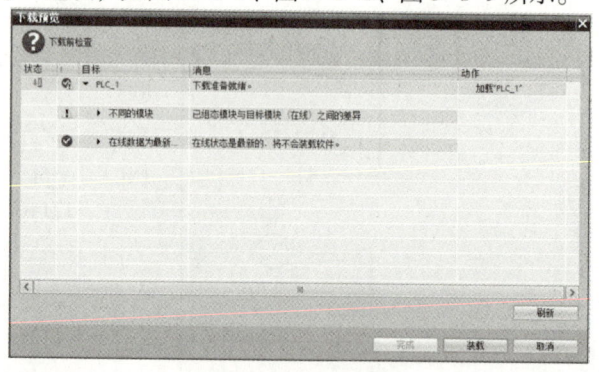

图 3-1-7　装载程序

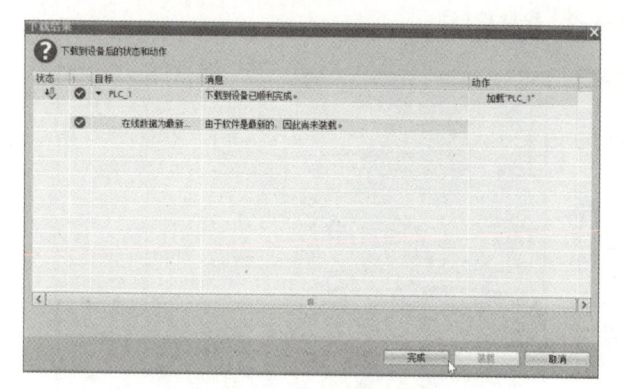

图 3-1-8　完成下载

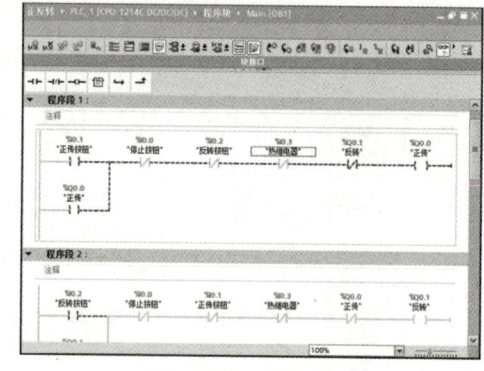

图 3-1-9　监控程序

③ 按任务要求，在实验设备上进行操作，如图 3-1-10、图 3-1-11 所示。

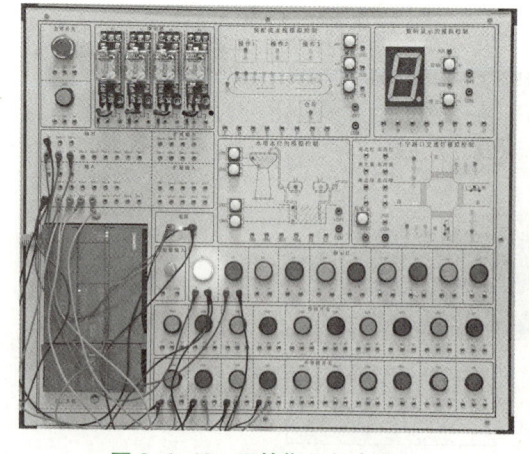

图 3-1-10　正转指示灯点亮

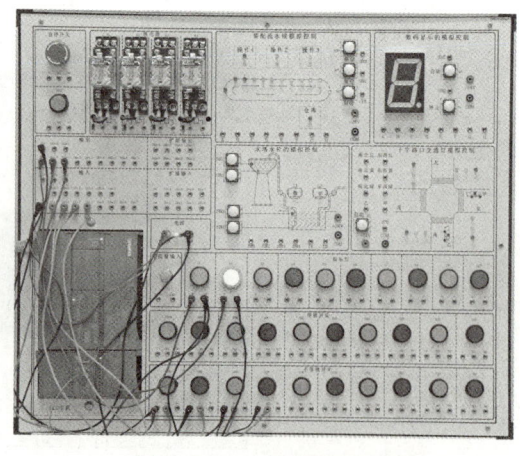

图 3-1-11　反转指示灯点亮

按下正转启动按钮，电动机顺时针正转，实验设备上的正转指示灯点亮；按下反转启动按钮，电动机逆时针反转，实验设备上的反转指示灯点亮。按下停止按钮，正转或者反转指示灯熄灭。这样我们就实现电动机正反转的控制了。

3.1.6 任务指导

1. 程序设计

本次任务采用移植替换设计法设计程序，所要用到的指令为基本逻辑指令，主要有：

① 逻辑取指令 LD（Load）和逻辑取反指令 LDN（Load Not）。

② 触点串联指令 A（And）和常闭触点串联指令 AN（And Not）。

③ 触点并联或指令 O（Or）。

④ 输出指令 =（Out）。

2. 创建变量表并编写程序

（1）创建变量表

① 创建程序。进入软件后，第一步要创建变量表，如图 3-1-12 所示。

② 启动和停止程序的输入地址变量为 I0.0 和 I0.1，如图 3-1-13 所示。

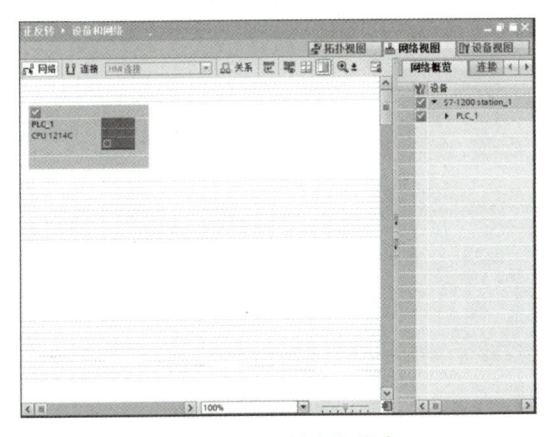

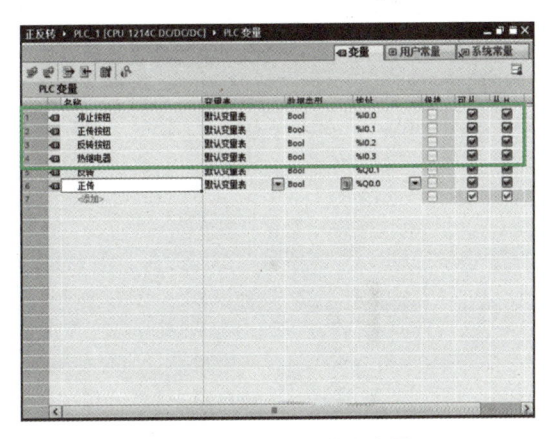

图 3-1-12　创建变量表　　　　　　图 3-1-13　输入地址变量

③ 设定输出地址变量为 QB0，QB0 包含了 Q0.0~Q0.7，8 个位变量，如图 3-1-14 所示。

④ 设置完变量后，就可以开始进入程序编写环节了。

（2）编写程序

① 输入程序块。双击"程序块"中的 Main（主程序）选项，如图 3-1-15 所示，进入程序编辑模式。

② 程序段 1。第 1 程序段实现的功能是电动机的正向启动和停止，它主要利用的是启保停电路，如图 3-1-16 所示。按下正转按钮，电动机正转线圈得电，电动机正转；若按下反转按钮，电动机反转；若按下停止按钮，电动机正转线圈失电，电动机停止运行。

③ 程序段2。程序段2实现的功能是电动机的反向启动和停止，它与程序段1的原理类似。按下反转按钮，电动机反转线圈得电，电动机反转；若按下正转按钮，电动机正转；若按下停止按钮，电动机反转线圈失电，电动机停止运行，如图3-1-17所示。

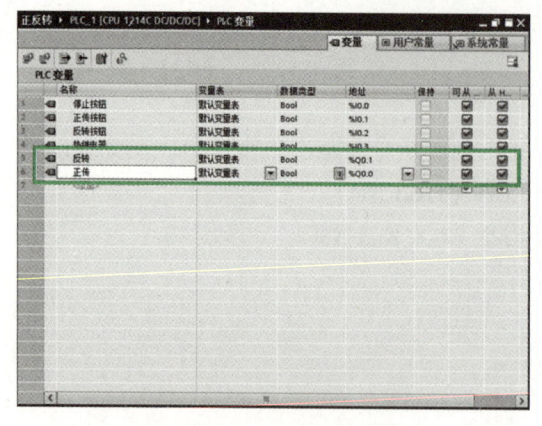

图 3-1-14　输出地址变量

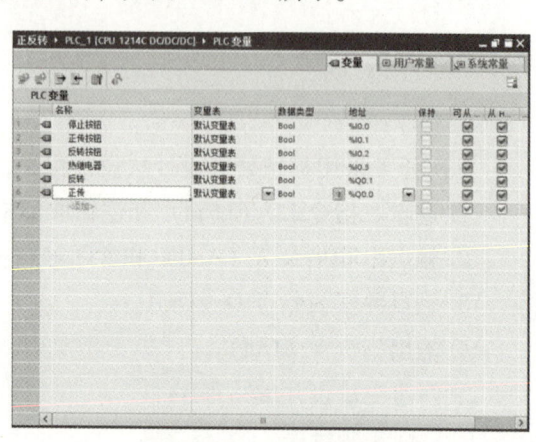

图 3-1-15　Main 选项

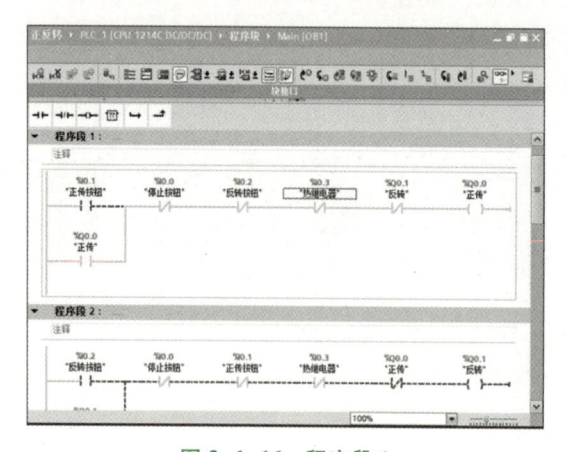

图 3-1-16　程序段1

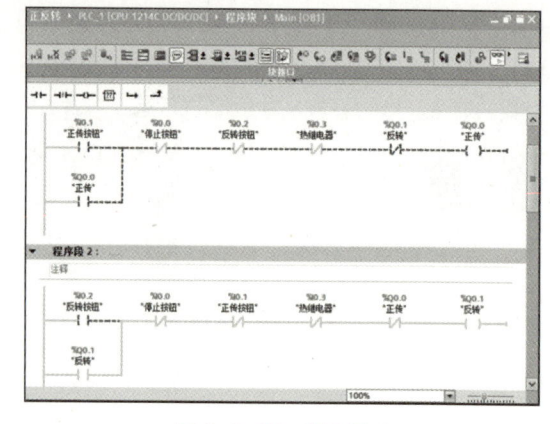

图 3-1-17　程序段2

3.1.7　思考题

1. 请描述移植法的设计步骤。
2. 热继电器若不作为输入点参与程序控制，应该如何处理？

任务3.2　电动机顺序控制

3.2.1　任务目标

1. 根据任务要求能够制定实现电动机顺序控制的方案。

2. 学会运用定时器指令、置复位指令进行电动机控制。
3. 能够完成电动机顺序控制的硬件安装及硬件组态。
4. 能够编制电动机顺序控制程序及系统调试。

3.2.2 任务导入

在工业生产中,电动机被广泛运用。在多台电动机驱动设备时,有一定的顺序要求。比如在传送分拣系统中,传送电动机先启动后,分拣系统电动机才能启动;停止的时候是传送电动机先停止,然后分拣系统电动机再停止。像这种启动按照一定顺序开机,停机按照相同顺序停止的顺序控制可以用 PLC 实现,且实现起来比较方便。

3.2.3 任务要求

按下启动按钮,电动机的启动顺序为 M1、M2、M3,顺序启动的时间间隔为 10 s,启动完成后是正常运行的状态,直到按下停止按钮,三台电机按照 M1、M2、M3 的顺序停止,时间间隔要求同样是 10 s。

3.2.4 任务准备

① 安装有 TIA 博途软件的计算机。
② 使用 S7-1200 实验箱中电动机顺序控制模块。若不具备实验箱,也可以使用 S7-1200 PLC、按钮及指示灯模拟。
③ 连接导线及以太网线。
④ 常用电工工具。
⑤ 熟悉定时器指令、置复位指令的功能及用法。

3.2.5 任务实施及步骤

S7-1200 PLC 电动机顺序控制系统的实现主要步骤包括硬件连接、设备组态、PLC 编程、系统调试等步骤。

1. 端口分配及硬件连接

(1) I/O 端口分配表

电动机顺序控制系统 I/O 端口分配及功能见表 3-2-1。

表 3-2-1 I/O 端口分配及功能表

输入			输出		
名称	PLC 端口	功能	名称	PLC 端口	功能
SB1	I0.1	启动按钮	L1 灯	Q0.1	电机 M1
SB2	I0.2	停止按钮	L2 灯	Q0.2	电机 M2
			L3 灯	Q0.3	电机 M3

（2）硬件连接

本任务使用 S7-1200 PLC 实验箱实现。按接线图将实验箱上的连接线一一连接，完成硬件连接，如图 3-2-1、图 3-2-2 所示。完成的接线情况如图 3-2-3 所示。

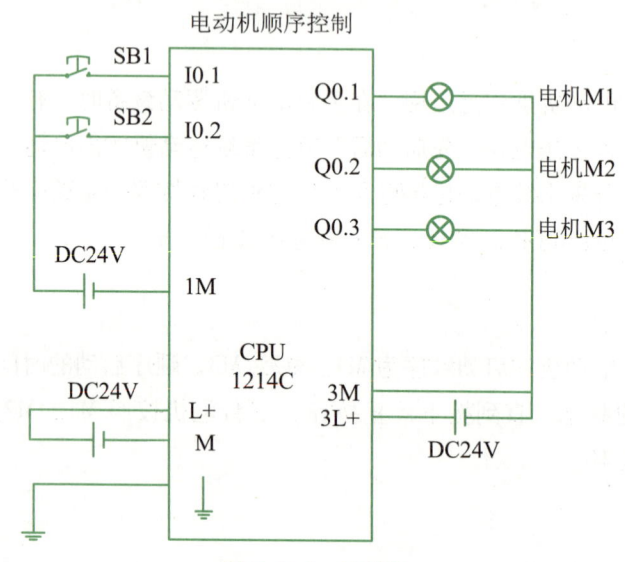

图 3-2-1　接线图

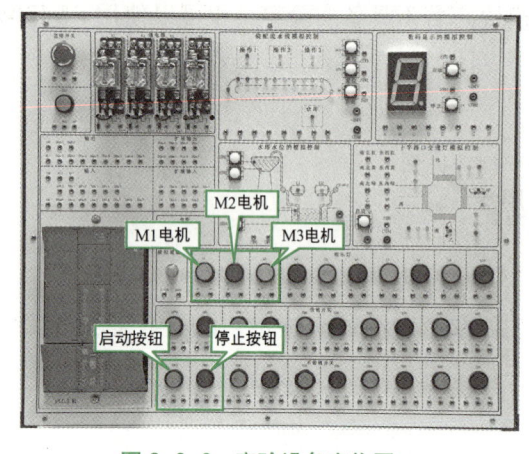

图 3-2-2　实验设备实物图

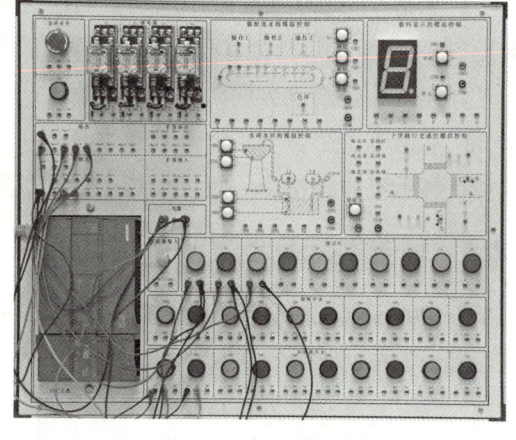

图 3-2-3　接线完成图

2. 设备组态

完成接线后，进行设备组态。组态过程主要是利用 TIA 博途软件进行项目的创建，如图 3-2-4 所示。具体步骤如下：

① 新建项目。打开 TIA 博途软件，输入项目名称，创建新项目。

② 组态设备。添加新设备，选择具体设备和版本号，进行设备组态。

③ 下载设备。

3. 编写控制程序

① 创建变量表。进入软件后，第一步要创建变量表。

② 编写程序。输入程序块。双击"程序块"中的 Main（主程序）选项，进入程序编辑模式。

4. 系统调试

结合实验设备进行程序下载、监控、运行，操作实验设备。

① 将编写好的程序下载到 PLC 中，控制指示灯代替电动机工作，如图 3-2-5 所示。检查各项准备是否符合任务要求。

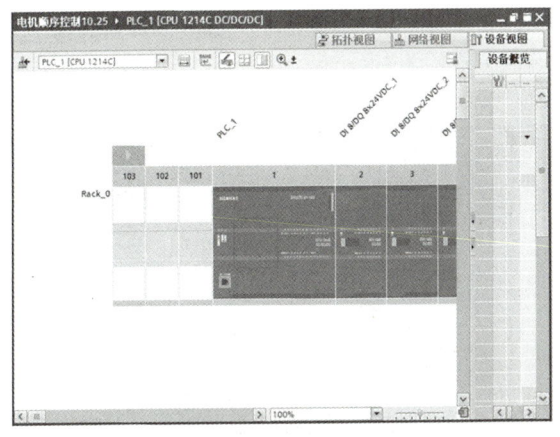

图 3-2-4　项目的创建　　　　　图 3-2-5　程序下载

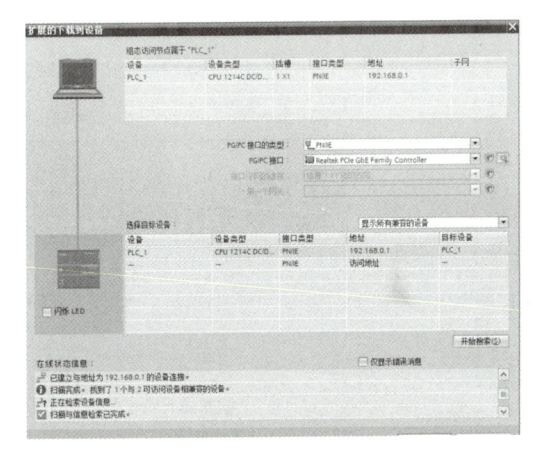

② 装载程序，单击"监控"和"运行"选项，如图 3-2-6、图 3-2-7、图 3-2-8 所示。

③ 按任务要求，在实验设备上进行操作，如图 3-2-9、图 3-2-10、图 3-2-11 所示。

按下启动按钮，L1 指示灯亮；10 s 后 L2 指示灯开始亮，再 10 s 后 L3 指示灯亮；按下停止按钮，L1 指示灯熄灭，10 s 后 L2 指示灯熄灭，再 10 s 后 L3 指示灯熄灭。这样我们就实现电动机顺序控制了。

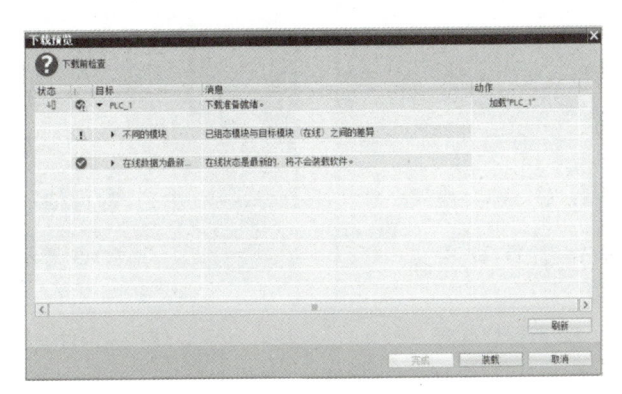

图 3-2-6　装载程序

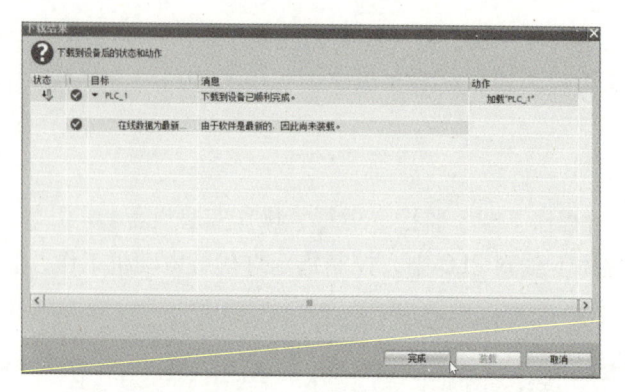

图 3-2-7 完成下载

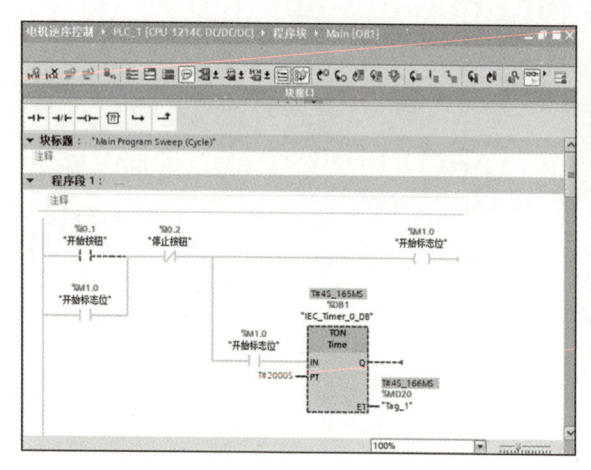

图 3-2-8 监控程序

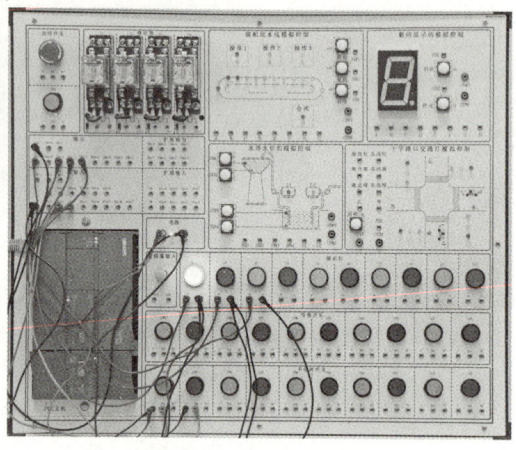

图 3-2-9 L1 灯点亮

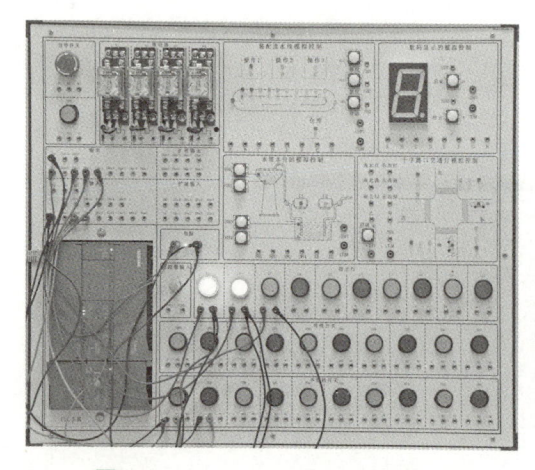

图 3-2-10 L1，L2 两盏灯点亮

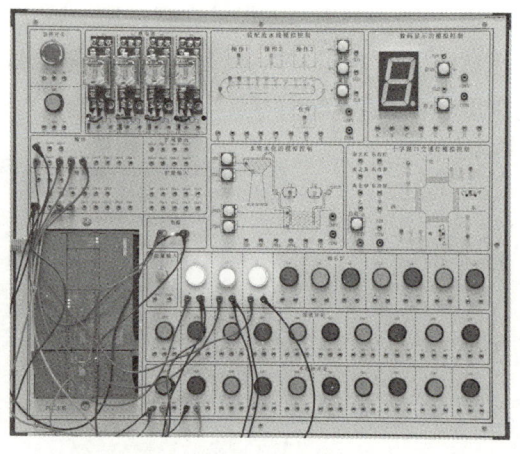

图 3-2-11 指示灯全亮

3.2.6 任务指导

1. 程序设计

首先本任务要用到的指令有：

① 定时器操作：接通延时定时器（TON）。

② 比较操作：比较指令（CMP）。

电动机的顺序控制可以用定时器和比较指令联合控制，如图 3-2-12 所示。

当定时器的实时数值大于或等于 20005 时，中间继电器 M1.1 复位，如图 3-2-13 所示。

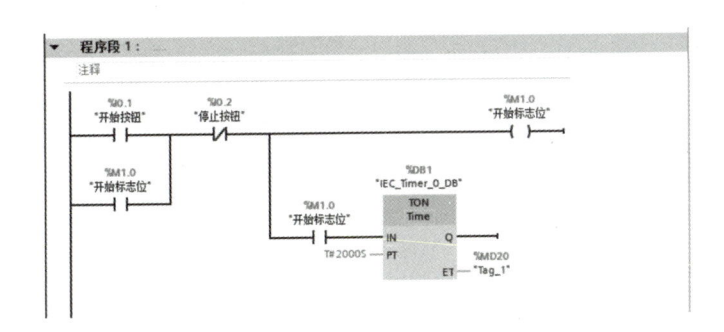

图 3-2-12 定时器指令应用

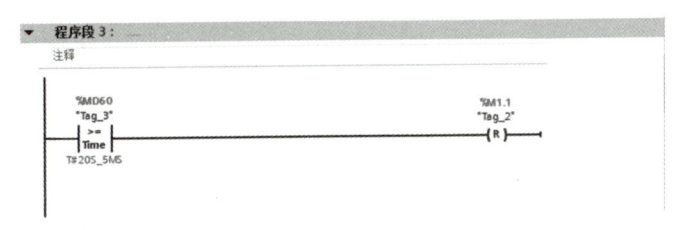

图 3-2-13 比较指令（CMP）

2. 创建变量表并编写程序

（1）创建变量表

① 创建程序。进入软件后，第一步要进行创建变量表，如图 3-2-14 所示。

② 设定用于启动和停止程序的输入地址变量为 I0.1 和 I0.2，如图 3-2-15 所示。

③ 设定输出地址变量为 Q0.1、Q0.2、Q0.3，如图 3-2-16 所示。

④ 设置中间变量，如图 3-2-17 所示，它们分别代表电动机顺序控制开始状态的 M1.0、停止状态标志位 M1.1。

⑤ 设置完变量后，就可以进入程序编写环节了。

图 3-2-14　创建变量表

图 3-2-15　输入地址变量

图 3-2-16　输出地址变量

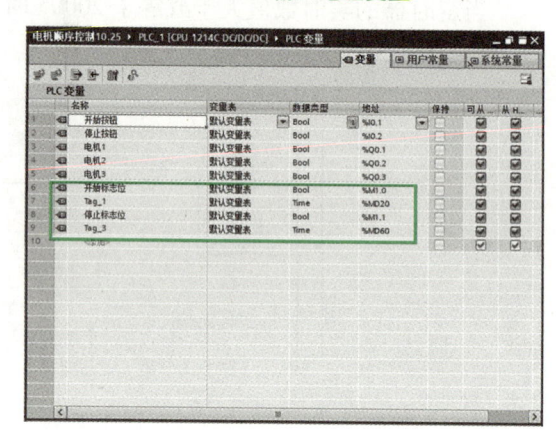

图 3-2-17　中间变量

(2) 编写程序

① 输入程序块。双击"程序块"中的 Main（主程序）选项，如图 3-2-18 所示，进入程序编辑模式。

② 程序段 1。程序段 1 实现的功能是系统的启动和停止，它有一个启保停电路。用定时器设定第二个电动机、第三个电动机的启动时间，如图 3-2-19 所示。

图 3-2-18　"Main" 选项

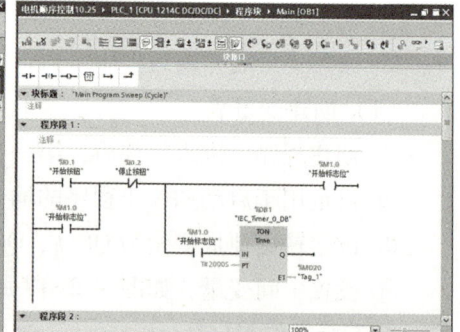

图 3-2-19　程序段 1

③ 程序段 2。程序段 2 用于为停止按钮设定停止标志位 M1.1，为了防止误操作停止按钮导致电动机启动，用停止按钮加 Q0.1 控制 M1.1 停止标志位，如图 3-2-20 所示。

图 3-2-20　程序段 2

④ 程序段 3。程序段 3 是让停止标志位 M1.1 清零。用复位指令，当定时器内实时数据大于或等于 20 005 时，停止标志位 M1.1 清零，如图 3-2-21 所示。

图 3-2-21　程序段 3

⑤ 程序段 4。程序段 4 是用定时器记录按下停止按钮的时间，用来控制电动机的停止动作，如图 3-2-22 所示。

图 3-2-22　程序段 4

⑥ 程序段 5。程序段 5 是控制电动机 1 的运转。按下开始按钮后电动机 1 运转；按下停止按钮后电动机 1 延时 5 ms 停止，如图 3-2-23 所示。

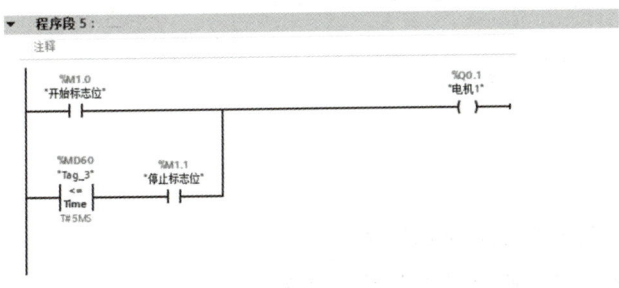

图 3-2-23　程序段 5

⑦ 程序段 6。程序段 6 用于控制电动机 2 的运转。按下开始按钮 10 s 后电动机 2 运转；按下停止按钮后电动机 2 延时 10 s 停止，如图 3-2-24 所示。

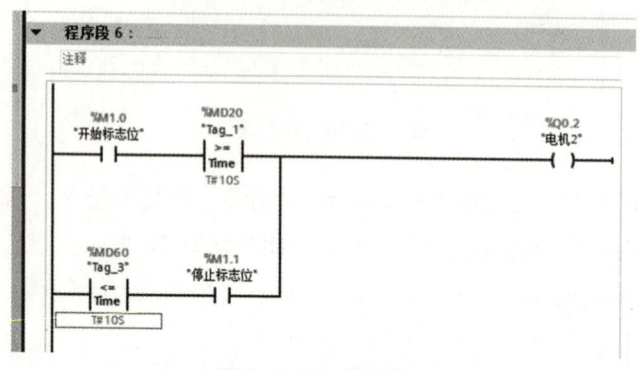

图 3-2-24　程序段 6

⑧ 程序段 7。程序段 7 用于控制电动机 3 的运转。按下开始按钮 20 s 后电动机 3 运转；按下停止按钮后电动机 3 延时 20 s 停止，如图 3-2-25 所示。

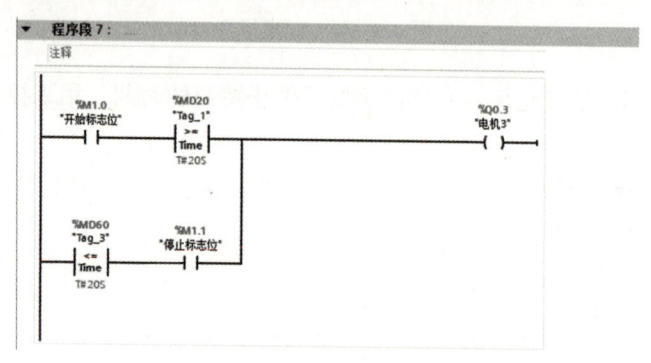

图 3-2-25　程序段 7

3.2.7　思考题

1. S7-1200 PLC 的置复位指令如何设置？
2. S7-1200 PLC 的定时器有哪几种？

任务 3.3　电动机逆序控制

3.3.1　任务目标

1. 根据任务要求能够制定电动机逆序控制方案。
2. 学会比较指令在电动机逆序控制中的用法。
3. 能够完成电动机逆序控制的硬件安装及硬件组态。
4. 能够编制电动机逆序控制程序及系统调试。

3.3.2 任务导入

在工业生产中，电动机被广泛运用。在多台电动机驱动设备时，有一定的顺序要求。比如，在车床辅助装置里面，自动卡爪夹紧工件后，主轴才能启动；主轴停止后，自动卡爪才能松开。PLC 控制程序可以实现控制电动机的顺序启动，逆序停止——逆序控制。

3.3.3 任务要求

按下启动按钮，电动机的启动顺序为电动机 M1、电动机 M2、电动机 M3，顺序启动的时间间隔为 10 s，启动完成后为正常运行状态，直到按下停止按钮。3 台电动机按照 M3、M2、M1 的逆序停止，时间间隔分别是 5 s 和 4 s。

3.3.4 任务准备

① 安装有 TIA 博途软件的计算机。
② 使用 S7-1200 实验箱电动机逆序控制模块，若不具备实验箱，也可以使用 S7-1200 PLC、按钮及指示灯模拟。
③ 连接导线及以太网线。
④ 常用电工工具。
⑤ 熟悉定时器指令、比较指令的功能及用法。

3.3.5 任务实施及步骤

S7-1200 PLC 电动机逆序控制系统的实现主要步骤包括硬件连接、设备组态、PLC 编程、系统调试等。

1. 端口分配及硬件连接

（1）I/O 端口分配表

电动机逆序控制系统 I/O 端口分配及功能见表 3-3-1。

表 3-3-1 I/O 端口分配及功能表

输入			输出		
名称	PLC 端口	功能	名称	PLC 端口	功能
SB1	I0.1	启动按钮	L1 灯	Q0.1	电机 M1
SB2	I0.2	停止按钮	L2 灯	Q0.2	电机 M2
			L3 灯	Q0.3	电机 M3

（2）硬件连接

本任务使用 S7-1200 PLC 实验箱实现。按接线图完成硬件连接，如图 3-3-1、图 3-3-2 所示。完成的接线情况如图 3-3-3 所示。

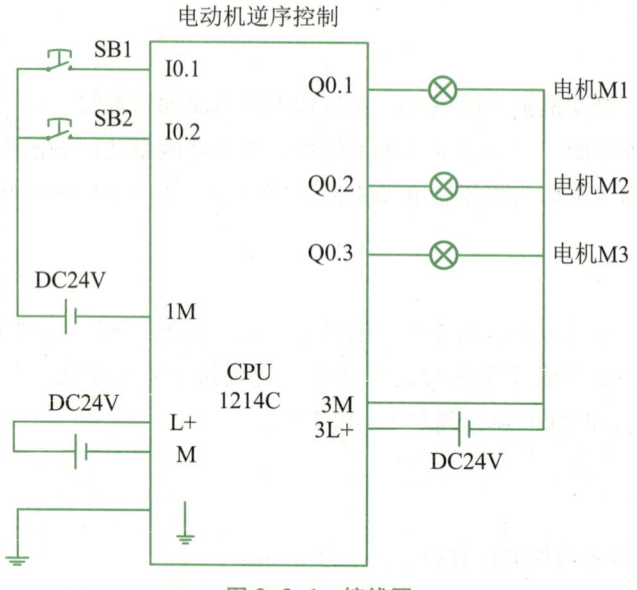

图 3-3-1　接线图

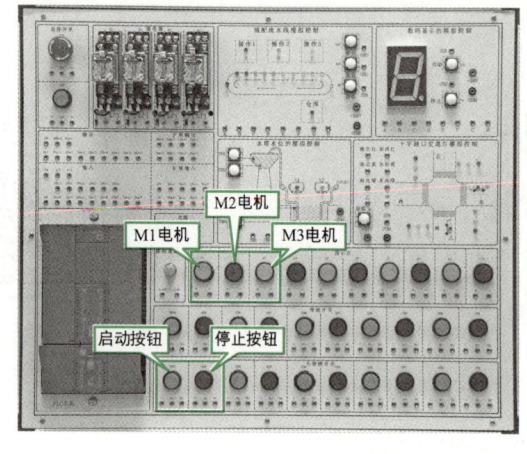

图 3-3-2　实验设备实物图

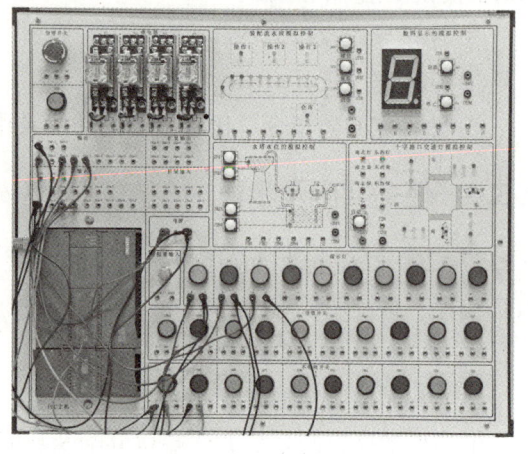

图 3-3-3　接线完成图

2. 设备组态

完成接线后，进行设备组态。组态过程主要是利用 TIA 博途软件进行项目的创建，如图 3-3-4 所示。具体步骤如下：

① 新建项目。打开 TIA 博途软件，输入项目名称，创建新项目。

② 组态设备。添加新设备，选择具体设备和版本号，进行设备组态。

③ 下载设备。

3. 编写控制程序

① 创建变量表。进入软件后，第一步要创建变量表。

② 编写程序。双击"程序块"中的 Main（主程序）选项，进入程序编辑模式。

4. 系统调试

结合实验设备进行程序下载、监控、运行，操作实验设备。

① 将编写好的程序下载到 PLC 中，控制电动机进行工作，如图 3-3-5 所示。检查各项准备是否符合任务要求。

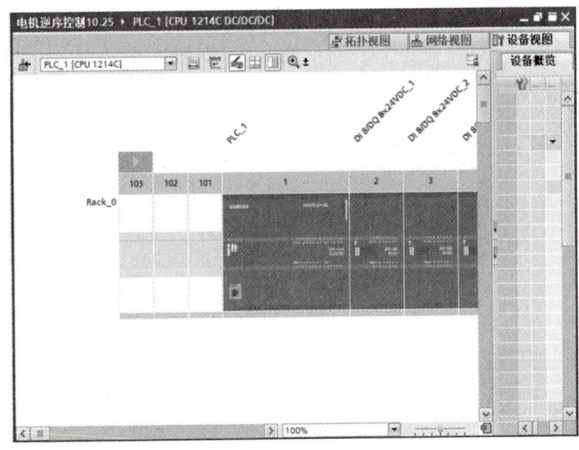

图 3-3-4　项目的创建

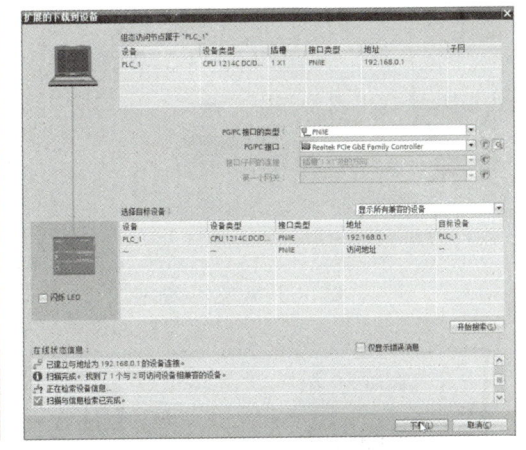

图 3-3-5　程序下载

② 装载程序，单击"监控"和"运行"项，如图 3-3-6、图 3-3-7、图 3-3-8 所示。

③ 按任务要求，在实验设备上进行操作，如图 3-3-9、图 3-3-10、图 3-3-11 所示。

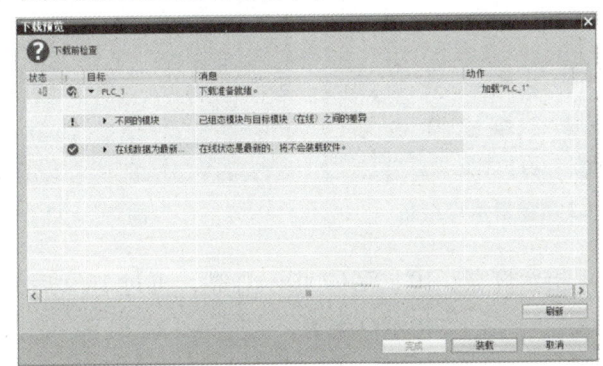

图 3-3-6　装载程序

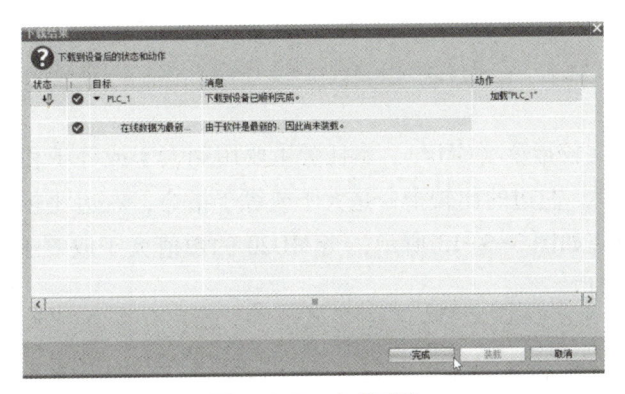

图 3-3-7　完成下载

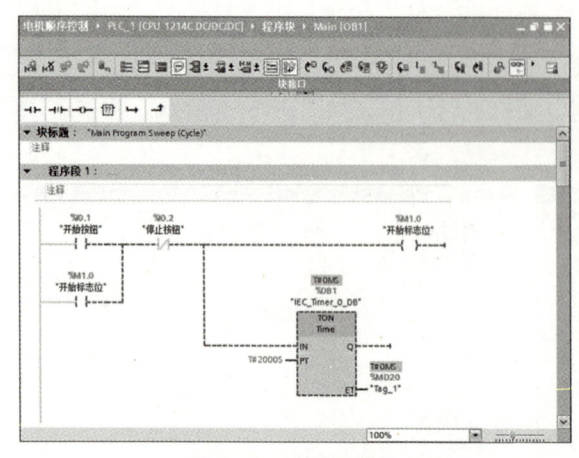

图 3-3-8　监控程序

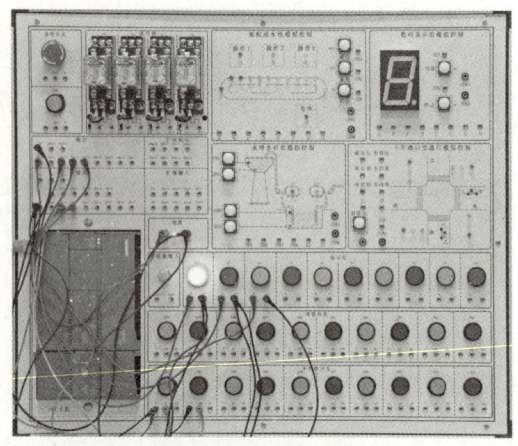

图 3-3-9　L1 灯点亮

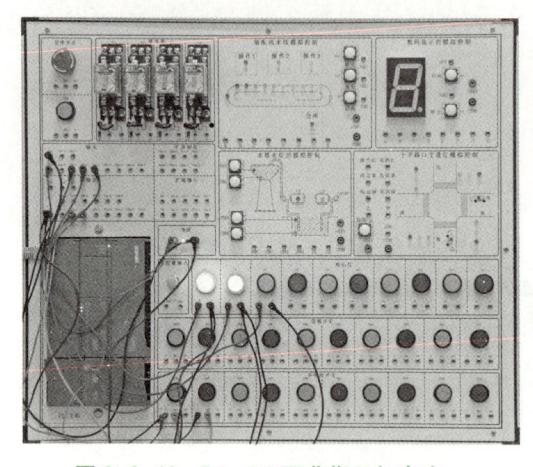

图 3-3-10　L1、L2 两盏指示灯点亮

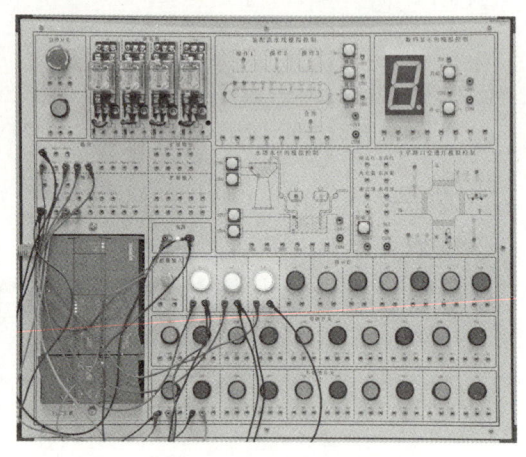

图 3-3-11　指示灯全亮

按下启动按钮，L1 指示灯亮；10 s 后 L2 指示灯亮，再过 10 s 后 L3 指示灯亮；按下停止按钮，L3 指示灯熄灭，5 s 后 L2 指示灯熄灭，再过 4 s 后 L1 指示灯熄灭。这样就可以实现电动机的逆序控制了。

3.3.6　任务指导

1. 程序设计

本任务主要用到比较指令（CMP）。本任务主要用到大于或等于和小于或等于的比较指令，如图 3-3-12 所示。左边的比较指令是大于或等于指令，右边比较指令的是小于或等于指令。比较指令的应用如图 3-3-13 所示，当 MD20 的数值大于或等于 5 s 并且小于或等于 10 s 时，线圈 Q0.0 得电。

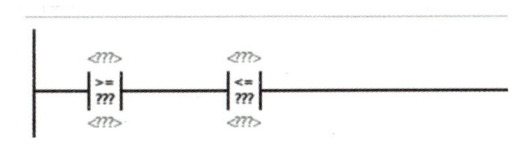

图 3-3-12 比较指令

图 3-3-13 比较指令（CMP）的应用

2. 创建变量表并编写程序

（1）创建变量表

① 创建程序。进入软件后，第一步要创建变量表，如图 3-3-14 所示。

② 用于启动和停止程序的输入地址变量为 I0.1 和 I0.2，如图 3-3-15 所示。

图 3-3-14 创建变量表

图 3-3-15 输入地址变量

③ 输出地址变量为 Q0.1，Q0.2，Q0.3，如图 3-3-16 所示。

④ 设置中间变量，如图 3-3-17 所示。它们分别是代表电动机顺序控制开始状态标志位的 M1.0、停止状态标志位 M1.1。

⑤ 设置完变量后，就可以进入程序编写环节了。

（2）编写程序

① 输入程序块。双击"程序块"中的 Main（主程序）选项，如图 3-3-18 所示，进入程序编辑模式。

② 程序段 1。程序段 1 实现的功能是系统的启动和停止，采用启保停电路。用定时器设定第二个电动机、第三个电动机的启动时间，如图 3-3-19 所示。

图 3-3-16　输出地址变量

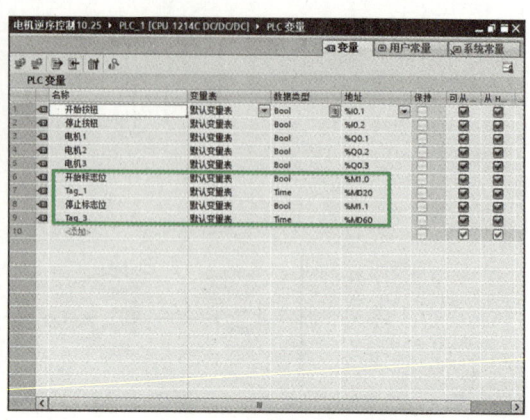

图 3-3-17　中间变量

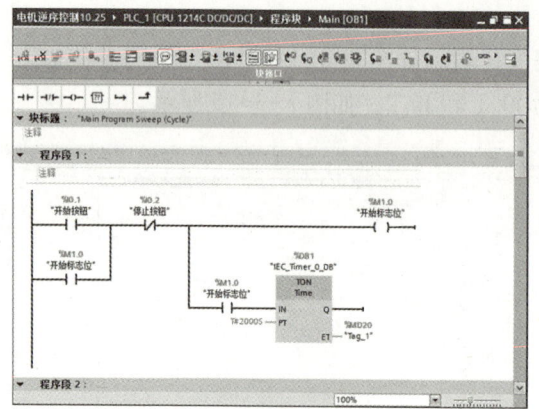

图 3-3-18　"Main"选项

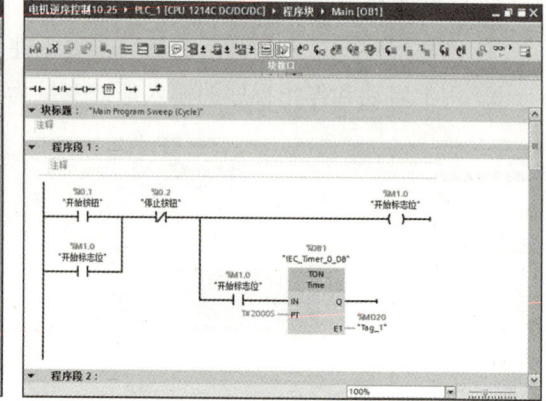

图 3-3-19　程序段 1

③ 程序段 2。程序段 2 用于设定停止按钮，即停止标志位 M1.1。为了防止误操作停止按钮，导致电动机启动，用停止按钮加 Q0.1 控制 M1.1 停止标志位，如图 3-3-20 所示。

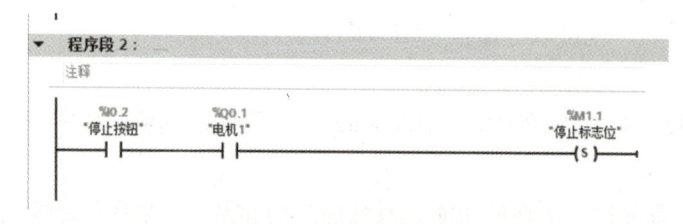

图 3-3-20　程序段 2

④ 程序段 3。程序段 3 用于使停止标志位 M1.1 清零。该功能是用复位指令实现的，即当定时器的实时数据大于或等于 20 005 时，停止标志位 M1.1 复位，如图 3-3-21 所示。

图 3-3-21 程序段 3

⑤ 程序段 4。程序段 4 用于设定定时器，即令定时器记录按下停止按钮的时间，以控制三个电动机的停止动作时间，如图 3-3-22 所示。

图 3-3-22 程序段 4

⑥ 程序段 5。程序段 5 用于控制电动机 1 的运转。开始标志位 M1.0 得电时，电动机 1 运转；停止标志位得电时 9 s 后电动机 1 停止，如图 3-3-23 所示。

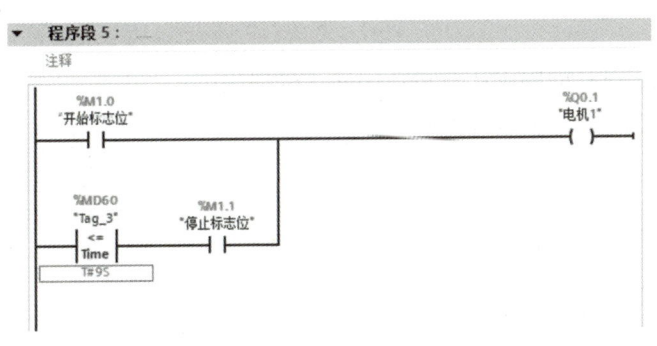

图 3-3-23 程序段 5

⑦ 程序段 6。程序段 6 用于控制电动机 2 的运转。开始标志位 M1.0 得电 10 s 后，电动机 2 运转；停止标志位得电 5 s 后电动机 2 停止，如图 3-3-24 所示。

⑧ 程序段 7。程序段 7 用于控制电动机 3 的运转。开始标志位 M1.0 得电 20 s 后，电动机 3 运转；停止标志位得电 0.1 s 后电动机 3 停止，如图 3-3-25 所示。

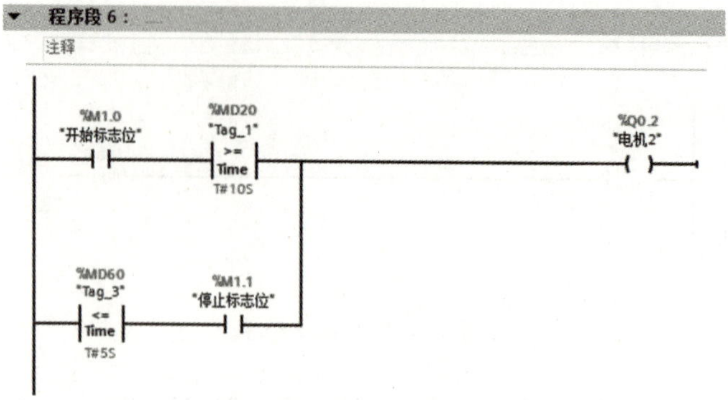

图 3-3-24　程序段 6

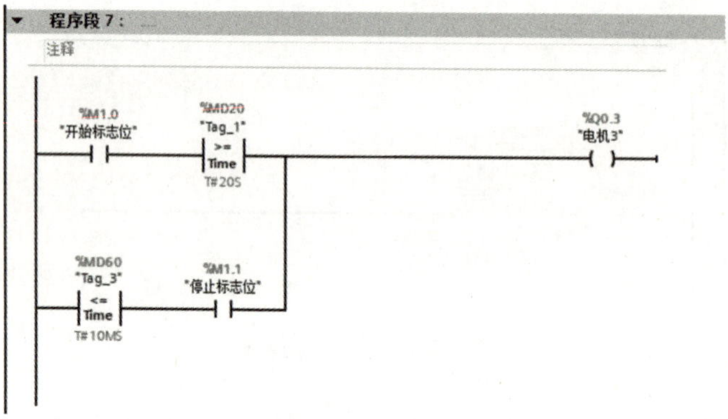

图 3-3-25　程序段 7

3.3.7　思考题

1. 归纳 S7-1200 PLC 的触点比较指令如何正确使用。
2. S7-1200 PLC 的定时器如何清零？

任务 3.4　三相电动机星/三角（Y-△）降压启动控制

3.4.1　任务目标

1. 根据任务要求能够制定三相电动机 Y-△ 降压启动的控制方案。
2. 学会定时器指令在三相电动机 Y-△ 降压启动控制中的应用。
3. 能够完成三相电动机 Y-△ 降压启动控制的硬件安装及硬件组态。
4. 能够编制三相电动机 Y-△ 降压启动的控制程序及系统调试。

3.4.2 任务导入

三相电动机 Y-△ 降压启动也称为星形—三角形降压启动。这一线路的设计思想是按时间原则控制启动过程。与电动机直接启动不同的是，在启动时，其电动机定子绕组接成星形，每相绕组承受的电压为电源的相电压（220 V），而且减小了启动电流对电网的影响。而在启动后，其按预先整定的时间换接成三角形接法，每相绕组承受的电压为电源的线电压（380 V），电动机进入正常运行状态。凡是正常运行时定子绕组接成三角形的鼠笼式异步电动机，均可采用这种线路控制。

3.4.3 任务要求

按下启动按钮，此时定子绕组接成星形，启动电流减小，实现降压启动。待电动机启动后 10 s，定子绕组改接成三角形，电动机以三角形全压运行。

按下停止按钮，电动机 Y-△ 降压控制系统停止工作。

3.4.4 任务准备

① 安装有 TIA 博途软件的计算机。
② 使用 S7-1200 实验箱星三角控制模块，若不具备实验箱，也可以使用 S7-1200 PLC、按钮及指示灯模拟。
③ 连接导线及以太网线。
④ 常用电工工具。
⑤ 熟悉逻辑指令和定时器指令的功能及用法。

3.4.5 任务实施及步骤

S7-1200 PLC 控制三相电动机 Y-△ 降压启动控制的实现步骤主要包括硬件连接、设备组态、PLC 编程、系统调试等步骤。

1. 端口分配及硬件连接

（1）I/O 端口分配表

三相电动机 Y-△ 降压启动控制系统 I/O 端口分配及功能见表 3-4-1。

表 3-4-1　I/O 端口分配及功能表

输入			输出		
名称	PLC 端口	功能	名称	PLC 端口	功能
FR	I0.0	热继电器	L1 灯	Q0.0	KM1
SB1	I0.0	停止按钮	L2 灯	Q0.1	KM3
SB2	I0.1	启动按钮	L3 灯	Q0.2	KM2

（2）硬件连接

本任务使用 S7-1200 PLC 实验箱实现。按接线图将实验箱上的连接线一一连接，完成硬件连接，如图 3-4-1、图 3-4-2 所示。完成的接线情况如图 3-4-3 所示。

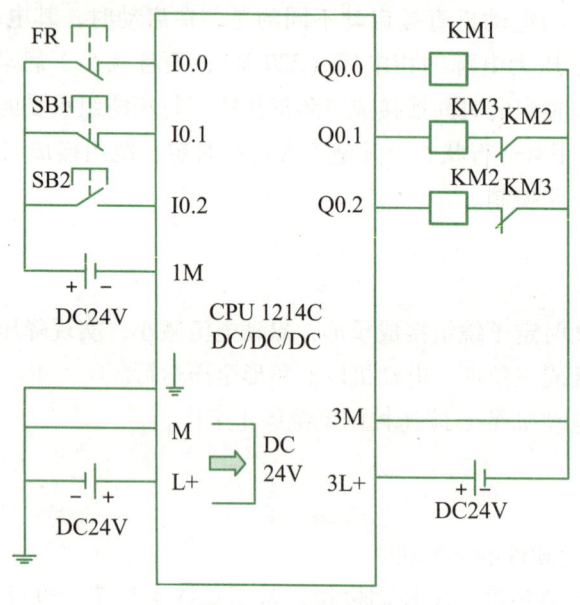

图 3-4-1　接线图

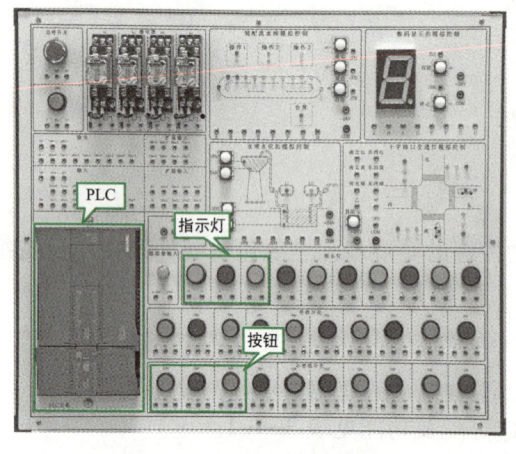

图 3-4-2　实验设备实物图

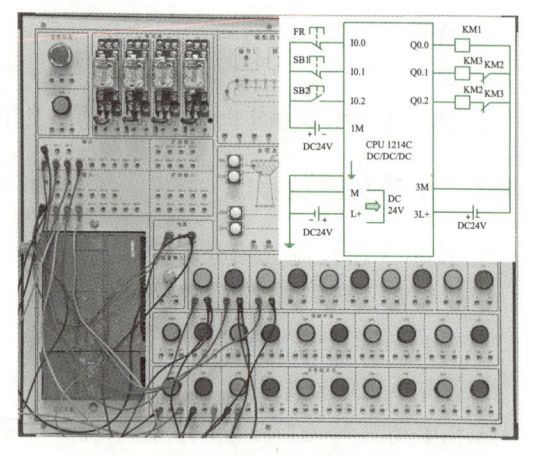

图 3-4-3　接线完成图

2. 设备组态

完成接线后，进行设备组态。组态过程主要是利用 TIA 博途软件进行程序的创建，如图 3-4-4 所示。具体步骤如下：

① 新建项目。打开 TIA 博途软件，输入项目名称，创建新项目。

② 组态设备。添加新设备，选择具体设备和版本号，进行设备组态。

③ 下载设备。

3. 编写控制程序

① 创建变量表。进入软件后，第一步要创建变量表。

② 编写程序。输入程序块，双击"程序块"中的 Main（主程序）选项，进入程序编辑模式。

4. 系统调试

结合实验设备进行程序下载、监控、运行，操作实验设备。

① 将编写好的程序下载到 PLC 中，控制电动机 Y-△ 进行工作，如图 3-4-5 所示。检查各项准备是否符合任务要求。

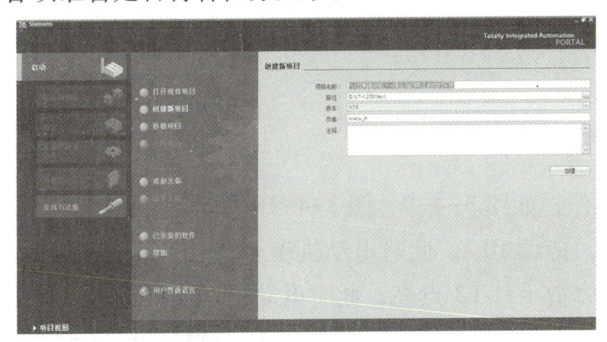

图 3-4-4　创建新项目

图 3-4-5　程序下载

② 装载程序，单击"监控"和"运行"选项，如图 3-4-6、图 3-4-7、图 3-4-8 所示。

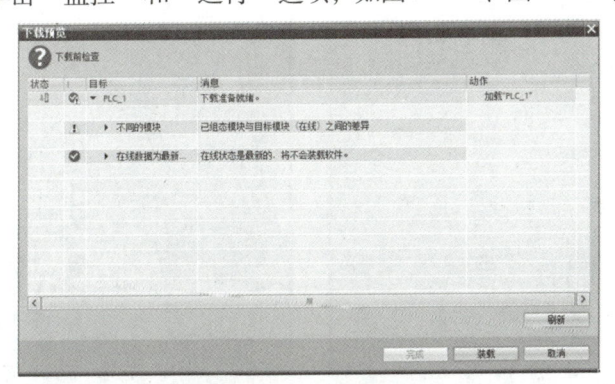

图 3-4-6　装载程序

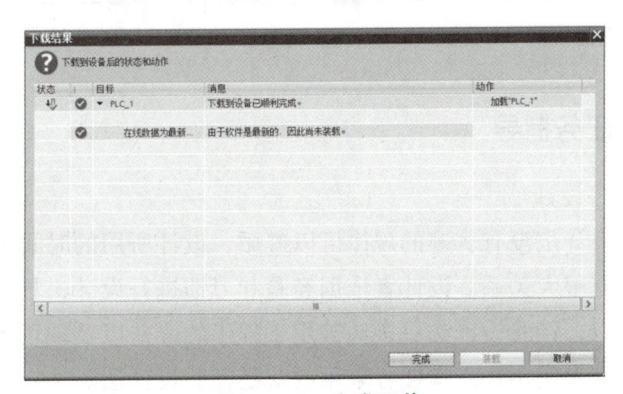

图 3-4-7　完成下载

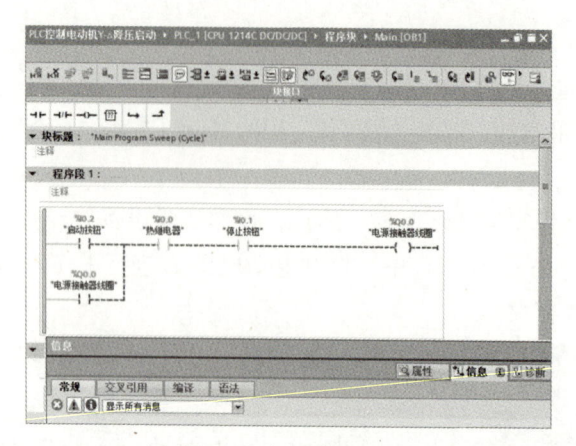

图 3-4-8　监控程序

③ 按任务要求，在实验设备上进行操作，如图 3-4-9、图 3-4-10 所示。

按下启动按钮，指示灯 L1 和 L2 点亮，持续 10 s，此时电动机 Y 形连接运行；10 s 后，指示灯 L1 继续点亮，指示灯 L2 熄灭，同时指示灯 L3 点亮，此时电动机 △ 连接运行。按下停止按钮，所有指示灯熄灭，表示电动机停止运行。整个控制过程结束。这样就可以实现电动机 Y-△ 降压启动的控制了。

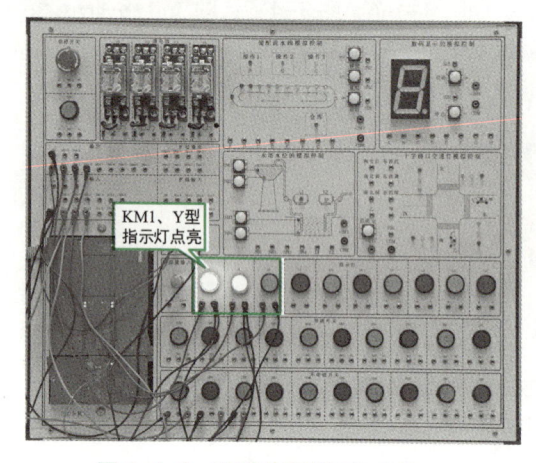

图 3-4-9　Y 型连接指示灯点亮　　　　图 3-4-10　△ 连接指示灯点亮

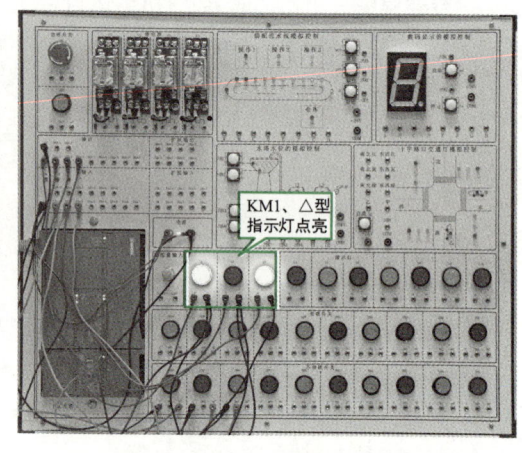

3.4.6　任务指导

1. 程序设计

经验设计法没有普遍的规律可以遵循，设计所用的时间、设计的质量与编程者的经验有很大关系。设计者依据经验和习惯进行设计，具有一定的试探性和随意性。所以，经验设计法更多地被用于程序的改造以及现场程序的调试，具有很好的灵活性及实用性。本任务采用的就是经验设计法。

对于复杂系统，首先运用启保停等基本控制程序编制方法设计完成相应输出信号的编程，如图 3-4-11 所示。其次根据控制要求设计出其他输出信号的梯形图。最后审查各梯形图，更正错误，合并优化梯形图，查漏补缺。

图 3-4-11　启保停基本控制程序编制方法

本任务需要用到的定时器指令为：接通延时定时器（TON），如图 3-4-12 所示。

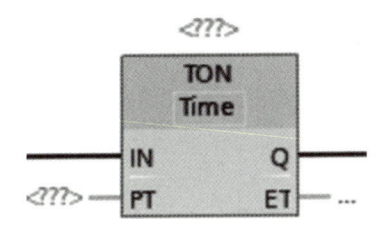

图 3-4-12　接通延时定时器（TON）

三相电动机 Y-△降压启动工作时，Y 接法转换到△接法的转换时间可以通过接通延时定时器（TON）实现，如图 3-4-13 所示。

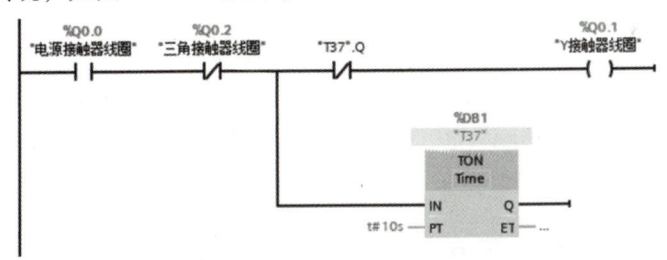

图 3-4-13　三相电动机 Y-△降压启动程序中的延时定时器

2. 创建变量表并编写程序

（1）创建变量表

① 创建程序。进入软件后，第一步要创建变量表。

② 在左侧栏目中选择"PLC 变量"，选择默认变量表，根据 I/O 分配将需要的变量添加到变量表中，其中 I0.0、I0.1、I0.2 为输入变量，Q0.0、Q0.1、Q0.2 为输出变量，如图 3-4-14 所示。

③ 输入程序块，单击"程序块"中的 Main（主程序）选项，如图 3-4-15 所示。

④ 设置完变量后，我们就可以进入程序编写环节了。

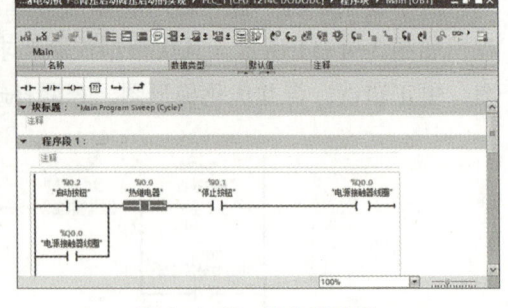

图 3-4-14 添加变量

图 3-4-15 输入程序块

(2) 编写程序

① 程序段 1。程序段 1 实现了如下功能：按下启动按钮，由于热继电器和停止按钮处于闭合状态，因此电源接触器线圈得电，电源接触器线圈的常开触点闭合，形成自锁，如图 3-4-16 所示。

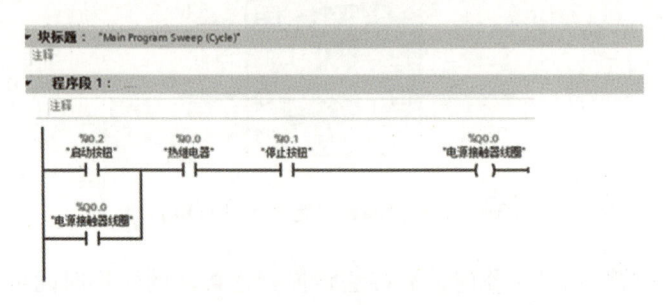

图 3-4-16 电源接触器线圈控制程序

② 程序段 2。程序段 2 使用了时间继电器。电源接触器线圈的常开触点闭合，使得 Y 接触器线圈得电，此时电动机处于 Y 形连接启动运行。同时，时间继电器 T37 开始计时，10 s 后，T37 常闭触点断开，使得 Y 接触器线圈失电，即电动机 Y 形连接法失效，如图 3-4-17 所示。

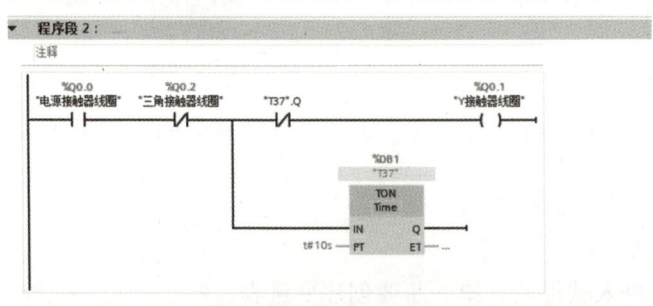

图 3-4-17 Y 型接触器线圈控制程序

③ 程序段 3。程序段 3 表示当时间继电器 T37 计时时间达到 10 s 后，它的另一个常开触点同时闭合，由于电源接触器线圈仍是得电状态，因此△接触器线圈得电并形成自锁，此时电动机变为△连接状态运行，如图 3-4-18 所示。

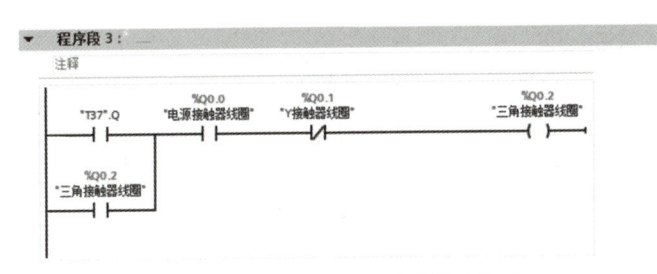

图 3-4-18　△接触器线圈控制程序

3.4.7　思考题

1. S7-1200 PLC 的定时器指令如何设置？
2. 尝试用移植法完成三相电动机 Y-△降压启动控制。

任务 3.5　送料小车控制

3.5.1　任务目标

1. 根据任务要求能够制定送料小车控制系统的控制方案。
2. 学会 S7-1200 PLC 顺序控制法的使用方法。
3. 能够完成送料小车控制的硬件安装及硬件组态。
4. 能够编制送料小车控制程序及系统调试。

3.5.2　任务导入

全自动送料车是一种物料搬运设备，是能在某一位置自动进行货物的装载，自动行走到另一位置的全自动运输装置。装卸搬运是物流的功能要素之一，在物流系统中发生的频率很高，占据物流费用的重要部分。因此，运输工具得到了很大的发展，其中全自动送料车的使用场景最为广泛，发展十分迅速。

3.5.3　任务要求

全自动送料车控制系统如图 3-5-1 所示，当小车处于左端时，按下启动按钮，小车向前运行。行进到前限位开关时，翻斗门打开装货，装货时间为 7 s；7 s 时间到，小车向后运行，行进至后限位开关，打开小车底门卸货，卸货时间为 5 s；5 s 时间到，底门关闭，完成一次动作。小车自动连续往复运行。

运行过程中按下停止按钮，全自动送料车运行完本轮循环后停止运行。

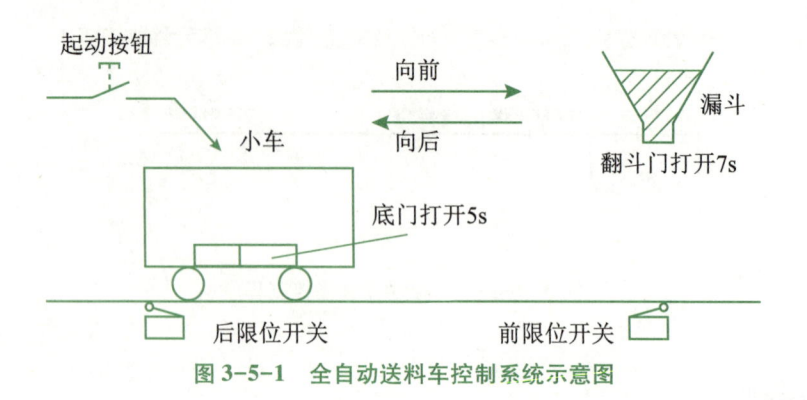

图 3-5-1 全自动送料车控制系统示意图

3.5.4 任务准备

① 安装有 TIA 博途软件的计算机。
② 使用 S7-1200 实验箱的按钮和指示灯模拟。
③ 连接导线及以太网线。
④ 常用电工工具。
⑤ 熟悉顺序控制法的使用方法。

3.5.5 任务实施及步骤

S7-1200 PLC 全自动送料车控制系统实现的主要步骤包括：硬件连接，设备组态，PLC 编程，系统调试等。

1. 端口分配及硬件连接

（1）I/O 端口分配表

全自动送料车控制系统 I/O 端口分配及功能见表 3-5-1。

表 3-5-1 I/O 端口分配及功能表

输入			输出		
名称	PLC 端口	功能	名称	PLC 端口	功能
SB1	I0.0	启动按钮	KM1	Q0.0	前进接触器
SQ1	I0.1	前进限位开关	HL1	Q0.1	装料指示灯
SQ2	I0.2	后退限位开关	KM2	Q0.2	后退接触器
SB2	I0.3	停止按钮	HL2	Q0.3	卸料指示灯

（2）硬件连接

本任务使用 S7-1200 PLC 实验箱实现。按接线图将实验箱上的连接线一一连接，完成硬件连接，如图 3-5-2、图 3-5-3 所示。完成的接线情况如图 3-5-4 所示。

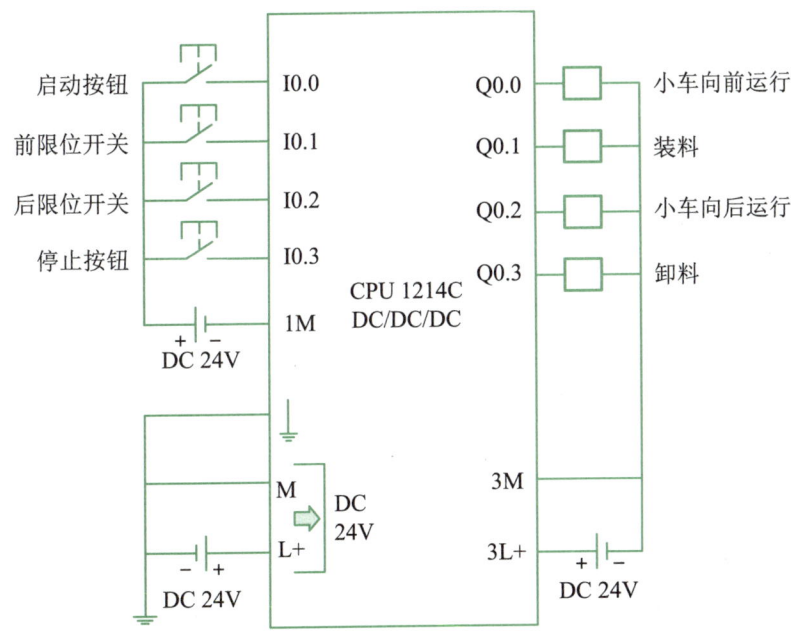

图 3-5-2 接线图

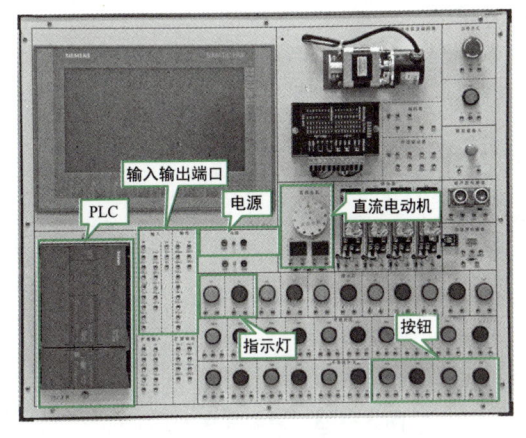

图 3-5-3 实验设备实物图

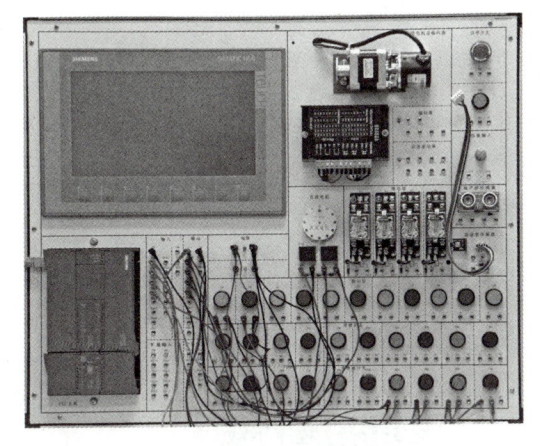

图 3-5-4 接线完成图

2. 设备组态

完成接线后，进行设备组态。组态过程主要是利用 TIA 博途软件进行项目的创建，如图 3-5-5 所示。具体步骤如下：

① 新建项目。打开 TIA 博途软件，输入项目名称，创建新项目。

② 组态设备。添加新设备，选择具体的设备和版本号，进行设备组态。

③ 下载设备。

3. 编写控制程序

① 创建变量表。进入软件后，第一步要创建变量表。

② 编写程序。输入程序块，双击"程序块"中的 Main（主程序）选项，如图 3-5-6 所示，进入程序编辑模式。

图 3-5-5　项目的创建

图 3-5-6　"Main"选项

4. 系统调试

结合实验设备进行程序下载、监控、运行，操作实验设备。

① 将编写好的程序下载到 PLC 中，控制彩灯进行工作，如图 3-5-7 所示。检查各项准备是否符合任务要求。

② 装载程序，单击"监控"和"运行"选项，如图 3-5-8、图 3-5-9、图 3-5-10 所示。

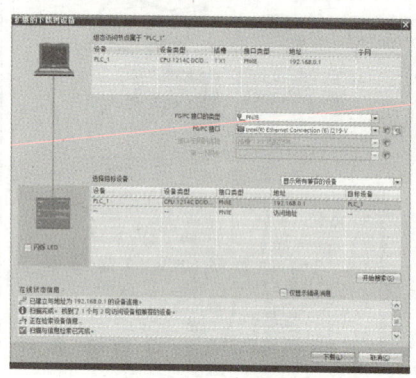

图 3-5-7　程序下载

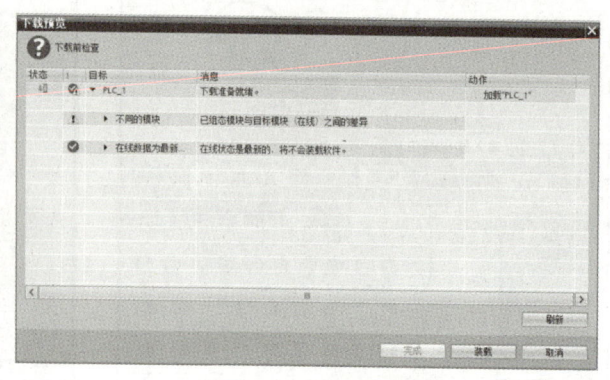

图 3-5-8　装载程序

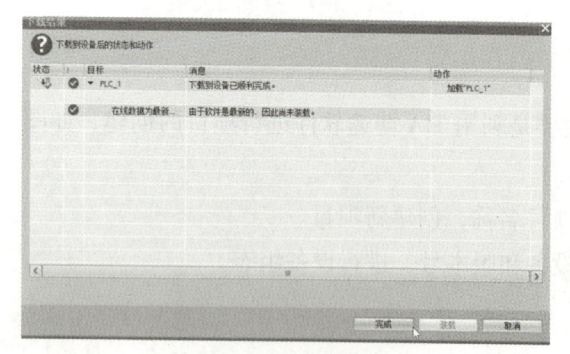

图 3-5-9　完成下载

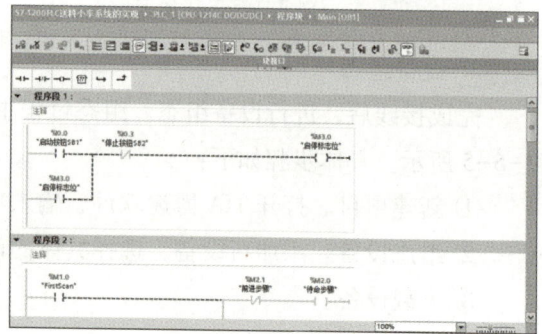

图 3-5-10　监控程序

③ 按任务要求，在实验设备上进行操作，如图 3-5-11、图 3-5-12、图 3-5-13、图 3-5-14 所示。

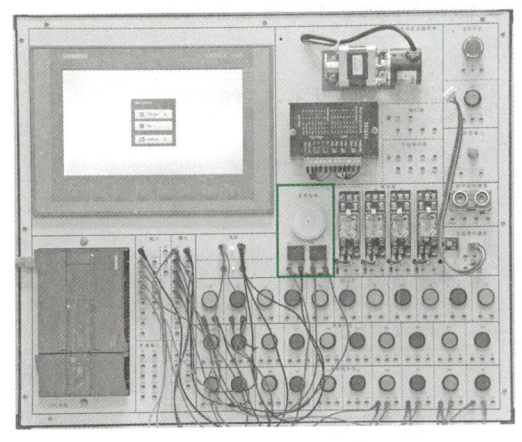

图 3-5-11 电动机正转

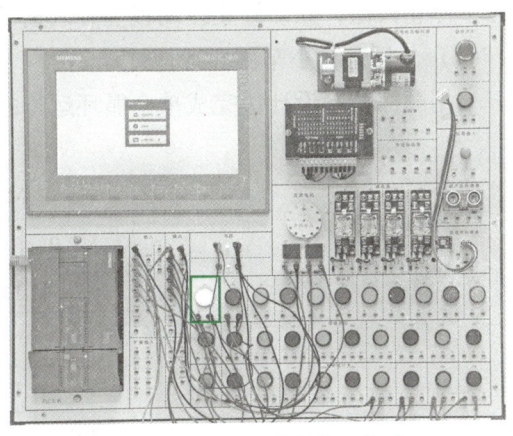

图 3-5-12 装料指示灯亮

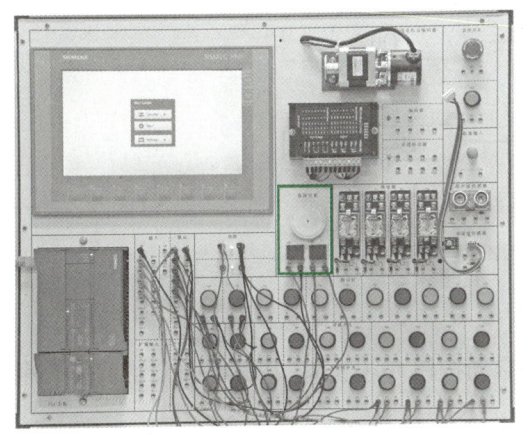

图 3-5-13 电动机反转

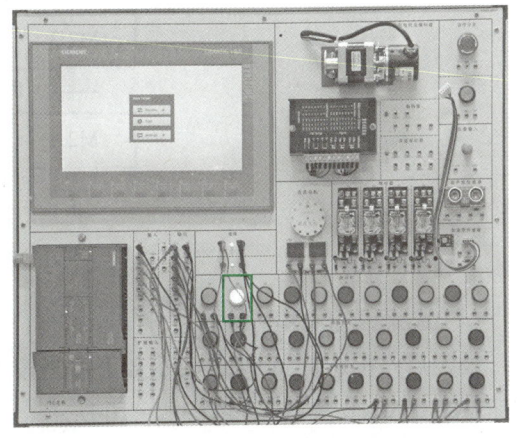

图 3-5-14 卸料指示灯亮

按下启动按钮和后限位开关，电动机正转；按下前限位开关，电动机停止，装料指示灯亮；7 s 后，装料指示灯熄灭，电动机反转；按下后限位开关，卸料指示灯亮；5 s 后，卸料指示灯熄灭，电动机正转。系统自动循环运行。这样就可以实现全自动送料车的控制了。

3.5.6 任务指导

1. 程序设计

本次任务可采用顺序控制设计法设计程序，需要先分析并获得顺序功能图，并最终将顺序功能图转换为控制程序。所需指令使用普通逻辑指令即可。

由全自动送料车的工作过程可知，从按下启动按钮允许小车装料到小车卸料完成，共有

4个工作步，再考虑所必须的初始步，整个过程共由 5 个工作步构成。用中间寄存器位 M2.0~M2.4 表示初始步及各工作步。按下停止按钮，需要完成当前循环才能停止。此功能与按下停止按钮，立即停止在编程上有区别，需要做特别处理（如设定标志位）。

（1）分析送料小车循环运行过程。

根据顺序控制设计法完成单个循环运行的状态转移图，如图 3-5-15 所示。

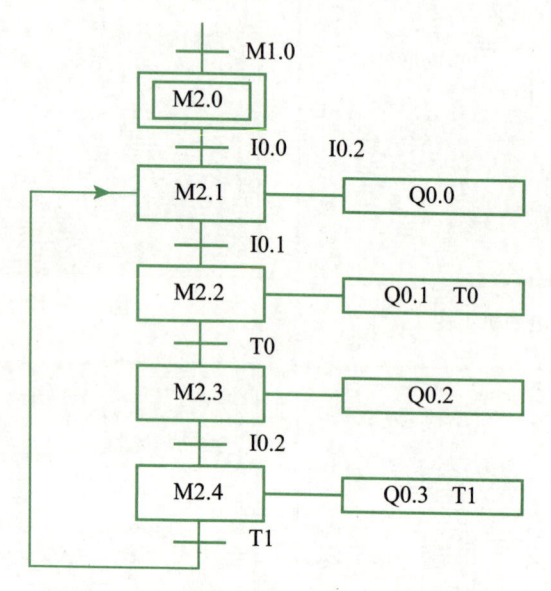

图 3-5-15　送料小车 PLC 控制顺序功能图

（2）处理停止按钮

设定启停标志位 M3.0，表示如下：当按下启动按钮 I0.0，M3.0 得电并自锁；按下停止按钮 I0.3，M3.0 失电，如图 3-5-16 所示。

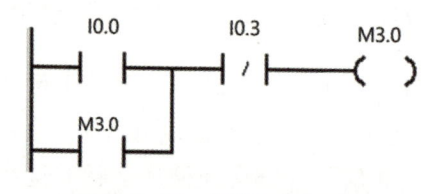

图 3-5-16　启停标志位设定

因此，将停止按钮加入后的状态转移图如图 3-5-17 所示。

首先，单个循环中增加标志位 M1.0 常开点，表示当 M1.0 得电时，即按下启动按钮时，全自动送料车按照既定要求不停地循环运行。

其次，增加返回到步骤 M0.0 的过程，条件设定为标志位 M1.0 常闭点，表示当 M1.0 失电时，即按下停止按钮，全自动送料车在运行完当前循环后返回 M0.0 步骤待命，直到重新按下启动按钮，再次进入送料过程。

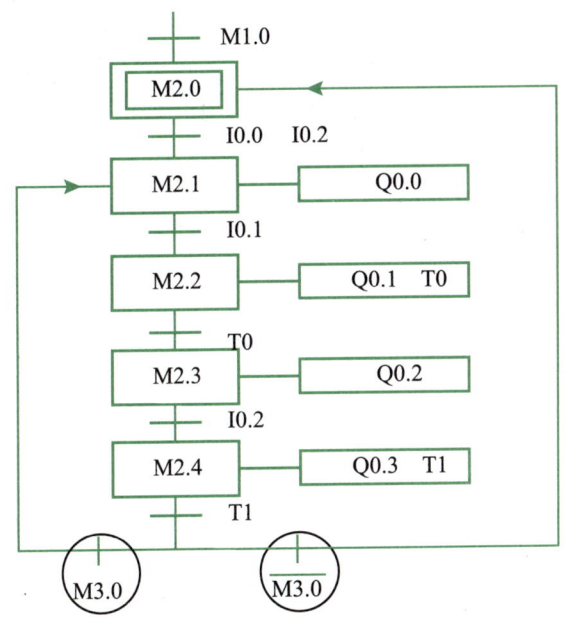

图 3-5-17 修改后的状态转移图

（3）本任务使用启动、保持、停止电路的编程方式

如图 3-5-18 所示，将状态转移图利用启保停电路的编程方法转变为梯形图。上一步执行 M0.0 闭合，符合转换条件 I0.1 闭合，本步 M0.1 线圈得电，M0.1 闭合自锁，同时输出 Q0.1 得电。当满足下一步转换条件 I0.2 后，M0.2 线圈得电，同时，M0.2 常闭触点断开，M0.1 失电。

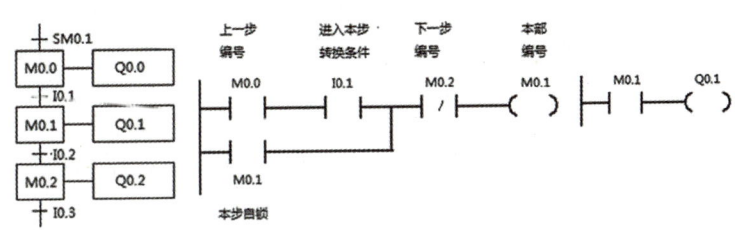

图 3-5-18 启保停电路编程方法

2. 创建变量表并编写程序

（1）创建变量表

① 创建程序。进入软件后，第一步要创建变量表，如图 3-5-19 所示。

② 设定用于启动、停止程序和前后限位开关的输入地址变量为 I0.0~I0.3，如图 3-5-20 所示。

③ 设定用于控制前进、后退以及装料卸料的 4 个输出端口分别为 Q0.0、Q0.1、Q0.2、Q0.3，如图 3-5-21 所示。

④ 设定其余中间变量，如图 3-5-22 所示。这些中间变量分别是代表彩灯设备启停状态

的 M3.0，代表待命步骤的信号变量 M2.0，用于前进步骤的 M2.1，用于装料步骤的信号变量 M2.2，用于后退步骤的信号变量 M2.3，以及用于卸料步骤的信号变量 M2.4。

⑤ 设置完变量后，就可以开始进入程序编写环节了。

图 3-5-19　创建变量表

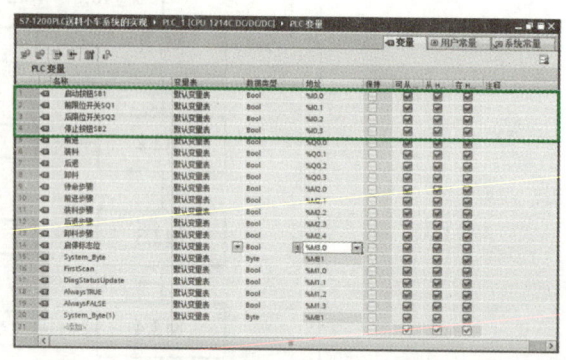

图 3-5-20　输入地址变量

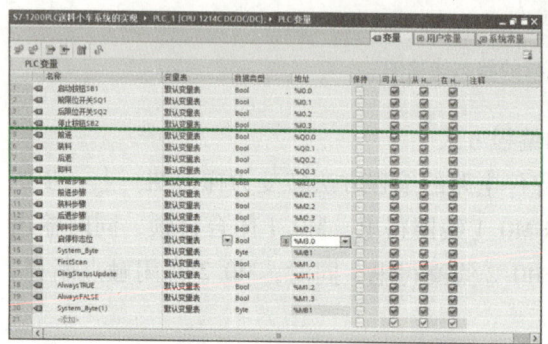

图 3-5-21　输出地址变量

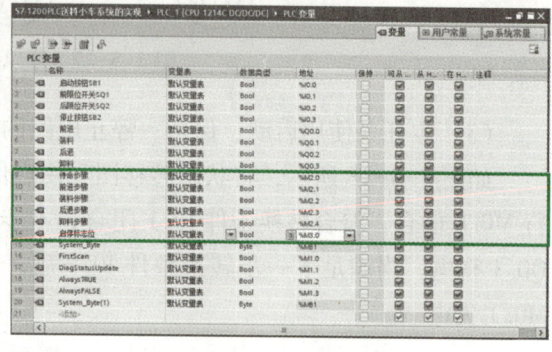

图 3-5-22　中间变量

知识拓展

功能图设计法的应用

（2）编写程序

① 输入程序块。双击"程序块"中的 Main（主程序）选项，如图 3-5-23 所示，进入程序编辑模式。

图 3-5-23　"Main"选项

② 程序段1。程序段1实现的功能是设定启停标志位M3.0，其含义如下：当按下启动按钮I0.0时，M3.0得电并自锁，表示小车开始自动运行；按下停止按钮I0.3时，M3.0失电，表示小车要运行完当前循环后停止，如图3-5-24所示。

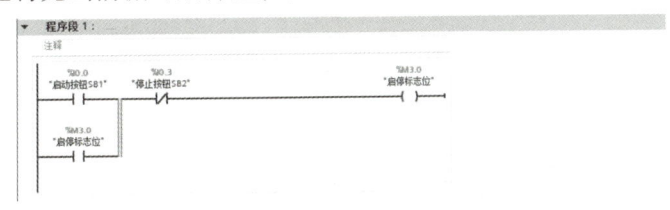

图 3-5-24　启停控制程序

图3-5-25~图3-5-29主要是利用顺序控制方法按照已得到的顺序功能图编写每一个控制步骤。方法为上述图3-5-18所示的启保停电路编程方法。

③ 程序段2。程序段2为待命步骤，实现的功能是设定待命步骤标志位M2.0，其含义如下：当系统上电时，M1.0产生一次高电平脉冲，M2.0得电并自锁，程序处于待命状态；当程序进入下一步骤时，M2.1得电，M2.1常闭触点断开，M2.0失电并解除自锁。当系统完成一个循环时，M2.4和T1常开触点闭合，启停标志位M3.0失电，即M3.0常闭触点闭合，则程序进入待命状态，如图3-5-25所示。

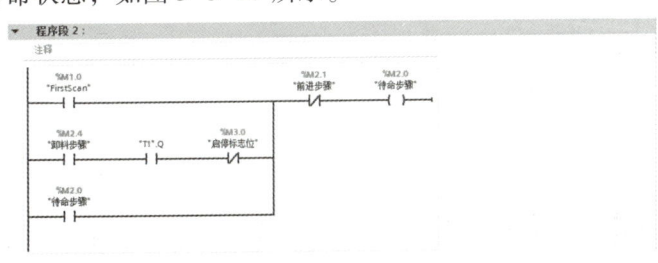

图 3-5-25　待命步骤程序段

④ 程序段3。程序段3为前进步骤，实现的功能是设定前进步骤标志位M2.1，其含义如下：当程序处于待命状态即M2.0闭合时，按下启动按钮I0.0（小车应处于后限位处，即I0.2闭合），M2.1得电并自锁；当系统完成一个循环时，M2.4和T1常开触点闭合且启停标志位M3.0闭合，M2.1得电并自锁；当程序进入下一步时，M2.2得电，M2.2常闭触点断开，M2.1失电并解除自锁，如图3-5-26所示。

图 3-5-26　前进步骤程序段

⑤ 程序段 4。程序段 4 为装料步骤，实现的功能是设定装料步骤标志位 M2.2，含义如下：当程序处于前进步骤时，小车到达前限位开关 I0.1 闭合，M2.2 得电并自锁，计时器 T0 开始计时；当程序进入下一步时，M2.3 得电，M2.3 常闭触点断开，M2.2 失电并解除自锁，如图 3-5-27 所示。

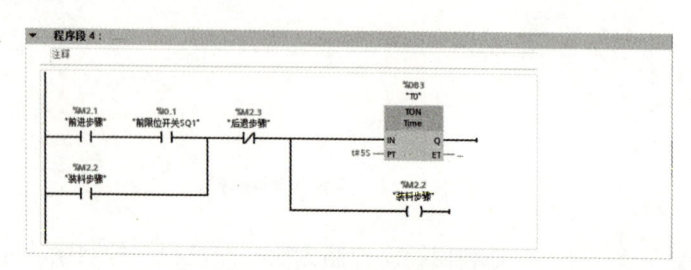

图 3-5-27　装料步骤程序段

⑥ 程序段 5。程序段 5 为后退步骤，实现的功能是设定后退步骤标志位 M2.3，含义如下：当程序处于装料步骤时，计时器 T0 计时满 5 s，T0 常闭触点闭合，M2.3 得电并自锁；当程序进入下一步时，M2.4 得电，M2.4 常闭触点断开，M2.3 失电并解除自锁，如图 3-5-28 所示。

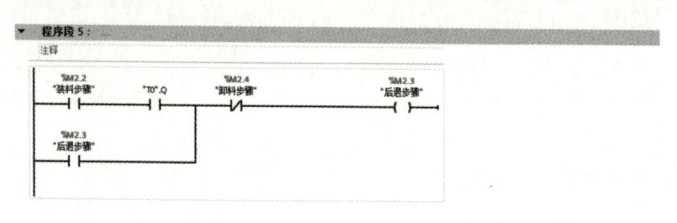

图 3-5-28　后退步骤程序段

⑦ 程序段 6。程序段 6 为卸料步骤，实现的功能是设定卸料步骤标志位 M2.4，含义如下：当程序处于后退步骤时，小车到达后限位开关 I0.2 闭合，M2.4 得电并自锁，计时器 T1 开始计时；当程序进入下一个循环时，M2.1 得电，M2.1 常闭触点断开，M2.2 失电并解除自锁；或当程序处于待命步时，M2.0 得电（小车运行循环结束），M2.0 常闭触点断开，M2.2 失电并解除自锁，如图 3-5-29 所示。

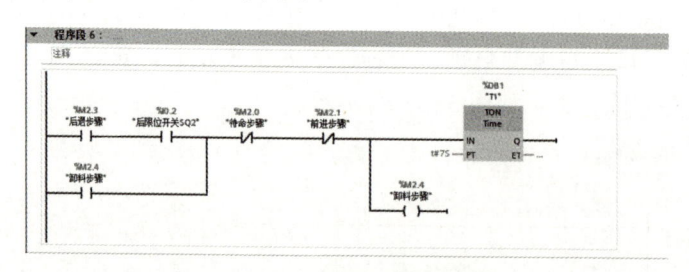

图 3-5-29　卸料步骤程序段

⑧ 图 3-5-30 的主要功能为执行输出，即根据每一个步骤写出该步骤的执行输出，其方法与图 3-5-18 所示的启保停电路的编程方法相同。

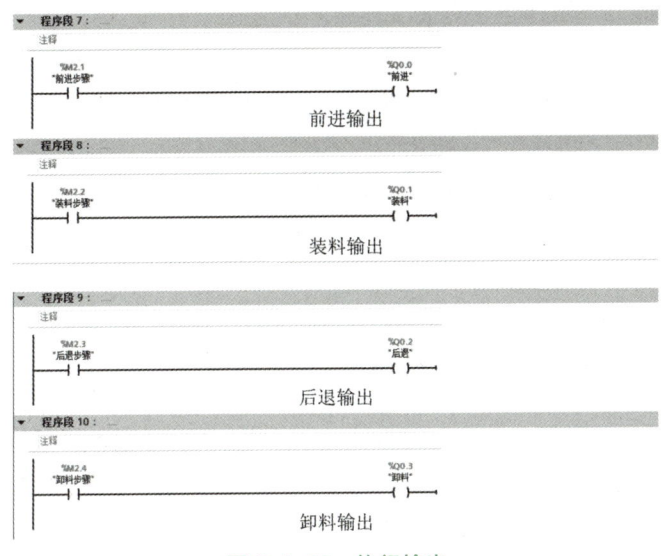

图 3-5-30　执行输出

3.5.7　思考题

1. 顺序控制设计法如何对工步进行划分？
2. 顺序控制设计法的设计基本步骤。

任务 3.6　彩灯变换控制

3.6.1　任务目标

1. 根据任务要求能够制定实现彩灯变换的控制方案。
2. 学会数据处理指令的功能及用法。
3. 能够完成彩灯变换控制的硬件安装及硬件组态。
4. 能够编制彩灯变换控制程序及系统调试。

3.6.2　任务导入

彩灯是城市的美容师，每当夜幕降临，华灯初上，五颜六色的彩灯就把城市装扮得格外美丽。那么，多彩变换的彩灯是怎么实现的呢？在技术发达的今天，彩灯往往使用多色 LED 灯实现，将多色 LED 灯制作成各式的形状，并通过程序控制器编写控制程序来控制其变化。

3.6.3　任务要求

共有 8 盏彩灯，一字排开，分别是 L1~L8。按下启动按钮，彩灯按以下的顺序工作：
① 指示灯全亮，持续 2 s。

② 各指示灯按照以下规律进行点亮工作：

首先是单盏灯点亮，从 L1~L8 点亮两遍，再按 L8~L1 倒序点亮两遍，即 L1-L2-L3-L4-L5-L6-L7-L8-L1-L2-L3-L4-L5-L6-L7-L8-L7-L6-L5-L4-L3-L2-L1-L8-L7-L6-L5-L4-L3-L2-L1，共 17 s，间隔 0.5 s 变化。

其次是同时点亮两盏灯，从外侧开始，先点亮最外侧两盏，点亮最内侧两盏之后，再由内侧向外侧两盏两盏点亮，两遍后结束工作，即 L1L8-L2L7-L3L6-L4L5-L3L6-L2L7-L1L8-L2L7-L3L6-L4L5-L3L6-L2L7-L1L8，共 13 s，间隔 1 s 变化。

③ 最后彩灯全亮，持续 4 s 后所有彩灯熄灭，控制过程结束。

在彩灯工作过程中按下停止按钮，所有指示灯在任何时间均熄灭。

3.6.4 任务准备

① 安装有 TIA 博途软件的计算机。
② 使用 S7-1200 实验箱工彩灯控制模块，若不具备实验箱，也可以使用 S7-1200 PLC、按钮和指示灯模拟。
③ 连接导线及以太网线。
④ 常用电工工具。
⑤ 熟悉数据处理指令的功能及用法。

3.6.5 任务实施及步骤

S7-1200 PLC 彩灯变换控制系统的实现主要步骤包括：硬件连接、设备组态、PLC 编程、系统调试等。

1. 端口分配及硬件连接

（1）I/O 端口分配表

彩灯变换控制系统 I/O 端口分配及功能见表 3-6-1。

表 3-6-1　I/O 端口分配及功能表

输入			输出		
名称	PLC 端口	功能	名称	PLC 端口	功能
SB1	I0.0	启动按钮	L1 灯	Q0.0	彩灯 1
SB2	I0.1	停止按钮	L2 灯	Q0.1	彩灯 2
			L3 灯	Q0.2	彩灯 3
			L4 灯	Q0.3	彩灯 4
			L5 灯	Q0.4	彩灯 5
			L6 灯	Q0.5	彩灯 6
			L7 灯	Q0.6	彩灯 7
			L8 灯	Q0.7	彩灯 8

创建彩灯变换控制的变量表

（2）硬件连接

本任务使用 S7-1200 PLC 实验箱实现。按接线图将实验箱上的连接线一一连接，完成硬件连接，如图 3-6-1、图 3-6-2 所示。完成的接线情况如图 3-6-3 所示。

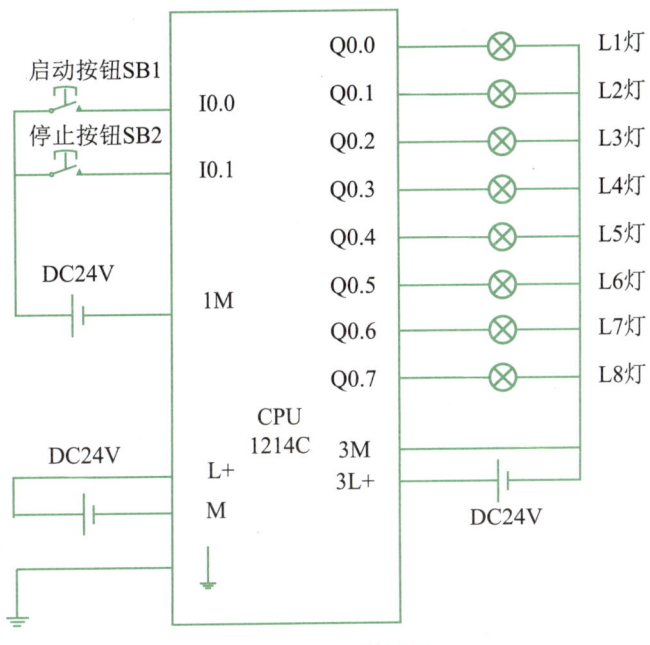

图 3-6-1 接线图

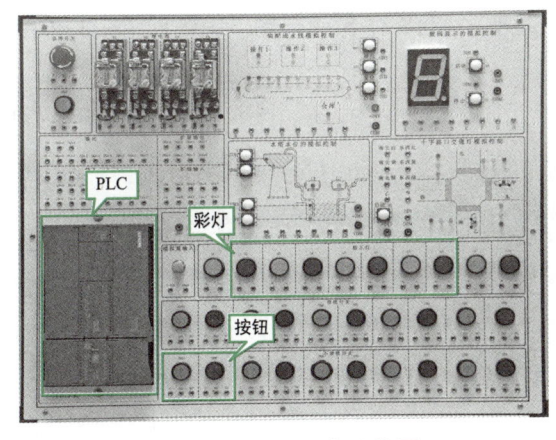

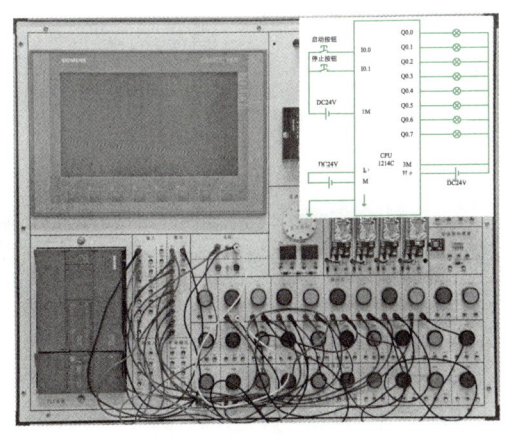

图 3-6-2 实验设备实物图

图 3-6-3 接线完成图

2. 设备组态

完成接线后，进行设备组态。组态过程主要是利用 TIA 博途软件进行项目的创建，如图 3-6-4 所示。具体步骤如下：

① 新建项目。打开 TIA 博途软件，输入项目名称，创建新项目。

② 组态设备。添加新设备，选择具体设备和版本号，进行设备组态。
③ 下载设备。

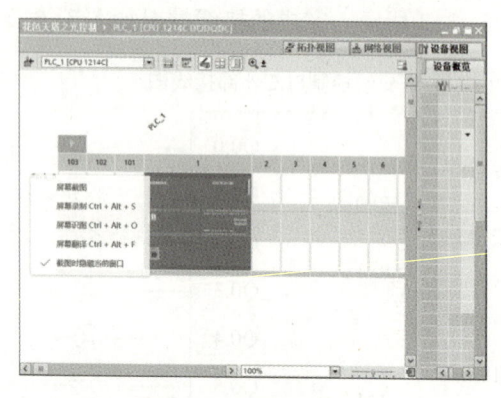

图 3-6-4　项目的创建

3. 编写控制程序

① 创建变量表。进入软件后，第一步要创建变量表。
② 编写程序。输入程序块，双击"程序块"中的 Main（主程序）选项，进入程序编辑模式。

4. 系统调试

结合实验设备进行程序下载、监控、运行，操作实验设备。

① 将编写好的程序下载到 PLC，控制彩灯进行工作，如图 3-6-5 所示。检查各项准备是否符合任务要求。
② 装载程序，单击"监控"和"运行"选项，如图 3-5-6、图 3-6-7、图 3-6-8 所示。
③ 按任务要求，在实验设备上进行操作，如图 3-6-9、图 3-6-10、图 3-6-11 所示。

图 3-6-5　程序下载

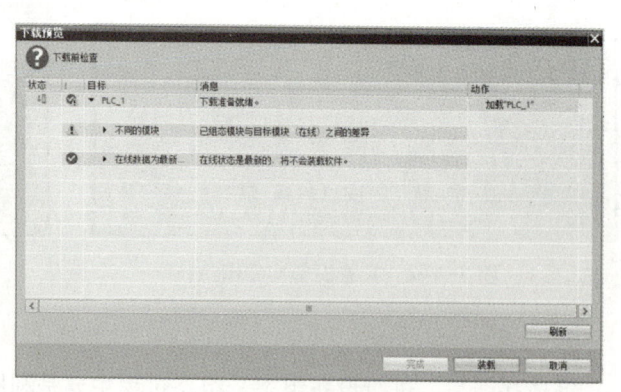

图 3-6-6　装载程序

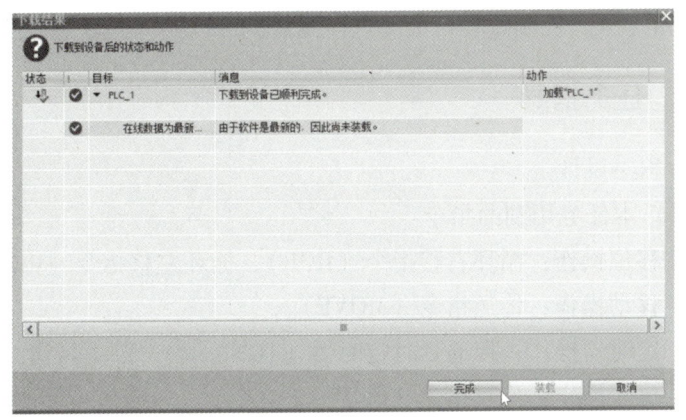

图 3-6-7 完成下载

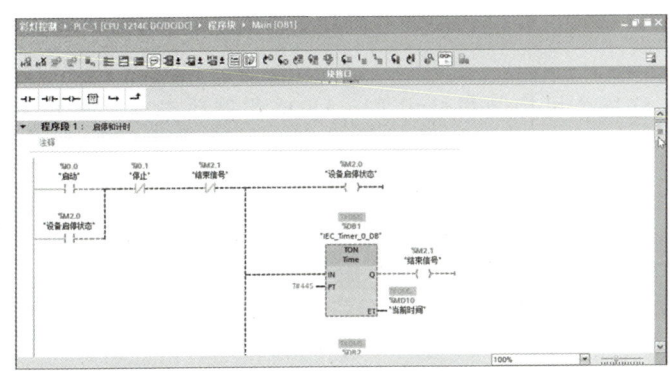

图 3-6-8 监控程序

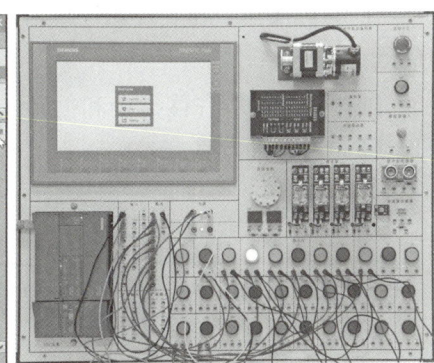

图 3-6-9 单盏灯点亮

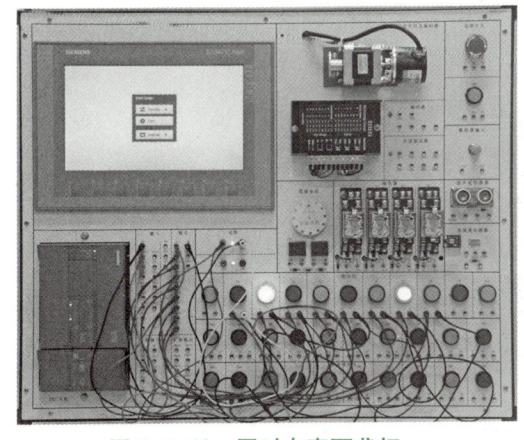

图 3-6-10 同时点亮两盏灯

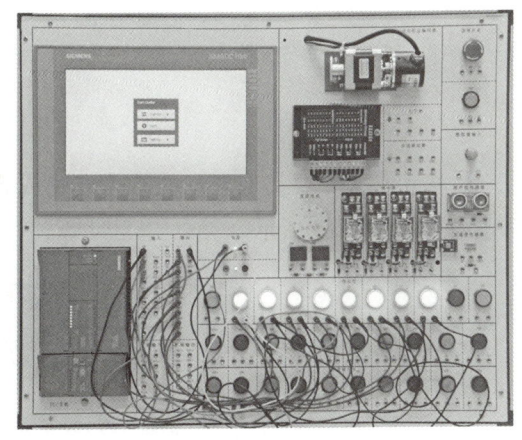

图 3-6-11 指示灯全亮

首先按下启动按钮，指示灯全亮，持续 2 s；其次单盏灯点亮，从 L1 到 L8 点亮两遍，再从 L8 到 L1 倒序点亮两遍；再次同时点亮两盏灯，从外侧开始，先点亮最外侧两盏，直到点亮最内侧两盏之后，再由内侧向外侧两两点亮，两遍点亮之后结束工作。最后彩灯全亮，持续 4 s 后所有彩灯熄灭，控制过程结束。这样我们就可以实现彩灯的控制了。

移动指令、比较指令的应用

3.6.6 任务指导

1. 程序设计

（1）本任务用到的指令

① 移位操作：循环右移指令（ROR）、循环左移指令（ROL）。

② 移动操作：传送指令（MOVE）。

③ 定时器操作：接通延时定时器（TON）。

④ 比较操作：比较指令（CMP）。

（2）分析实现本任务的编程思路以及指令的应用

① 移位操作。要实现彩灯单盏移位点亮，可以选择循环移位指令完成，如图 3-6-12 所示。

通过使用循环右移指令和循环左移指令可控制彩灯由 L1~L8 单盏移动点亮，或者由 L8~L1 单盏移动点亮。

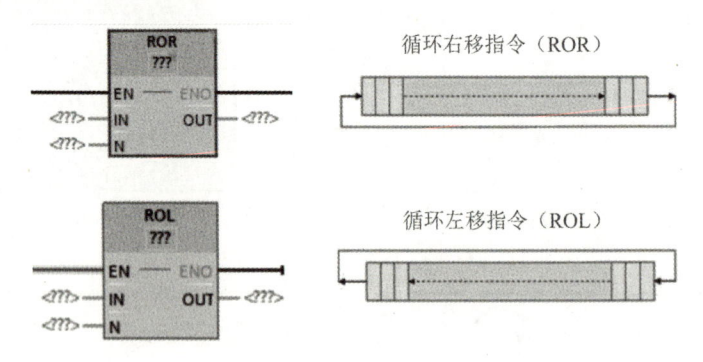

图 3-6-12 循环指令

② 移动操作。要实现彩灯的整体点亮或者两两点亮及位置的变换，可以使用传送指令实现，如图 3-6-13 所示。

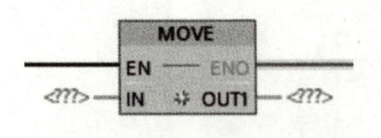

图 3-6-13 传送指令（MOVE）

③ 定时器。彩灯工作时，点亮时间可以通过计时器指令和比较指令联合使用实现，如图 3-6-14、图 3-6-15、图 3-6-16 所示。

图 3-6-14 比较指令应用

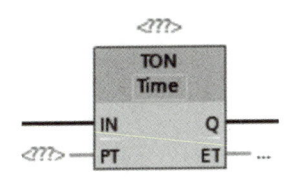

图 3-6-15 接通延时定时器（TON）

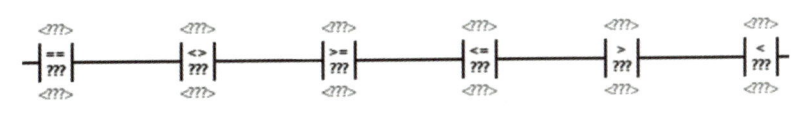

图 3-6-16 比较指令（CMP）

2. 创建变量表并编写程序

（1）创建变量表

① 创建程序。进入软件后，第一步要创建变量表，如图 3-6-17 所示。

② 设定用于启动和停止程序的输入地址变量 I0.0 和 I0.1，如图 3-6-18 所示。

图 3-6-17 创建变量表

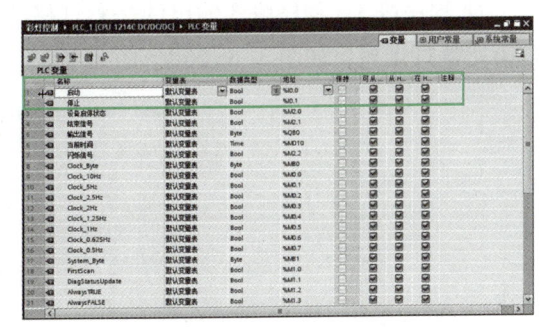

图 3-6-18 输入地址变量

③ 设定输出地址变量为 QB0，QB0 包含了 Q0.0 至 Q0.7 八个位变量，如图 3-6-19 所示。

④ 设定中间变量，如图 3-6-20 所示。这些变量分别是代表彩灯设备启停状态的 M2.0，代表一轮计时时间到的结束信号变量 M2.1，用于存储计时器当前计时时间的 MD10，用于产生闪烁信号的 M2.2。

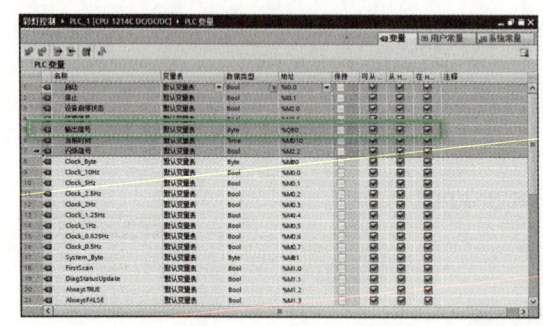

图 3-6-19　输出地址变量　　　　　　　图 3-6-20　中间变量

⑤ 设置完变量后，就可以进入程序编写环节了。

（2）编写程序

① 输入程序块。双击"程序块"中的 Main（主程序）选项，如图 3-6-21 所示，进入程序编辑模式。

② 程序段 1。程序段 1 实现的功能是系统的启动和停止。它有一个启保停电路，如图 3-6-22 所示。此外，其需要控制整个工作的时间，所以安排了一个定时器，用来控制整个系统工作的时间长度，共 36 s，如图 3-6-23 所示。还需要考虑彩灯单盏灯变化时移位的时间间隔，可以用 500 ms 的周期信号进行控制，如图 3-6-24 所示。

③ 程序段 2。程序段 2 主要使用了传送指令。传送指令主要是将彩灯的信号集中送到 QB0 端，也就是输出控制端，如图 3-6-25 所示。输出端如果是 8 个"1"，代表所有彩灯全亮，也就是工作时候的第一个状态。

④ 程序段 3。程序段 3 输出的是彩灯移动变换的第一个状态。将"1"送至 QB0 代表的是第一盏灯点亮，如图 3-6-26 所示。

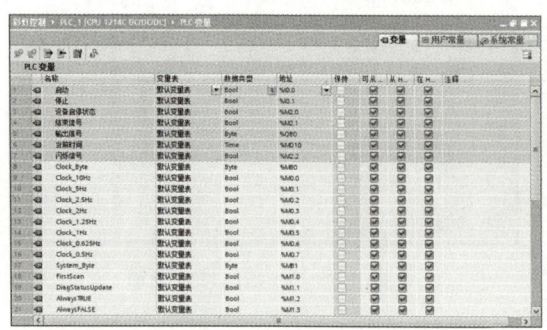

图 3-6-21　"Main"选项　　　　　　　图 3-6-22　程序段 1

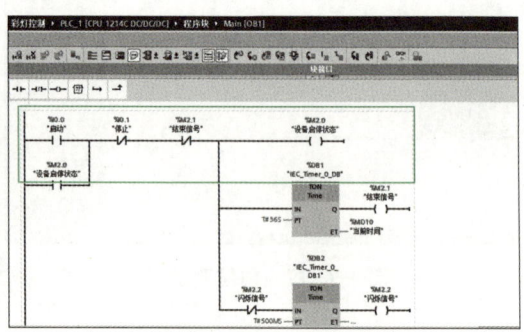

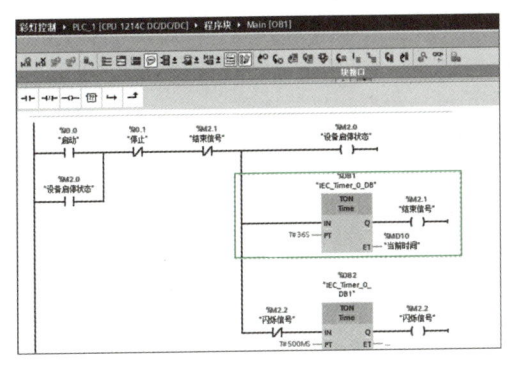

图 3-6-23 定时器

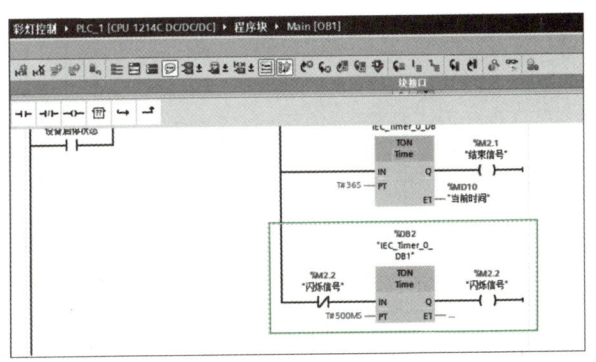

图 3-6-24 闪烁信号

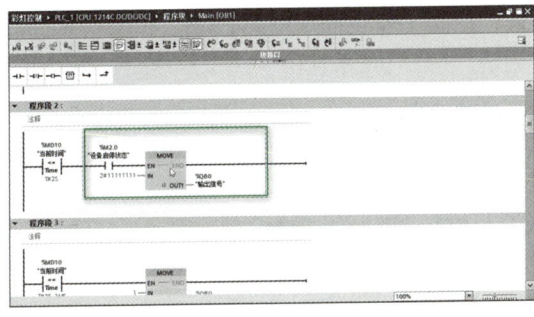

图 3-6-25 程序段 2

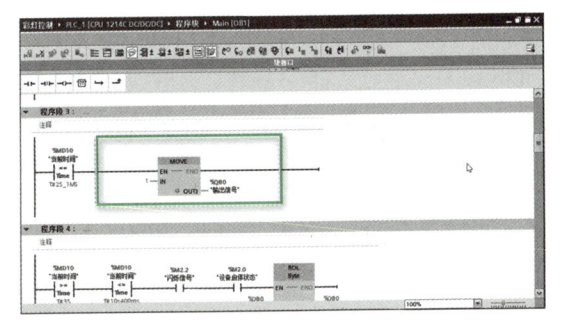

图 3-6-26 程序段 3

⑤ 使用循环左移指令将彩灯点亮的状态进行循环左移，如图 3-6-27 所示。这样就可以实现彩灯从第一盏灯向第八盏灯进行移动的控制了。

⑥ 需要反向移动的时候使用 ROR 指令，也就是循环右移指令，如图 3-6-28 所示。这时彩灯的状态从 8 号灯向 1 号灯移动。

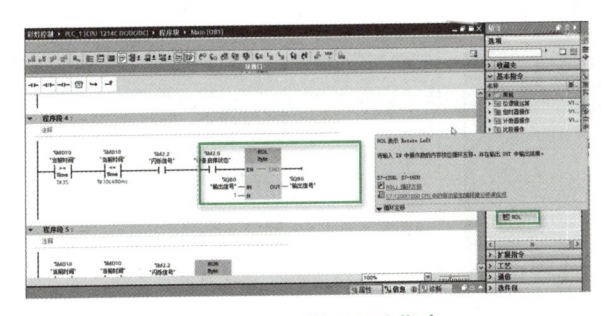

图 3-6-27 循环左移指令

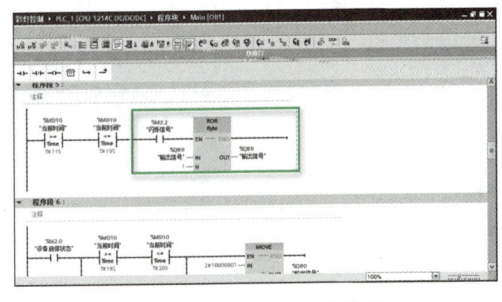

图 3-6-28 循环右移指令

⑦ 当彩灯需要两两点亮时，仍然可以使用传送指令进行控制。传送指令首先输出的是首尾为"1"其他为"0"的状态，这就体现了两侧的彩灯，即 1 号灯和 8 号灯点亮，其他灯熄灭。然后逐次改变这个值，就可以控制彩灯点亮位置的变化，如图 3-6-29 所示。

所以，本任务下面控制的数字输出应该是 01000010，如图 3-6-30 所示。

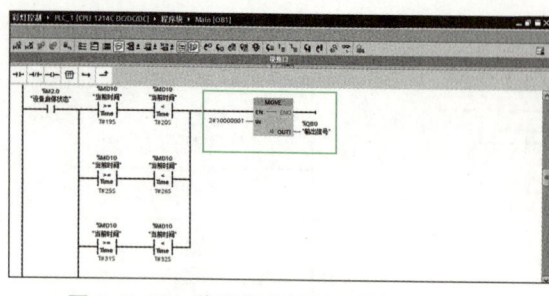

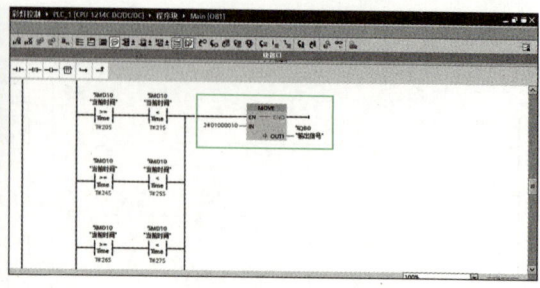

图 3-6-29　传送指令控制 1 号灯和 8 号灯　　　　图 3-6-30　传送指令控制 2 号灯和 7 号灯

⑧ 彩灯再次进行状态变化，变化为 00100100，如图 3-6-31 所示。这样不断改变"1"的位置就可以控制彩灯点亮位置的变化了。

⑨ 彩灯需要变化的时间通过比较指令进行约束，控制工作时间段就可以了，如图 3-6-32 所示。

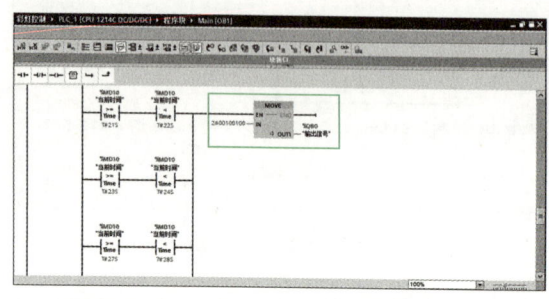

图 3-6-31　传送指令控制 3 号灯和 5 号灯　　　　图 3-6-32　比较指令

⑩ 使用全"1"输出，使所有的彩灯点亮，如图 3-6-33 所示。

⑪ 程序段 8。程序段 8 主要是按下停止按钮时，将"0"信号送到所有的输出信号端，即 QB0 端，彩灯就全部熄灭了，如图 3-6-34 所示。

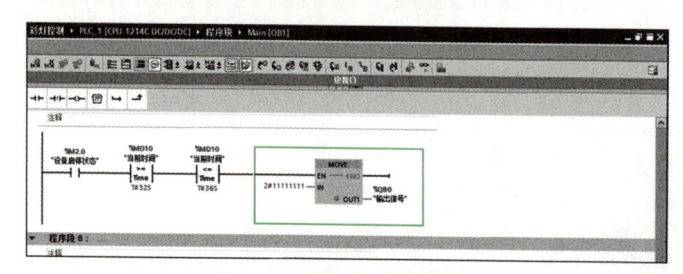

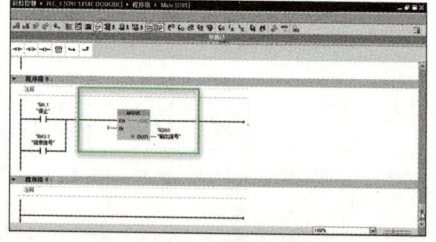

图 3-6-33　全"1"输出　　　　图 3-6-34　彩灯全部熄灭

3.6.7　思考题

1. S7-1200 PLC 的移位指令如何设置？
2. S7-1200 PLC 的不同类型定时器清零有什么区别？

任务 3.7　水塔水位控制

3.7.1　任务目标

1. 根据任务要求能够制定水塔水位控制方案。
2. 学会定时器指令对时间控制的用法。
3. 能够完成水塔水位控制的硬件安装及硬件组态。
4. 能够编制水塔水位控制程序及系统调试。

3.7.2　任务导入

水塔水位控制系统是我国住宅小区广泛应用的供水系统。传统的控制方式存在控制精度低、能耗大的缺点。基于 PLC 控制的供水系统，可以完成逻辑控制，使系统实现自动控制，达到高效、可靠、节能的目的，提高供水系统的质量。

3.7.3　任务要求

图 3-7-1 所示为水塔水位模拟控制系统示意图。具体要求如下：

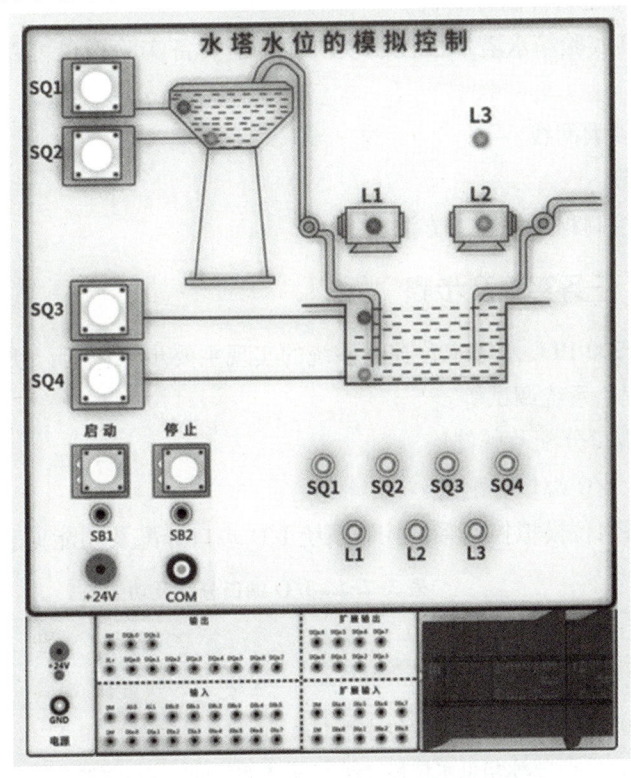

图 3-7-1　水塔水位模拟控制系统示意图

① 按下 SB1 按钮，系统开始运行，按下 SB2 系统停止运行。

② 按下开始按钮后，系统开始检测水位。

第一，当传感器检测到水池水位低于水池低水位线（SQ4 为 OFF，SQ4 指示灯熄灭）时，电磁阀 L2 打开进水（L2 指示灯亮）；当水位高于水池低水位线时，SQ4 为 ON，SQ4 指示灯亮，电磁阀 L2 继续打开进水（L2 指示灯继续亮）；水位持续上升，当传感器检测到水池水位达到水池高水位线时（SQ3 为 ON，SQ3 指示灯亮）电磁阀 L2 关闭进水（L2 指示灯灭），这时 SQ4 指示灯保持亮状态。

第二，当传感器检测到水塔水位低于水塔低水位线（SQ2 为 OFF，SQ2 指示灯熄灭），且 SQ4 为 ON（SQ4 指示灯亮）时，电动机 L1 开始工作并抽水（电动机 L1 指示灯亮）；当水位高于水塔低水位线时，SQ2 为 ON，SQ2 指示灯亮，电动机 L1 继续抽水（L1 指示灯继续亮）；水位持续上升，当传感器检测到水位达到水塔高水位线时（SQ1 为 ON，SQ1 指示灯亮），L1 关闭上水，这时 SQ2、SQ3、SQ4 指示灯均为亮状态。

第三，当在开始时电磁阀 L2 打开进水时，定时器开始计时。5 s 后，如果 SQ4 还不为 ON（SQ4 指示灯不亮），那么电磁阀故障指示灯 L3 亮，表示电磁阀没有进水，出现故障；当 SQ4 为 ON（SQ4 指示灯亮）时，故障指示灯 L3 熄灭。

3.7.4　任务准备

① 安装有 TIA 博途软件的计算机。

② 使用 S7-1200 实验箱水塔水位控制模块，若不具备实验箱也可以使用 S7-1200 PLC、按钮和指示灯模拟。

③ 连接导线及以太网线。

④ 常用电工工具。

⑤ 熟悉时间类控制程序编写的方法。

3.7.5　任务实施及步骤

S7-1200 PLC 水塔水位控制系统的实现主要步骤包括：硬件连接、设备组态、PLC 编程、系统调试等。

1. 端口分配及硬件连接

（1）I/O 端口分配表

水塔水位模拟控制系统控制系统 I/O 端口分配及功能见表 3-7-1。

表 3-7-1　I/O 端口分配及功能表

输入			输出		
名称	PLC 端口	功能	名称	PLC 端口	功能
SQ1	I0.1	水塔高水位传感器	电机	Q0.1	水塔上水
SQ2	I0.2	水塔低水位传感器	电磁阀线圈	Q0.2	水池进水

续表

输入			输出		
名称	PLC 端口	功能	名称	PLC 端口	功能
SQ3	I0.3	水池高水位传感器	报警指示灯	Q0.3	报警指示灯
SQ4	I0.4	水池低水位传感器			
SB1	I0.5	启动按钮			
SB2	I0.6	停止按钮			

（2）硬件连接

本任务使用 S7-1200 PLC 实验箱实现。按接线图将实验箱上的连接线一一连接，完成硬件连接，如图 3-7-2、图 3-7-3 所示。完成的接线情况如图 3-7-4 所示。

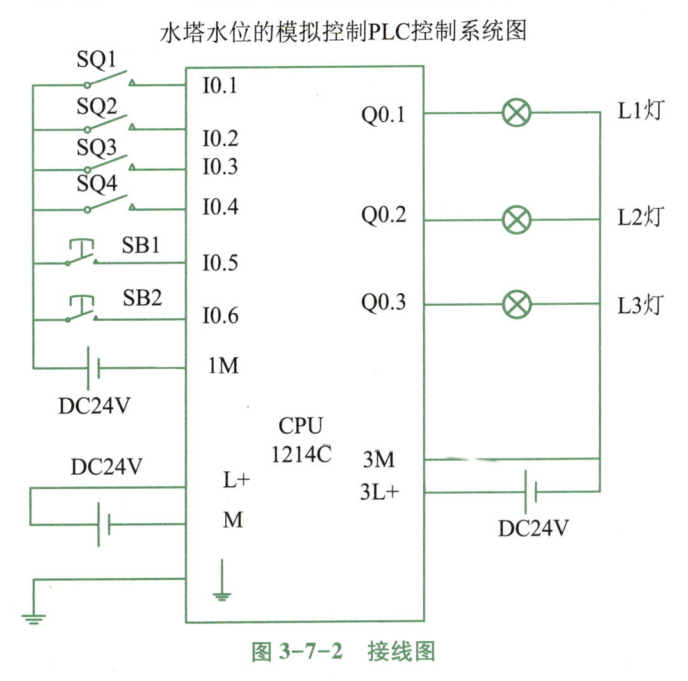

水塔水位的模拟控制PLC控制系统图

图 3-7-2　接线图

2. 设备组态

完成接线后，进行设备组态。组态过程主要是利用 TIA 博途软件进行项目的创建，如图 3-7-5 所示。具体步骤如下：

① 新建项目。打开 TIA 博途软件，输入项目名称，创建新项目。

② 组态设备。添加新设备，选择具体设备和版本号，进行设备组态。

③ 下载设备。

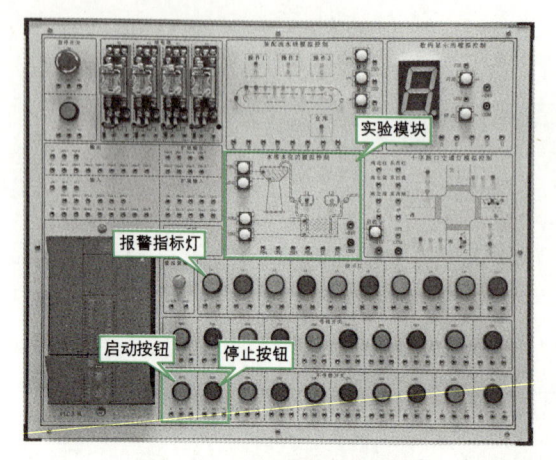

图 3-7-3　实验设备实物图

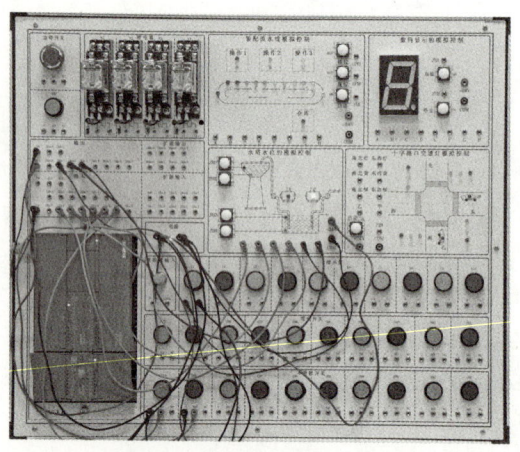

图 3-7-4　接线完成图

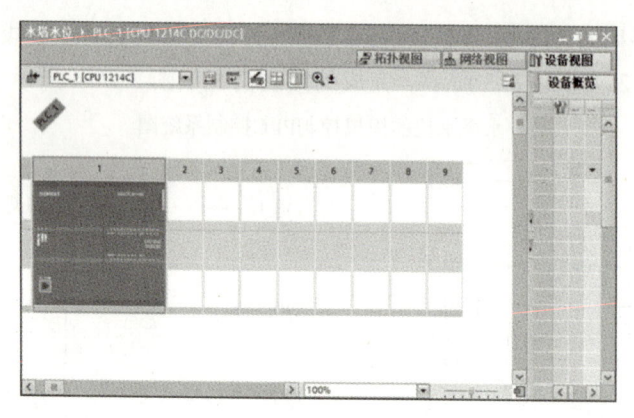

图 3-7-5　项目的创建

3. 编写控制程序

① 创建变量表。进入软件后，第一步要进行创建变量表。

② 编写程序。输入程序块。双击"程序块"中的 Main（主程序）选项，进入程序编辑模式。

4. 系统调试

结合实验设备进行程序下载、监控、运行，操作实验设备。

① 将编写好的程序下载到 PLC 中，控制水塔水位模拟控制系统工作，如图 3-7-6 所示。检查各项准备是否符合任务要求。

② 装载程序，单击"监控"和"运行"选项，如图 3-7-7、图 3-7-8、图 3-7-9 所示。

③ 按任务要求，在实验设备上进行操作。

按下启动按钮，系统检测水池水位传感器、水塔水位传感器是否得电。开始状态传感器都不得电，此时表示水池没水，水塔也没水，系统控制电磁阀 L2 得电（L2 灯亮），水池进

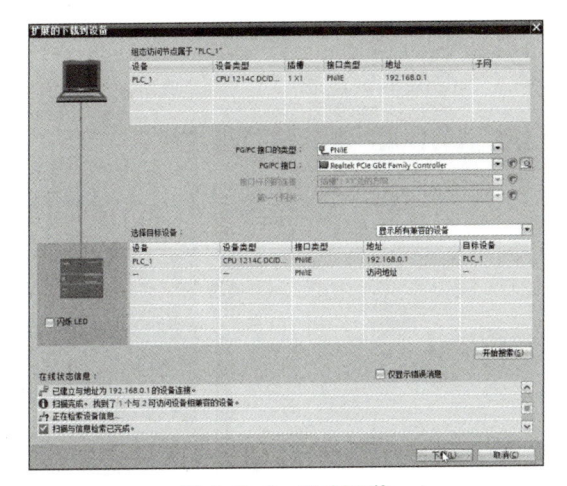

图 3-7-6　程序下载

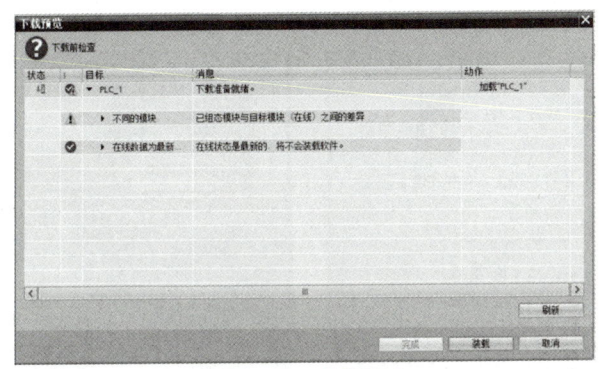

图 3-7-7　装载程序

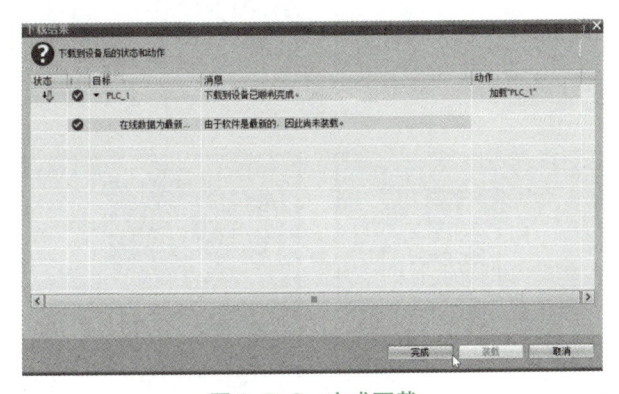

图 3-7-8　完成下载

水，如图 3-7-10 所示。当水位到达低水位传感器的高度时（按下 SB4），电动机开始得电给水塔上水，如图 3-7-11 所示。当水塔高水位传感器得电时（按下 SB1 按钮），表示水塔已满，电动机失电（L1 灯灭），不再给水塔供水，如图 3-7-12 所示；当按下 SB3 按钮（水池高水位传感器），表示水池已满，关闭进水电磁阀，L2 失电，如图 3-7-13 所示。当 L2

得电时定时器开始计时，5 s 后水池低水位传感器还不得电，表示系统故障 L3 指示灯亮，如图 3-7-14 所示。按下 SB4（水池低水位传感器）报警解除。

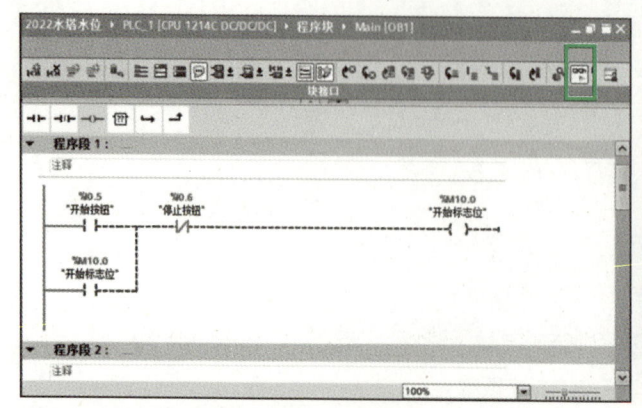

图 3-7-9　监控程序

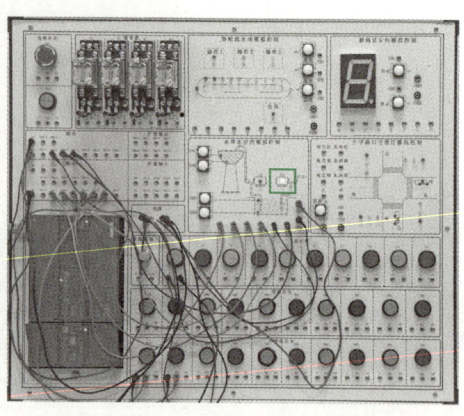

图 3-7-10　电池阀打开，水池进水

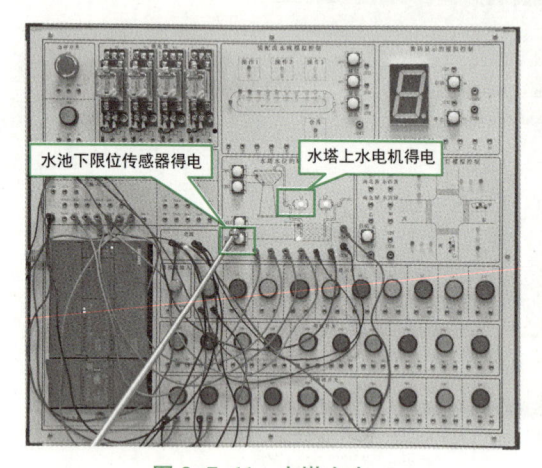

图 3-7-11　水塔上水

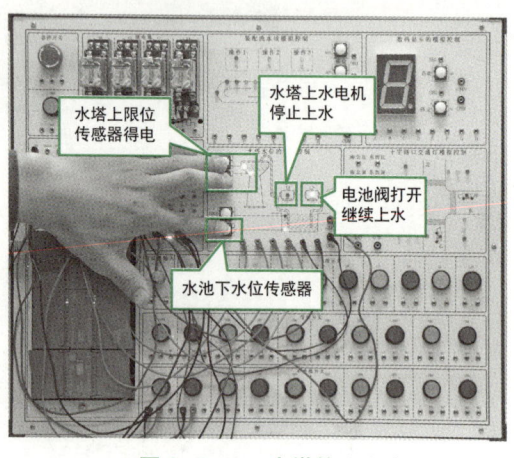

图 3-7-12　水塔停止上水

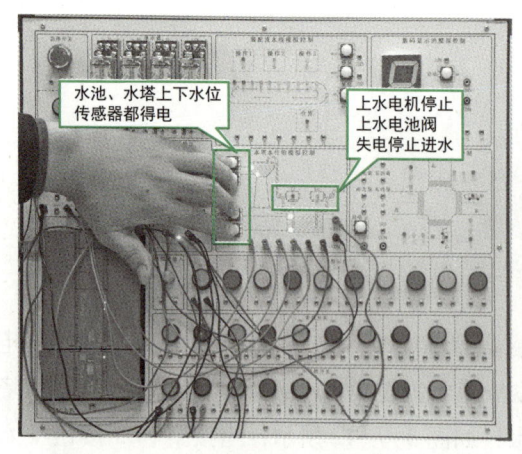

图 3-7-13　电池阀关闭，水池停止进水

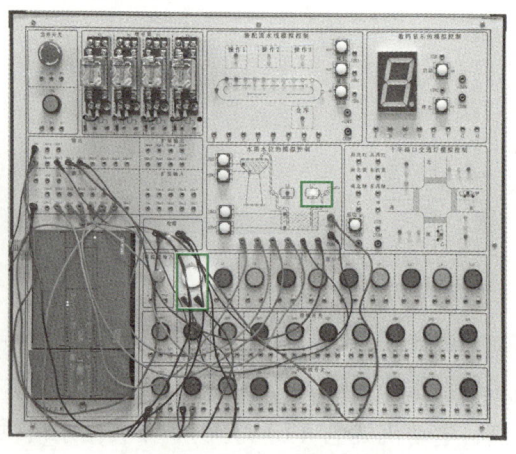

图 3-7-14　系统报警

3.7.6 任务指导

1. 程序设计

应用接通延时定时器（TON）。开始时，电磁阀 L2 打开进水，定时器开始计时。5 s 后，如果 SQ4 还不为 ON（SQ4 指示灯不亮），那么电磁阀故障指示灯 L3 亮，表示电磁阀没有进水，出现故障。当电磁阀得电时，可以用定时器来计时，当定时器计时 5 s，水池低水位传感器还不得电时，指示灯 L3 得电报警，如图 3-7-15、图 3-7-16 所示。

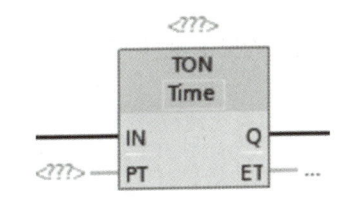

图 3-7-15 接通延时定时器（TON）

2. 创建变量表并编写程序

（1）创建变量表

① 创建程序。进入软件后，第一步要创建变量表，如图 3-7-17 所示。

图 3-7-16 接通延时定时器指令应用

图 3-7-17 创建变量表

② 设置输入地址变量，水塔高低水位传感器分为为 I0.1 和 I0.2，水池高低水位传感器分别为 I0.3 和 I0.4 开始按钮为 I0.5，停止按钮为 I0.6，如图 3-7-18 所示。

③ 设置输出地址变量 QB0。QB0 包含了 Q0.1~Q0.3 三个位变量，如图 3-7-19 所示。

④ 设置其余中间变量，如图 3-7-20 所示，其中 M10.0 表示开始。

⑤ 设置完变量后，就可以进入程序编写环节了。

（2）编写程序

① 输入程序块，双击"程序块"中的 Main（主程序）选项，如图 3-7-21 所示，进入程序编辑模式。

② 程序段 1。程序段 1 实现的功能是系统启动和停止，它有一个启保停电路如图 3-7-22 所示。

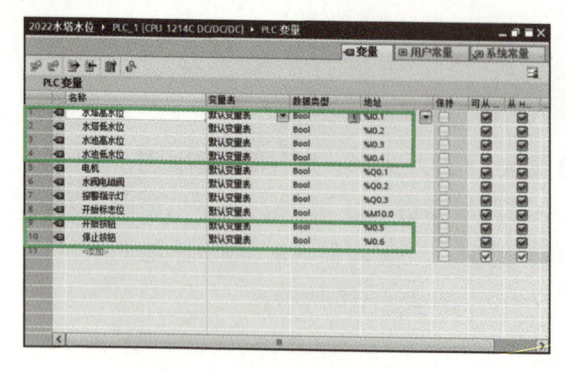

图 3-7-18 输入地址变量

图 3-7-19 输出地址变量

图 3-7-20 中间变量

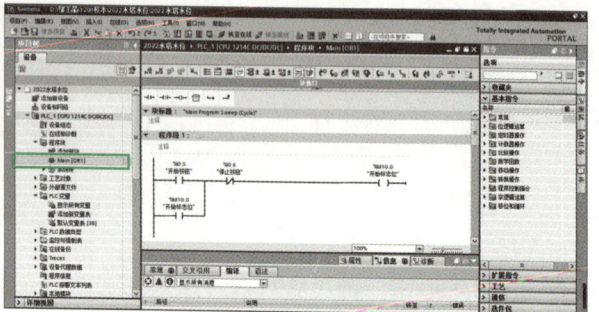

图 3-7-21 "Main"选项

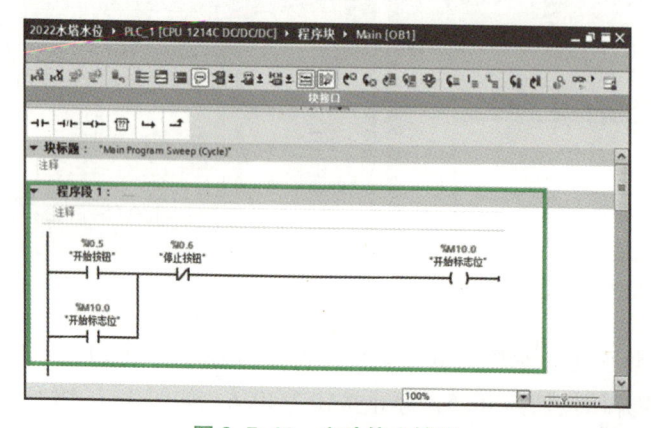

图 3-7-22 启动停止控制

③ 程序段 2。程序段 2 用于控制上水电动机。当水池低水位传感器得电，水塔低水位得电时，上水电动机开始工作，往水塔送水，当水塔高水位传感器得电时，电动机停止工作，如图 3-7-23 所示。

④ 程序段 3。程序段 3 用于控制进水阀的电磁阀。按下开始按钮后，当水池低水位传感器得电时，进水阀电磁阀自动打开放水；当水池高水位传感器得电，水阀电磁阀自动失电停止放水，如图 3-7-24 所示。

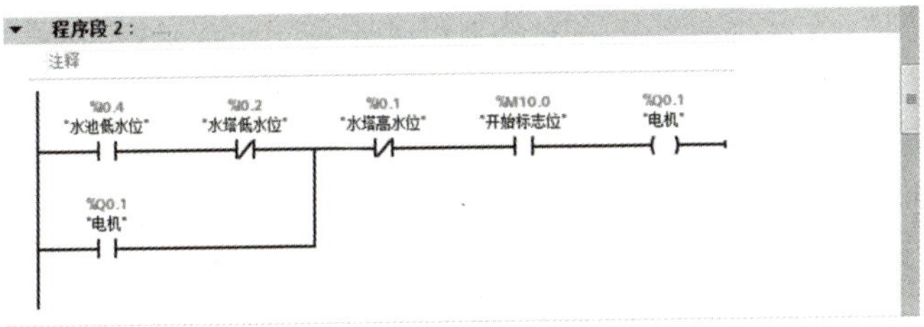

图 3-7-23　水塔电机控制

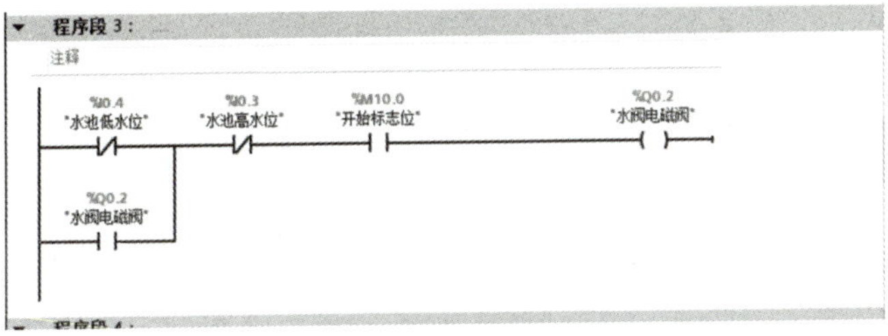

图 3-7-24　进水阀电磁阀控制

⑤ 程序段 4。程序段 4 用于报警控制。当进水阀打开进水时，定时器开始计时，当定时器超过 5 s 后，水池低水位传感器还没有得电，说明水阀没有进水，此时报警指示灯亮。当水池低水位传感器得电后，报警自动消除，如图 3-7-25 所示。

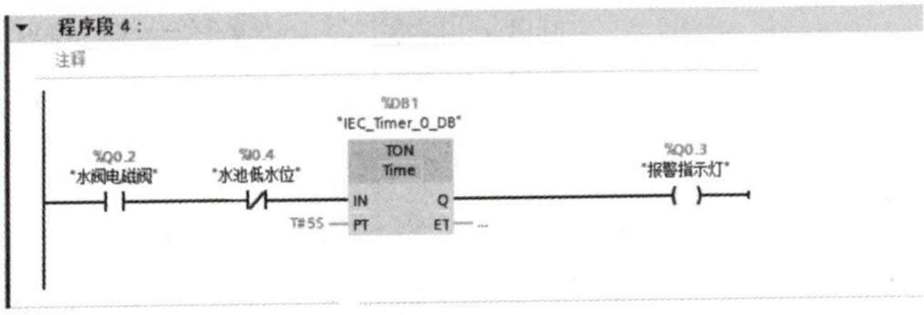

图 3-7-25　报警控制

3.7.7　思考题

1. 水塔水位控制系统是如何解除报警的？
2. 如何编制程序控制上水电机工作？

任务 3.8　交通信号灯控制

3.8.1　任务目标

1. 根据任务要求能够制定实现交通信号灯的控制方案。
2. 学会比较指令在时间控制中的使用方法。

3. 能够完成交通信号灯控制系统的安装及硬件组态。
4. 能够编制交通信号灯控制程序及系统调试。

3.8.2 任务导入

交通信号灯是以规定时间交互更迭的光色信号，设置于交岔路口或其他特殊地点，用以将道路通行权指定给车辆驾驶人与行人，管制其行止及转向的交通管制设施。其以红、黄、绿三色灯号或辅以音响，指示车辆及行人停止、注意与行进。

3.8.3 任务要求

十字路口分别用南北向和东西向两组红灯、黄灯和绿灯指挥车辆运行状态，如图 3-8-1 所示。

按下启动按钮交通灯开始工作，南北向红灯亮起并维持 10 s，南北向红灯工作的同时东西向绿灯亮 4 s，接着以 1 Hz 频率闪烁 3 s，最后熄灭，绿灯熄灭的同时东西向黄灯亮并维持 3 s；黄灯熄灭时，东西向红灯开始亮起并维持 10 s，东西向红灯工作的同时南北向绿灯亮 4 s，接着以 1 Hz 频率闪烁 3 s 最后熄灭，绿灯熄灭的同时南北向黄灯亮并维持 3 s；黄灯熄灭时南北向红灯再次亮起，循环反复。

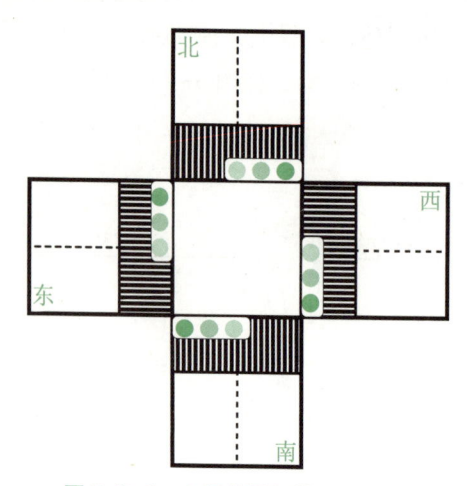

图 3-8-1 交通信号灯控制示意图

3.8.4 任务准备

① 安装有 TIA 博途软件的计算机。
② 使用 S7-1200 实验箱交通信号灯控制模块，若不具备实验箱，也可以使用 S7-1200 PLC，并使用按钮和指示灯模拟。
③ 连接导线及以太网线。
④ 常用电工工具。
⑤ 熟悉比较指令的使用方法。

3.8.5 任务实施及步骤

S7-1200 PLC 交通信号灯控制系统的实现主要步骤包括：硬件连接、设备组态、PLC 编程、系统调试等步骤。

1. 端口分配及硬件连接

（1）I/O 端口分配表

送料小车控制系统 I/O 端口分配及功能表见表 3-8-1。

表 3-8-1 I/O 端口分配及功能表

输入			输出		
名称	PLC 端口	功能	名称	PLC 端口	功能
SB1	I0.0	启动按钮	L1 红灯	Q0.0	南北红灯
			L2 黄灯	Q0.1	南北黄灯
			L3 绿灯	Q0.2	南北绿灯
			L4 红灯	Q0.3	东西红灯
			L5 黄灯	Q0.4	东西黄灯
			L6 绿灯	Q0.5	东西绿灯

（2）硬件连接

本任务使用 S7-1200 PLC 实验箱实现。按接线图将实验箱上的连接线一一连接，完成硬件连接，如图 3-8-2、图 3-8-3 所示。完成的接线情况如图 3-8-4 所示。

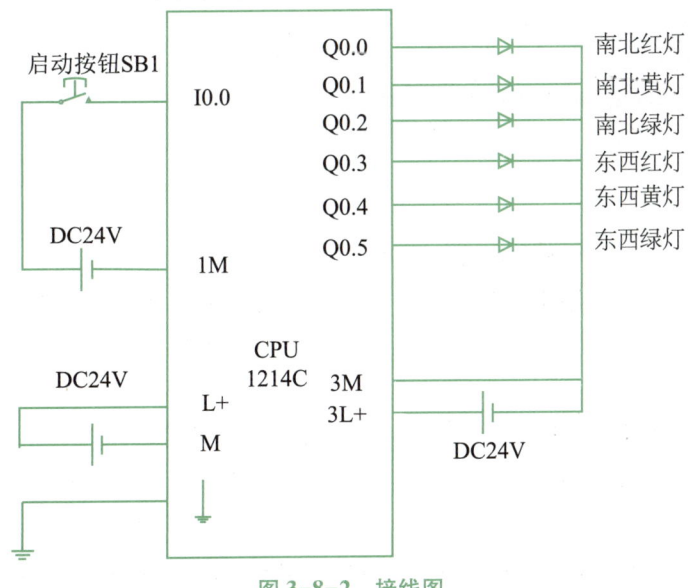

图 3-8-2 接线图

图 3-8-3　实验设备实物图　　　　　图 3-8-4　接线完成图

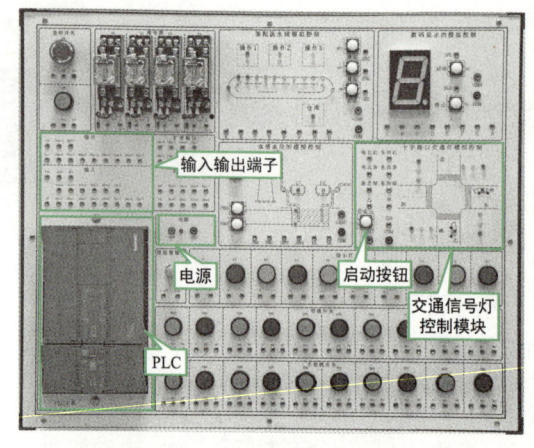

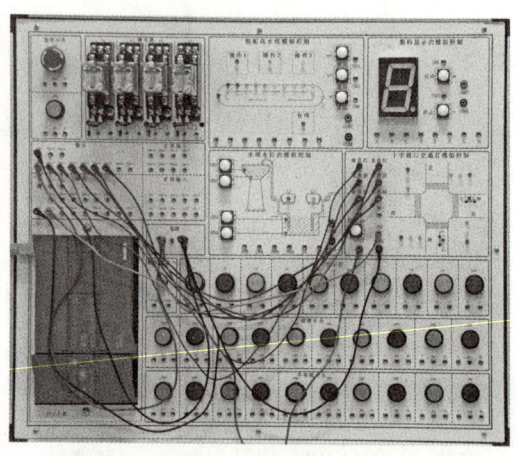

2. 设备组态

完成接线后，进行设备组态。组态过程主要是利用 TIA 博途软件进行项目的创建，步骤如下：

① 新建项目。打开 TIA 博途软件，输入项目名称，创建新项目，如图 3-8-5 所示。

② 组态设备。添加新设备，选择具体设备和版本号，进行设备组态。

③ 下载设备。

④ 启用时钟存储字节，如图 3-8-6 所示。

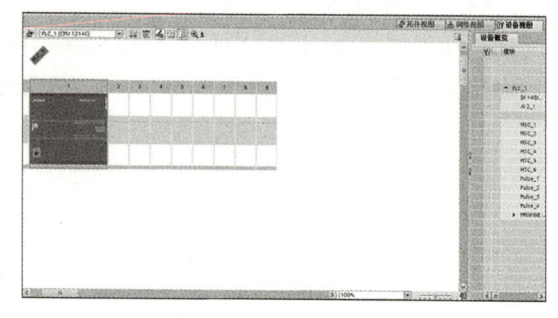

图 3-8-5　项目的创建　　　　　图 3-8-6　启用时钟存储字节

3. 编写控制程序

① 创建变量表。进入软件后，第一步要创建变量表。

② 编写程序。输入程序块。双击"程序块"中的 Main（主程序）选项，进入程序编辑模式。

4. 系统调试

结合实验设备进行程序下载、监控、运行，操作实验设备。

① 将编写好的程序下载到 PLC 中，控制彩灯进行工作，如图 3-8-7 所示，检查各项准备是否符合任务要求。

② 装载程序，单击"监控"和"运行"选项，如图 3-8-8、图 3-8-9、图 3-8-10 所示。

图 3-8-7　程序下载

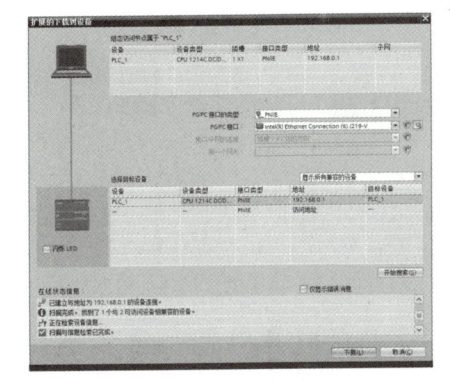

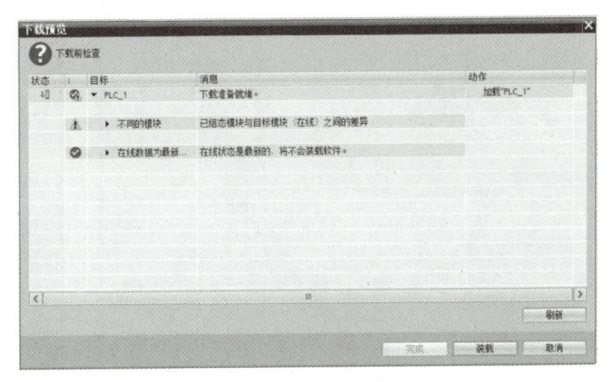

图 3-8-8　装载程序

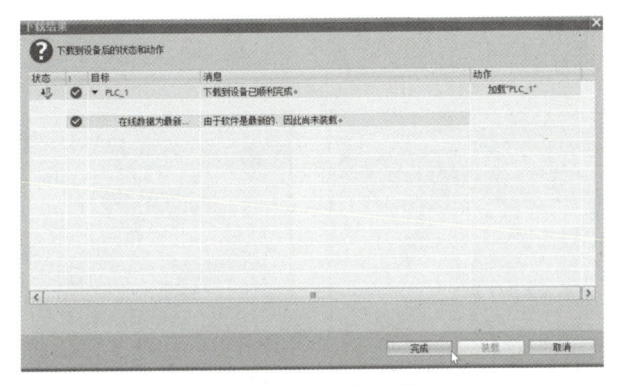

图 3-8-9　完成下载

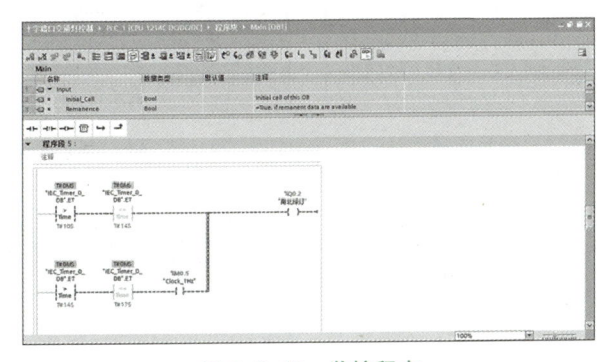

图 3-8-10　监控程序

③ 按任务要求，在实验设备上进行操作，如图 3-8-11、图 3-8-12、图 3-8-13、图 3-8-14、图 3-8-15、图 3-8-16 所示。

按下启动按钮，交通灯开始工作，南北向红灯亮起并维持 10 s，南北向红灯工作的同时东西向绿灯亮 4 s，接着以 1 Hz 的频率闪烁 3 s，最后熄灭，绿灯熄灭的同时东西向黄灯亮并维持 3 s；黄灯熄灭时，东西向红灯亮起并维持 10 s，东西向红灯工作的同时南北向绿灯亮 4 s，接着以 1 Hz 的频率闪烁 3 s，最后熄灭，绿灯熄灭的同时南北向黄灯亮并维持 3 s；黄灯熄灭时南北向红灯再次亮起，循环反复。

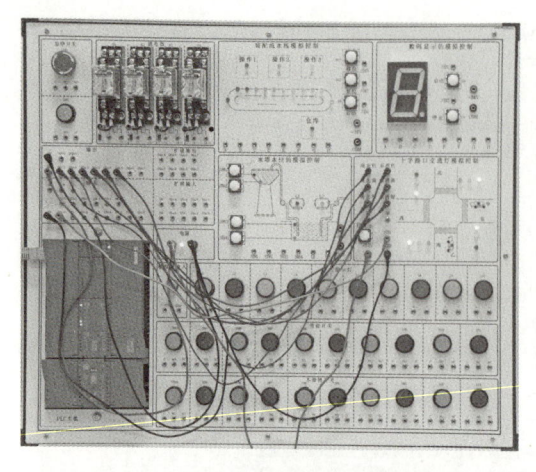

图 3-8-11　南北向红灯亮东西向绿灯亮

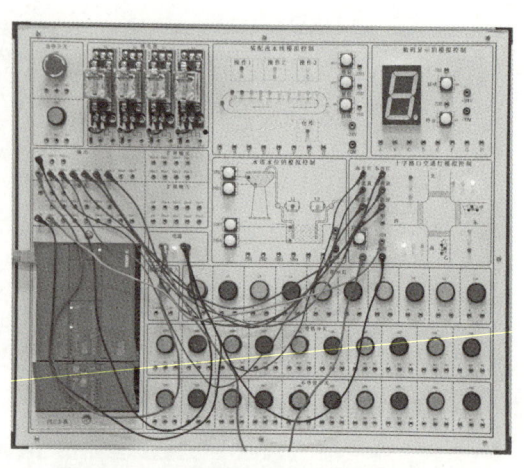

图 3-8-12　南北向红灯亮东西向绿灯闪烁

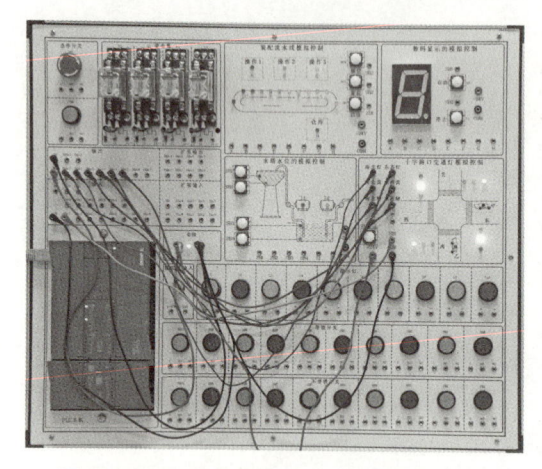

图 3-8-13　南北向红灯亮东西向黄灯亮

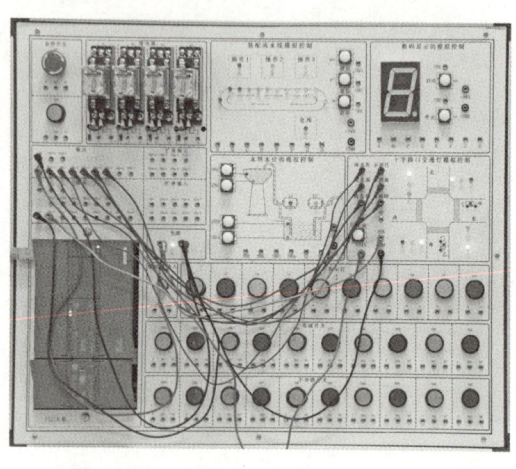

图 3-8-14　南北向绿灯亮东西向红灯亮

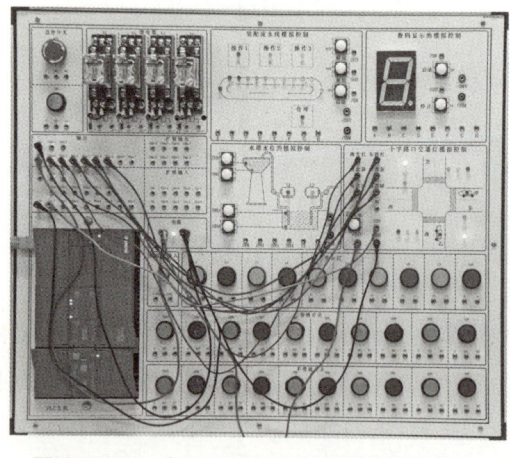

图 3-8-15　南北向绿灯闪烁东西向红灯亮

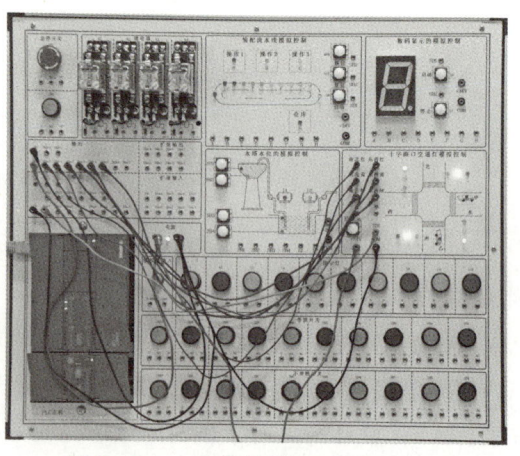

图 3-8-16　南北向黄灯亮东西向红灯亮

3.8.6 任务指导

1. 程序设计

本次任务可以采用经验设计法完成。

分析交通灯转换部分可以发现,交通灯一次完整的工作周期为 20 s,程序如图 3-8-17 所示,每一组灯都在这 20 s 中的固定时间段工作,由此可以把每组灯的工作时间用比较指令标示出来,并控制相应的灯组在该时间段点亮,程序如图 3-8-18 所示。另外 20 s 的工作周期可以用定时器指令实现。

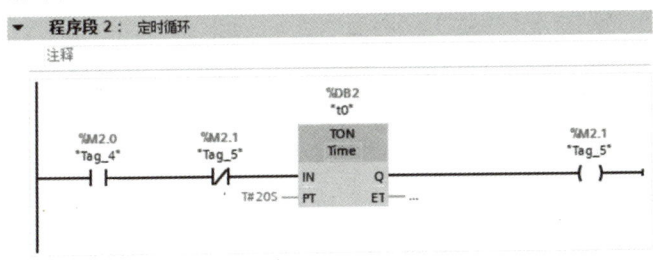

图 3-8-17 定时循环程序

图 3-8-18 比较指令程序

2. 创建变量表并编写程序

(1) 创建变量表

① 创建程序。进入软件后,第一步要创建变量表,如图 3-8-19 所示。

② 设置用于启动按钮的输入地址变量 I0.0,如图 3-8-20 所示。

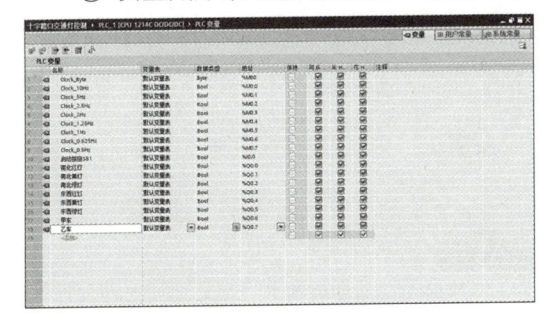

图 3-8-19 创建变量表

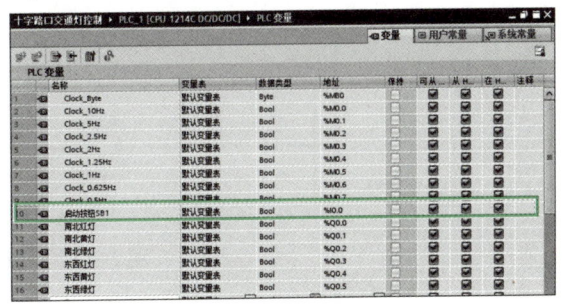

图 3-8-20 输入地址变量

③ 设置南北、东西方向交通信号灯的 6 个输出端口 Q0.0、Q0.1、Q0.2、Q0.3、Q0.4、Q0.5，如图 3-8-21 所示。

④ 设置完变量后，就可以进入程序编写环节了。

(2) 编写程序

① 输入程序块。双击"程序块"中的 Main（主程序）选项，如图 3-8-22 所示，进入程序编辑模式。

图 3-8-21 输出地址变量

图 3-8-22 "Main"选项

② 程序段 1。程序段 1 实现的功能是设定启动标志位 M5.0，表示如下：当按下启动按钮 I0.0 时，M5.0 得电并自锁，表示程序开始自动运行，如图 3-8-23 所示。

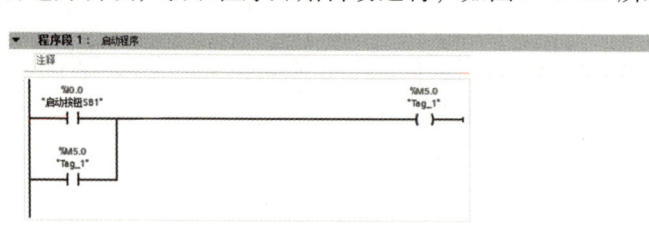

图 3-8-23 启动程序

③ 程序段 2。程序段 2 为定时循环程序，其使用接通延时定时器指令（TON）实现，时间设置为 20 s，并使用定时标志位 M5.1，每次计时 20 s，M5.1 线圈得电，M5.1 常闭触点断开，定时器重新开始计时，如图 3-8-24 所示。

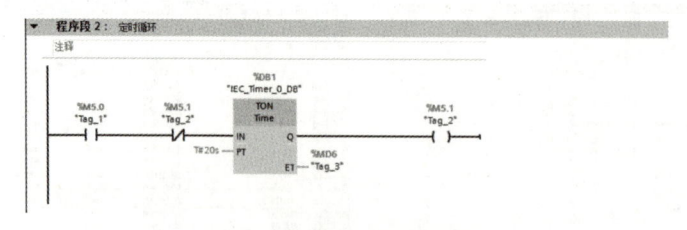

图 3-8-24 定时循环程序

④ 程序段 3。程序段 3 输出的是南北方向的红灯，在 0~10 s 南北方向红灯点亮，如图 3-8-25 所示。

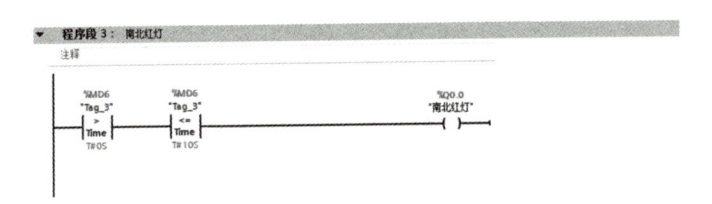

图 3-8-25 南北红灯控制程序

⑤ 程序段 4。程序段 4 输出的是南北方向黄灯，在 17~20 s 南北方向黄灯点亮，如图 3-8-26 所示。

图 3-8-26 南北黄灯控制程序

⑥ 程序段 5。程序段 5 输出的是南北方向绿灯，在 10~14 s 南北方向绿灯点亮，在 14~17 s 南北方向绿灯点闪烁，在此使用 1 Hz 的时钟存储字节 M0.5，如图 3-8-27 所示。

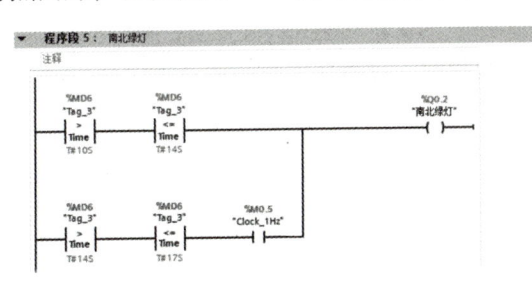

图 3-8-27 南北绿灯控制程序

⑦ 程序段 6。程序段 6 输出的是东西方向红灯，在 10~20 s 东西方向红灯点亮，如图 3-8-28 所示。

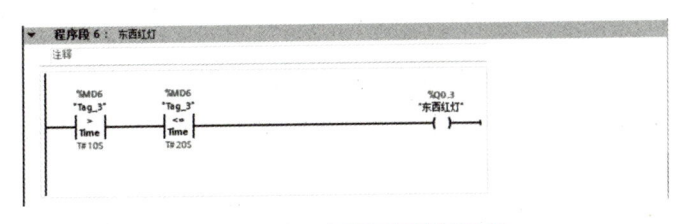

图 3-8-28 东西红灯控制程序

⑧ 程序段 7。程序段 7 输出的是东西方向黄灯，在 7~10 s 东西方向黄灯点亮，如图 3-8-29 所示。

图 3-8-29　东西黄灯控制程序

⑨ 程序段 8。程序段 8 输出的是东西方向绿灯，在 0~4 s 东西方向绿灯点亮，在 4~7 s 东西方向绿灯闪烁，在此使用 1 Hz 的时钟存储字节 M0.5，如图 3-8-30 所示。

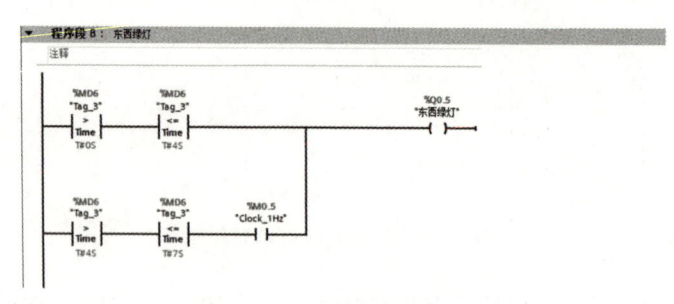

图 3-8-30　东西绿灯控制程序

可以看出，程序段 3 至程序段 8（图 3-8-25 至图 3-8-30）主要是使用比较指令在 20 s 周期内标出固定的时间段，并控制相应的灯组在该时间段点亮工作。

3.8.7　思考题

1. 如何使用定时器进行周期性定时循环？
2. 怎样设置时钟存储器字节？

任务 3.9　自动控制成型机

3.9.1　任务目标

1. 根据任务要求能够制定实现自动控制成型机的控制方案。
2. 学会移动值指令、边沿检测指令的功能及用法。
3. 能够完成自动控制成型机的硬件安装及硬件组态。
4. 能够编制自动控制成型机的控制程序及系统调试。

3.9.2　任务导入

随着我国自动成型行业的发展，新型自动成型机不断被研发面世，如工厂中的大型零部件自动成型机、砖厂自动成型机、滚塑模具自动成型机等。自动成型机在工矿企业被大量应用，取代传统的手工劳动，成为生产第一线的主流。在成型机的生产线中应用 PLC 控制具有结构简单，编程方便，操作灵活，可靠性高和抗干扰能力强等特点，是材料成型生产实现高效、低成本、高质量、自动化生产的发展方向。

3.9.3 任务要求

自动控制成型系统主要由工作台、液压缸 A、B、C、D 以及相应的电磁阀组成，如图 3-9-1 所示。自动控制成型机就是利用 PLC 控制液压缸 A、B、C、D 四个电磁阀有序打开和关闭，使油进入或流出液压缸，从而控制各油缸中的活塞有序运动，实现材料（如钢筋）加工工艺的要求。

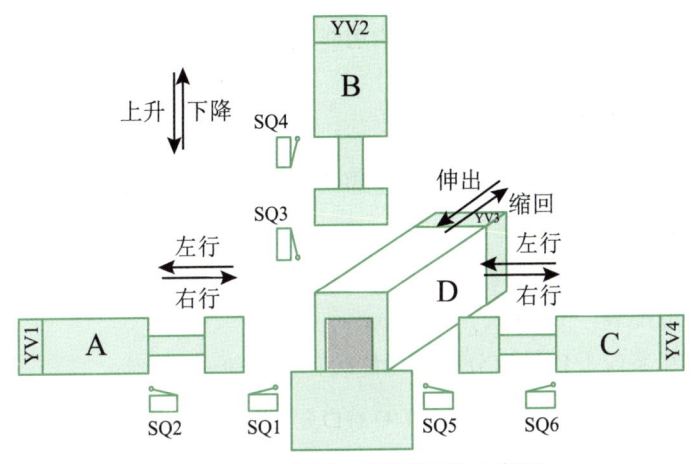

图 3-9-1 自动控制成型系统示意图

其具体工作过程是：

（1）初始状态

当原料放入成型机时，各液压缸为初始状态，即电磁阀 YV1, YV2, YV4 为 OFF 状态，YV3 为 ON 状态，液压缸 D 动作顶住原料。SQ1, SQ3, SQ5 为 OFF 状态，SQ2, SQ4, SQ6 为 ON 状态。

（2）启动运行

按下启动按钮，电磁阀 YV2 动作，液压缸 B 的活塞向下运动，使 SQ4 为 OFF 状态。当活塞下降到终点时，SQ3 为 ON 状态，此时，电磁阀 YV1 和 YV4 动作，启动液压缸 A 和液压缸 C，液压缸 A 的活塞向右运动，液压缸 C 的活塞向左运动，使 SQ2 和 SQ6 为 OFF 状态。当液压缸 A 的活塞运行到终点使得 SQ1 为 ON 状态时，并且液压缸 C 的活塞也运行到终点，使得 SQ5 为 ON 状态时，原料成型。

（3）返回初始状态

此后，各液压缸开始退回原位。首先，液压缸 A，液压缸 C 返回，电磁阀 YV3 动作，使 SQ1 和 SQ5 为 OFF 状态。当液压缸 A、液压缸 C 返回初始位置（SQ2 和 SQ6 为 ON 状态）

时，液压缸 B 返回，使 SQ3 为 OFF 状态。当液压缸 B 返回初始状态（SQ4 为 ON 状态）时，系统回到初始状态，取出成品，放入原料，按下启动按钮，即可开始下一个工件的加工。

3.9.4 任务准备

① 安装有 TIA 博途软件的计算机。
② 使用 S7-1200 实验箱自动控制成型机模块，若不具备实验箱，也可以使用 S7-1200 PLC、按钮和指示灯模拟。
③ 连接导线及以太网线。
④ 常用电工工具。
⑤ 熟悉数据传送指令、边沿检测指令的功能及用法。

3.9.5 任务实施及步骤

S7-1200 PLC 自动控制成型机控制系统的实现主要步骤包括：硬件连接、设备组态、PLC 编程、系统调试等步骤。

1. 端口分配及硬件连接

（1）I/O 端口分配表

自动控制成型机系统 I/O 端口分配及功能表见表 3-9-1。

表 3-9-1　I/O 端口分配及功能表

输入			输出		
名称	PLC 端口	功能	名称	PLC 端口	功能
QS	I0.0	启动按钮	YV1	Q0.0	电磁阀 1
SQ1	I0.1	A 液压缸右限位	YV2	Q0.1	电磁阀 2
SQ2	I0.2	A 液压缸左限位	YV3	Q0.2	电磁阀 3
SQ3	I0.3	B 液压缸下限位	YV4	Q0.3	电磁阀 4
SQ4	I0.4	B 液压缸上限位			
SQ5	I0.5	C 液压缸左限位			
SQ6	I0.6	C 液压缸右限位			

（2）硬件连接

本任务使用 S7-1200 PLC 实验箱实现。按接线图将实验箱上的连接线一一连接，完成硬件连接，如图 3-9-2、图 3-9-3 所示。完成的接线情况如图 3-9-4 所示。

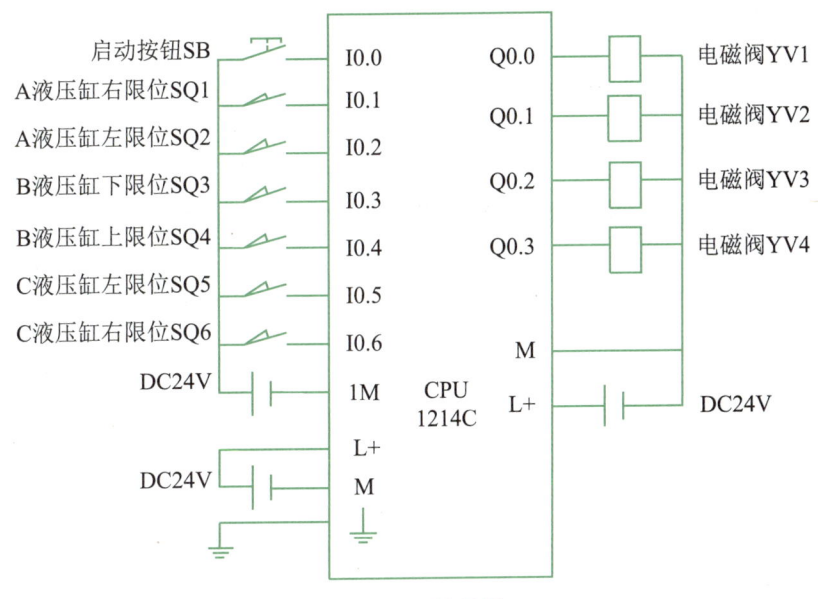

图 3-9-2　接线图

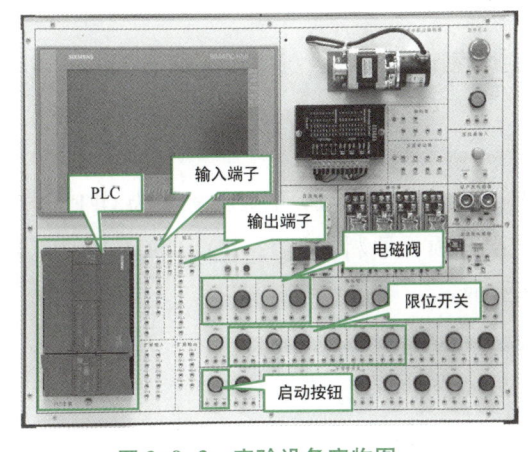

图 3-9-3　实验设备实物图

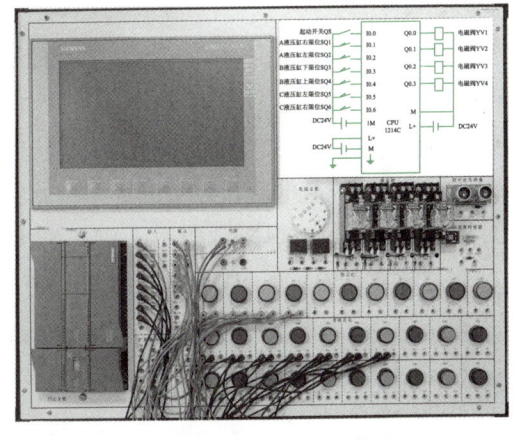

图 3-9-4　接线完成图

2. 设备组态

完成接线后，进行设备组态。组态过程主要是利用 TIA 博途软件进行项目的创建，如图 3-9-5 所示。具体步骤如下：

① 新建项目。打开 TIA 博途软件，输入项目名称，创建新项目。

② 组态设备。添加新设备，选择具体设备和版本号，进行设备组态。

③ 下载设备。

3. 编写控制程序

① 创建变量表。进入软件后,第一步要创建变量表。

② 编写程序。双击"程序块"中的 Main(主程序)选项,进入程序编辑模式。

4. 系统调试

结合实验设备进行程序下载、监控、运行,操作实验设备。

① 将编写好的程序下载到 PLC,控制自动控制成型机工作,如图 3-9-6 所示。检查各项准备是否符合任务要求。

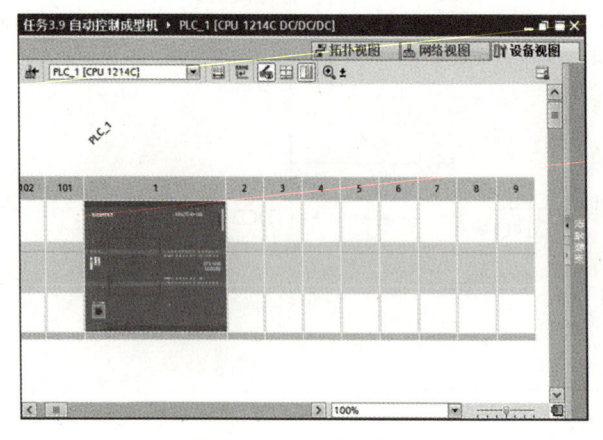

图 3-9-5　项目的创建　　　　　图 3-9-6　程序下载

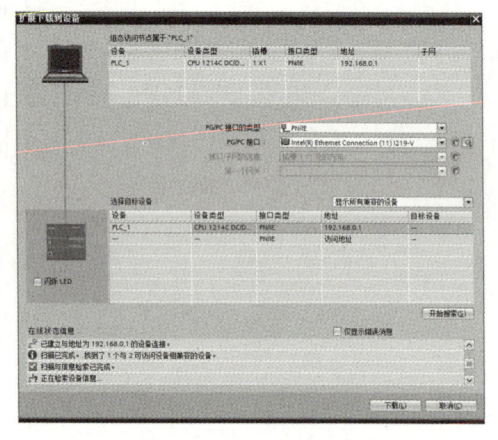

② 装载程序,单击"监控"和"运行"选项,如图 3-9-7、图 3-9-8、图 3-9-9 所示。

③ 按任务要求,在实验设备上进行操作。

第一步,系统通电后,各液压缸为初始状态,即电磁阀 YV1,YV2,YV4 为 OFF 状态,YV3 为 ON 状态,指示灯 L3 点亮,液压缸 D 伸出,顶住原料。SQ1,SQ3,SQ5 为 OFF 状态,SQ2,SQ4,SQ6 为 ON 状态,如图 3-9-10 所示。

图 3-9-7　装载程序

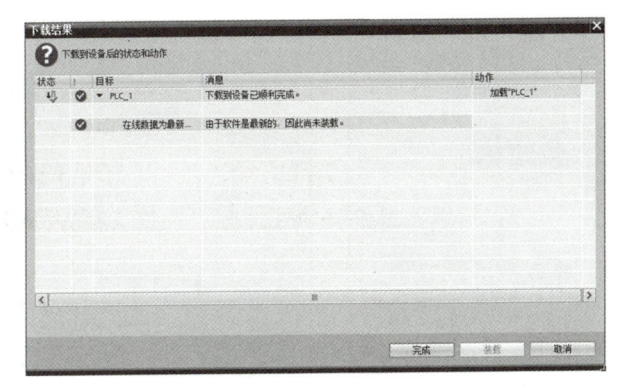

图 3-9-8　完成下载

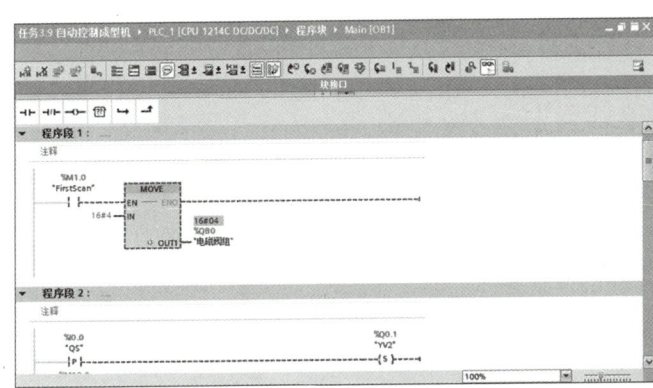

图 3-9-9　监控程序　　　　　　　图 3-9-10　电磁阀 YV3 工作

第二步，按下启动按钮，电磁阀 YV2 动作，指示灯 L2 点亮，液压缸 B 的活塞向下运动，如图 3-9-11 所示。

第三步，当液压缸 B 的活塞下降到终点时，SQ3 为 ON 状态。此时，电磁阀 YV3 停止工作，液压缸 D 退回，指示灯 L3 熄灭。电磁阀 YV1 和 YV4 动作，启动液压缸 A 和液压缸 C，指示灯 L1 和 L4 点亮，液压缸 A 的活塞向右运动，液压缸 C 的活塞向左运动，使 SQ2 和 SQ6 为 OFF 状态，如图 3-9-12 所示。

第四步，当液压缸 A 的活塞运行到终点使得 SQ1 为 ON 状态，并且液压缸 C 的活塞也运行到终点使得 SQ5 为 ON 状态时，原料成型。此后，各液压缸开始退回原位。

第五步，液压缸 A、C 返回，指示灯 L1 和 L4 熄灭，使 SQ1 和 SQ5 为 OFF 状态。然后电磁阀 YV3 动作，指示灯 L3 点亮，液压缸 D 伸出，如图 3-9-13 所示。

第六步，当液压缸 A、C 返回到初始位置（SQ2 和 SQ6 为 ON 状态）时，YV2 停止工作，液压缸 B 返回，使 SQ3 为 OFF 状态。当液压缸 B 返回初始状态（SQ4 为 ON 状态）时，系统回到初始状态，如图 3-9-14 所示。

④ 取出成品，放入原料，按下启动按钮，即可开始下一个工件的加工。

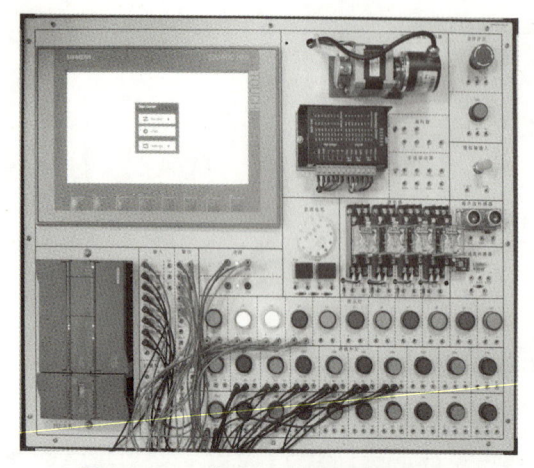

图 3-9-11　电磁阀 YV2、YV3 工作 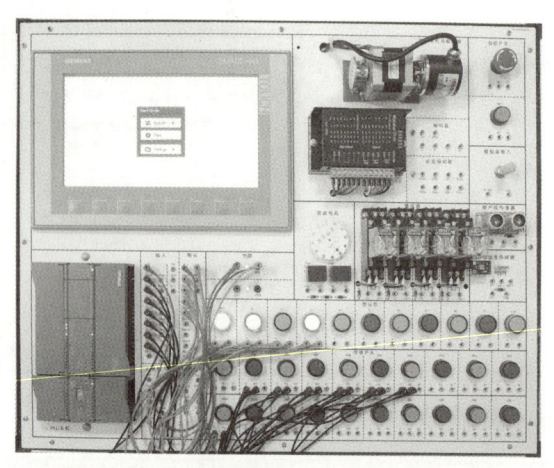　　　　　图 3-9-12　电磁阀 YV1、YV2、YV4 工作

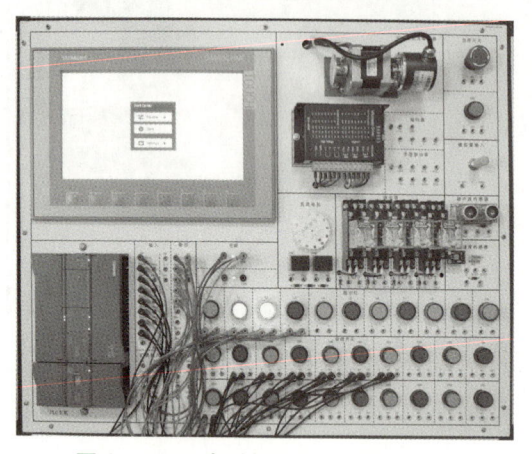

图 3-9-13　电磁阀 YV2、YV3 工作 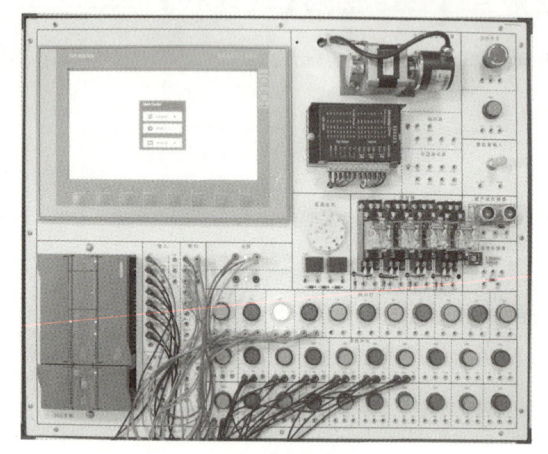　　　　　图 3-9-14　电磁阀 YV3 工作

3.9.6　任务指导

1. 程序设计

（1）使用的指令

本任务所要用到的指令有：置位指令、复位指令、上升沿和下降沿指令、移动值指令。

① 置位指令：置位输出（S）。

② 复位指令：复位输出（R）。

③ 上升沿和下降沿指令：上升沿指令（FP）、下降沿指令（FN）。

④ 移动值指令：移动值指令（MOVE）可以给变量赋值。

（2）编程思路以及指令的应用

分析实现本任务的编程思路以及指令的应用。

① 置位指令。要实现液压缸保持动作，可以使用置位指令 S 完成。S 指令将制定的位操作数置位（变为 1 状态并保持），如图 3-9-15 所示。

② 复位指令。要实现液压缸停止动作，恢复初始状态，我们可以使用复位指令 R 完成。R 指令将制定的位操作数复位（变为 0 状态并保持），如图 3-9-16 所示。

③ 上升沿和下降沿指令。自动控制成型机工作时，液压缸在设备到达位置的瞬间工作，即操作数信号的上升沿开始工作，可以通过上升沿指令 FP 实现，如图 3-9-17 所示。

使用下降沿指令 FN 则可以实现在设备离开位置的瞬间工作，即操作数信号的下降沿开始工作，如图 3-9-18 所示。

④ 移动值指令。移动值指令 MOVE 用于将 IN 输入端的源数据传送给 OUT1 端的目的地址，自动成型机启动瞬间，需要同时对多个元件设定状态，可以使用 MOVE 指令实现，如图 3-9-19 所示。

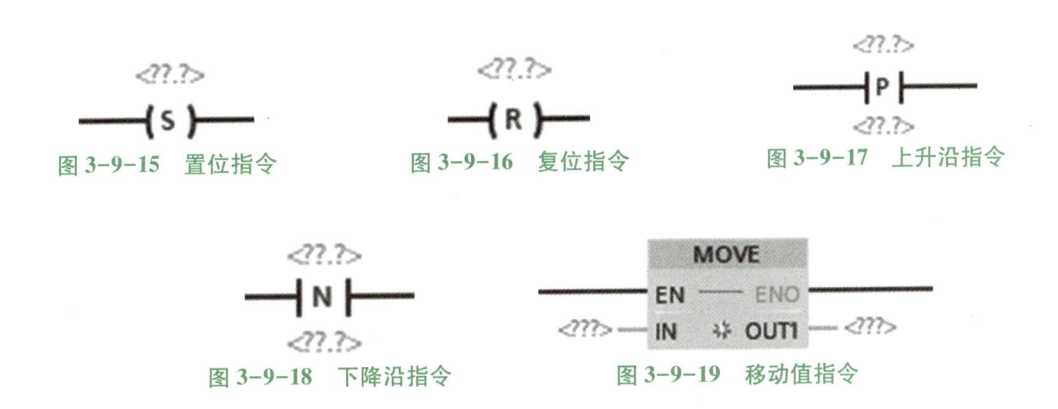

图 3-9-15　置位指令　　　图 3-9-16　复位指令　　　图 3-9-17　上升沿指令

图 3-9-18　下降沿指令　　　图 3-9-19　移动值指令

2. 创建变量表并编写程序

（1）创建变量表

① 创建程序。进入软件后，第一步要创建变量表，如图 3-9-20 所示。

② 设定用于启动程序的输入地址变量 I0.0、各限位开关输入地址 I0.1~I0.6，如图 3-9-21 所示。

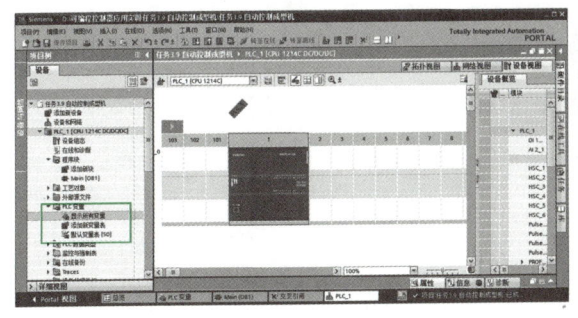

图 3-9-20　创建变量表 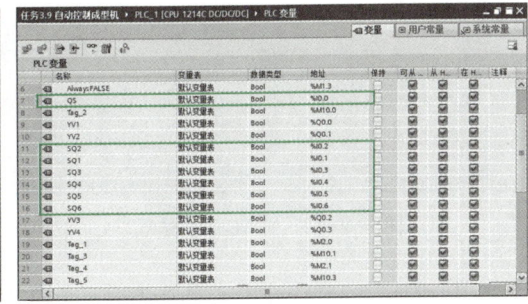　　　图 3-9-21　输入地址变量

③ 设定 4 个液压缸对应电磁阀的输出地址及地址变量 QB0，QB0 包含了 Q0.0~Q0.7 八个位变量，如图 3-9-22 所示。

④ 设定其余中间变量，如图 3-9-23 所示。这些中间变量分别是代表液压缸 A 右限位和液压缸 C 左限位到位的辅助变量 M2.0，代表液压缸 A 左限位和液压缸 C 右限位到位的辅助变量 M2.1，以及边沿检测指令中用于存储启动按钮、液压缸 B 下限位、M2.0、M2.1 上一周期状态的 M10.0、M10.1、M10.2、M10.3。

图 3-9-22 输出地址变量

图 3-9-23 中间变量

⑤ 设置完变量后，就可以进入程序编写环节了。

（2）编写程序

① 输入程序块。双击"程序块"中 Main（主程序）选项，如图 3-9-24 所示，进入程序编辑模式。

② 程序段 1。程序段 1 实现的功能是系统初始化。初始化脉冲，驱动数据传送指令，将 16 进制数 4，也就是 2 进制数 0100，送至 QB0 端口，则 Q0.3、Q0.1、Q0.0 为 OFF 状态，Q0.2 为 ON 状态，从而实现同时控制电磁阀 YV1，YV2，YV4 为 OFF 状态，YV3 为 ON 状态，如图 3-9-25 所示。

图 3-9-24 "Main"选项

图 3-9-25 程序段 1

③ 程序段 2。程序段 2 主要使用了上升沿指令。运用上升沿指令可以实现在启动按钮 QS 按下的瞬间，控制电磁阀 YV2 动作，也就是控制液压缸 B 的活塞向下运动，如图 3-9-26 所示。

④ 程序段 3。程序段 3 是使用上升沿指令，可以实现液压缸 B 下限位被触发的瞬间，使

电磁阀 YV3 停止工作，并使电磁阀 YV1，YV4 开始工作，控制液压缸 A 和液压缸 C 运行，如图 3-9-27 所示。

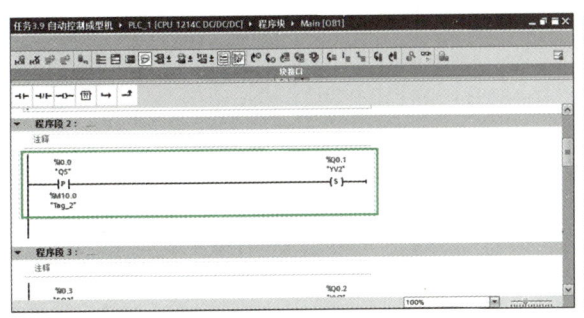

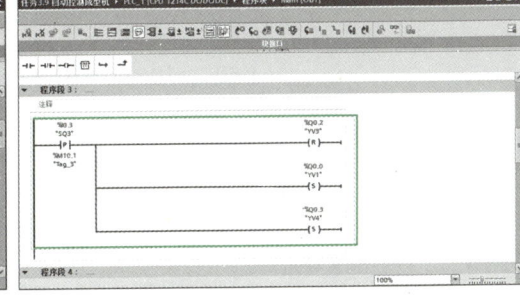

图 3-9-26　程序段 2

图 3-9-27　程序段 3

⑤ 程序段 4、5。程序段 4、5 可以实现在液压缸 A 右限位和液压缸 C 左限位被触发的瞬间，激活辅助继电器 M2.0，利用 M2.0 常开触点的上升沿，使电磁阀 YV3 停止工作，并使电磁阀 YV1，YV4 开始工作，控制液压缸 A 和液压缸 C 运行，如图 3-9-28、图 3-9-29 所示。

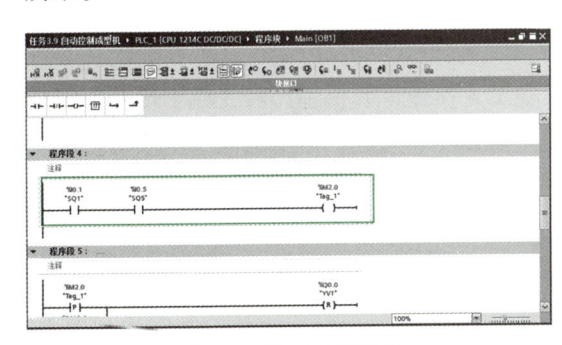

图 3-9-28　程序段 4

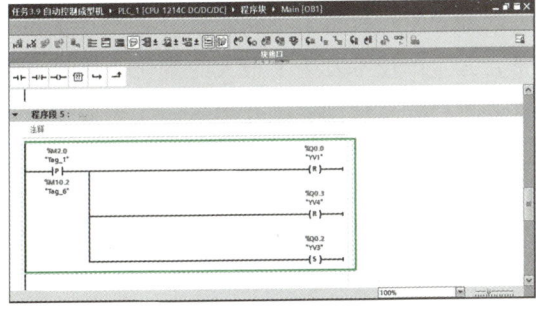

图 3-9-29　程序段 5

⑥ 程序段 6、7。当液压缸 A 和液压缸 C 分别运行到 SQ2 和 SQ6 时，程序段 6 将激活辅助继电器 M2.1，程序段 7 中的 M2.1 常开触点的上升沿，使电磁阀 YV2 停止工作，控制液压缸 B 的活塞向上运行，系统回到初始状态，如图 3-9-30 所示。

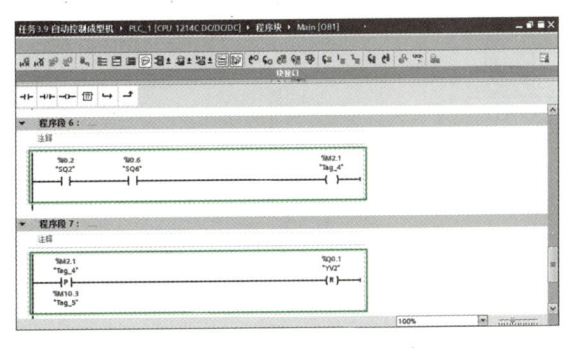

图 3-9-30　循环右移指令

3.9.7 思考题

1. 程序状态监控有什么优点？什么情况应使用监控表？
2. 以下哪些表达有错误，请改正。

$$8\#11、10\#22、16\#FF、16\#FFH、2\#110、2\#21$$

任务 3.10　自动控制轧钢机

3.10.1　任务目标

1. 根据任务要求能够制定实现自动控制轧钢机的控制方案。
2. 学会用经验设计法编程及正反转控制线路的硬件接线。
3. 能够完成自动控制轧钢机的硬件安装及硬件组态。
4. 能够编制自动控制轧钢机的控制程序及系统调试。

3.10.2　任务导入

随着生产技术的不断发展，钢铁产品的应用也日益扩大。轧钢机是实现钢铁轧制的设备，其生产技术发生了很大的变化。从原来的很多工人操作单轧机生产转变成了现在的钢材连轧生产线。自动控制轧钢机能大大减少工人的劳动强度和力度，从而提高工作效率。

3.10.3　任务要求

自动控制轧钢机由两台电动机 M1 和 M2 负责传送钢板，电动机 M3 负责拖动钢板往复运动，电磁阀 YV 完成冲压动作，如图 3-10-1 所示。

按下启动按钮，电动机 M1、M2 运行，传送钢板。若检测传送带上有无钢板的传感器 S1 为 ON 状态（表示有钢板），电动机 M3 正转，并使 S1 为 OFF 状态。若检测传送带上钢板是否到位的传感器 S2 为 ON 状态（表示钢板到位），电磁阀 YV 动作，电动机 M3 反转，并使 S2 为 OFF 状态。如此循环。按下停止按钮则停机，需重新启动。

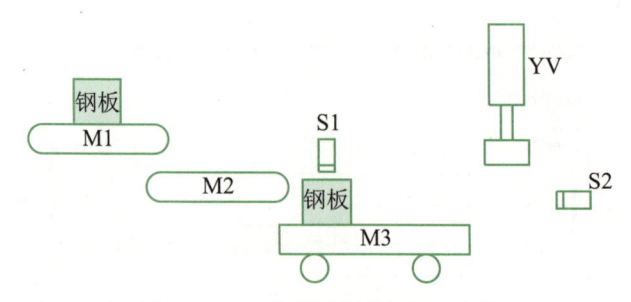

图 3-10-1　自动控制轧钢机示意图

3.10.4 任务准备

① 安装有 TIA 博途软件的计算机。
② 使用 S7-1200 实验箱工自动控制轧钢机控制模块，若不具备实验箱，也可以使用 S7-1200 PLC、按钮和指示灯模拟。
③ 连接导线及以太网线。
④ 常用电工工具。
⑤ 熟悉电动机正反转控制原理。

3.10.5 任务实施及步骤

S7-1200 PLC 自动控制轧钢机控制系统的实现主要步骤包括：硬件连接、设备组态、PLC 编程、系统调试等步骤。

1. 端口分配及硬件连接

（1）I/O 端口分配表

自动控制轧钢机控制系统 I/O 端口分配及功能见表 3-10-1。

表 3-10-1 I/O 端口分配及功能表

输入			输出		
名称	PLC 端口	功能	名称	PLC 端口	功能
SB1	I0.0	启动按钮	M1	Q0.0	电动机 M1
S1	I0.1	钢板有无传感器	M2	Q0.1	电动机 M2
S2	I0.2	钢板到位传感器	KM1	Q0.2	电动机 M3 正转
SB2	I0.3	停止按钮	KM2	Q0.3	电动机 M3 反转
			YV	Q0.4	电磁阀

（2）硬件连接

本任务使用 S7-1200 PLC 实验箱来实现。按接线图将实验箱上的连接线一一连接，完成硬件连接，如图 3-10-2、图 3-10-3 所示。完成的接线情况如图 3-10-4 所示。

2. 设备组态

完成接线后，进行设备组态。组态过程主要是利用 TIA 博途软件进行项目的创建，如图 3-10-5 所示。具体步骤如下：

① 新建项目。打开 TIA 博途软件，输入项目名称，创建新项目。
② 组态设备。添加新设备，选择具体设备和版本号，进行设备组态。
③ 下载设备。

3. 编写控制程序

① 创建变量表。进入软件后，第一步要创建变量表。

144 可编程控制器应用实训

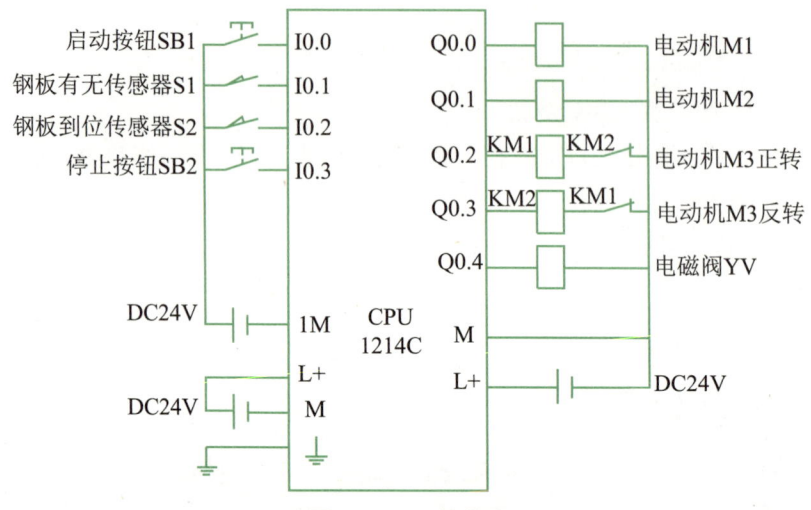

图 3-10-2 接线图

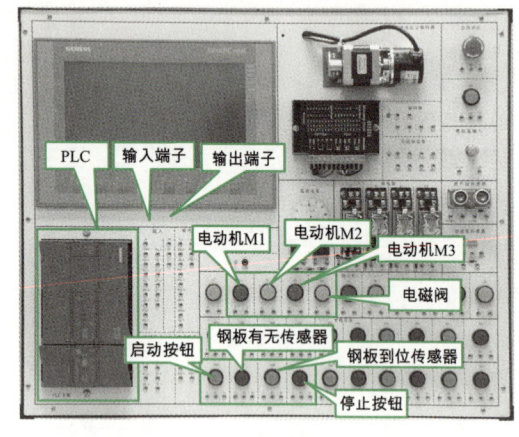

图 3-10-3 实验设备实物图

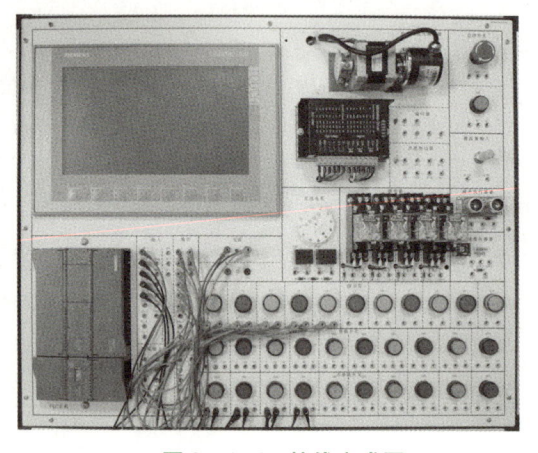

图 3-10-4 接线完成图

② 编写程序。输入程序块。双击"程序块"中的 Main（主程序）选项，进入程序编辑模式。

4. 系统调试

结合实验设备进行程序下载、监控、运行，操作实验设备。

① 将编写好的程序下载到 PLC 中，控制自动控制轧钢机进行工作，如图 3-10-6 所示。检查各项准备是否符合任务要求。

② 装载程序，单击"监控"和"运行"选项，如图 3-10-7、图 3-10-8、图 3-10-9 所示。

③ 按任务要求，在实验设备上进行操作，如图 3-10-10、图 3-10-11、图 3-10-12 所示。

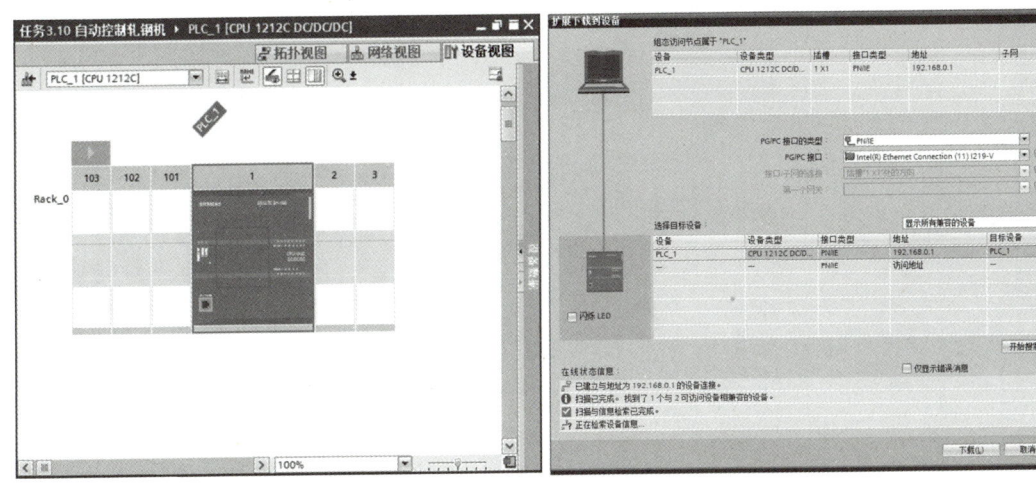

模块 3　可编程控制器的基本技能实训　145

图 3-10-5　项目的创建

图 3-10-6　程序下载

图 3-10-7　装载程序

图 3-10-8　完成下载

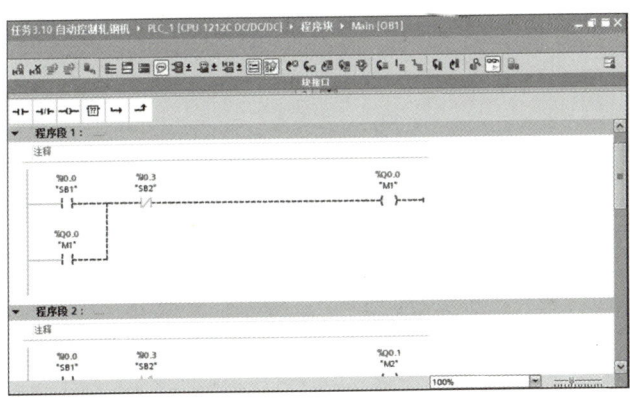

图 3-10-9　监控程序

图 3-10-10　电动机 M1、M2 运行

图 3-10-11　电动机 M3 正转 　　　　　图 3-10-12　电动机 M3 反转

按下启动按钮，电动机 M1、M2 运行，指示灯 L1、L2 点亮；若有无钢板的传感器 S1 为 ON 状态（表示有钢板），则电动机 M3 正转，指示灯 L3 点亮，并使 S1 为 OFF 状态。

若检测传送带上钢板是否到位的传感器 S2 为 ON 状态（表示钢板到位），则电磁阀 YV 动作，指示灯 L5 点亮。电动机 M3 反转，指示灯 L4 点亮，并使 S2 为 OFF 状态。如此循环 3 次，停车 10 s，取出成品并计一次成品数，然后继续运行。若按下停止按钮，则在当前的工件加工完毕后停机。这样就可以实现自动轧钢机的控制了。

3.10.6　任务指导

1. 程序设计

本任务采用经验设计法进行程序设计。下面分析实现本任务的编程思路。

（1）自锁控制

要实现按下启动按钮后，两台电动机连续传送钢板，可以利用电动机连续运行中的自锁环节，根据本项目的启动元件和控制对象，加以修改完成，如图 3-10-13 所示。

图 3-10-13　自锁控制梯形图

（2）互锁控制

自动控制轧钢机实现钢板的往复运动这一工作由电动机 M3 的正反转实现，即可以使用电动机正反转控制中的程序，结合自动控制轧钢机中的往复运动条件和停止条件加以修改实现，如图 3-10-14 所示。

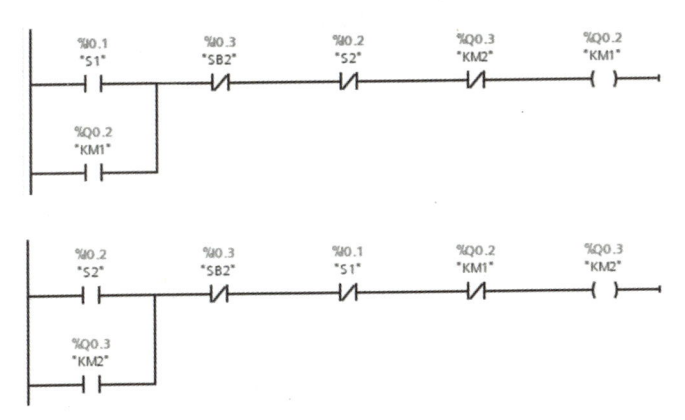

```
       %I0.1    %I0.3    %I0.2    %Q0.3    %Q0.2
       "S1"     "SB2"    "S2"     "KM2"    "KM1"
   ────┤ ├──┬──┤/├──────┤/├──────┤/├──────( )────
           │
       %Q0.2│
       "KM1"│
   ────┤ ├──┘


       %I0.2    %I0.3    %I0.1    %Q0.2    %Q0.3
       "S2"     "SB2"    "S1"     "KM1"    "KM2"
   ────┤ ├──┬──┤/├──────┤/├──────┤/├──────( )────
           │
       %Q0.3│
       "KM2"│
   ────┤ ├──┘
```

图 3-10-14　互锁控制梯形图

2. 创建变量表并编写程序

（1）创建变量表

① 创建程序。进入软件后，第一步要创建变量表，如图 3-10-15 所示。

② 设定用于启动和停止程序的输入地址变量 I0.0 和 I0.3，以及钢板有无的传感器和钢板到位的传感器的输入地址变量 I0.1 和 I0.2，如图 3-10-16 所示。

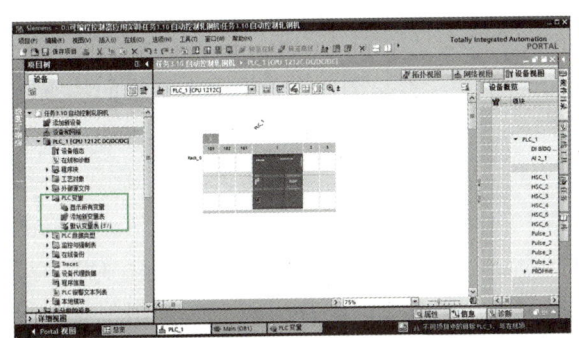

图 3-10-15　创建变量表　　　　　　　图 3-10-16　输入地址变量

③ 设定电动机 M1、电动机 M2、电动机 M3 正转、电动机 M3 反转和电磁阀 YV 的输出地址变量 Q0.0~Q0.4，共 5 个位变量，如图 3-10-17 所示。

④ 设置完变量后，就可以进入程序编写环节了。

（2）编写程序

① 双击"程序块"中的 Main（主程序）选项，如图 3-10-18 所示，进入程序编辑模式。

② 程序段 1、2。程序段 1、2 实现的功能是电动机 M1、M2 的启动和停止，它有一个启保停电路，如图 3-10-19、3-10-20 所示。

图 3-10-17 输出地址变量

图 3-10-18 "Main"选项

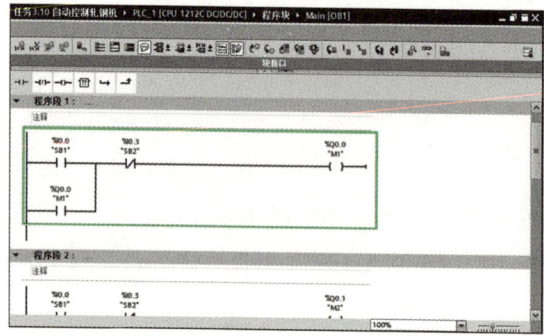

图 3-10-19 程序段 1

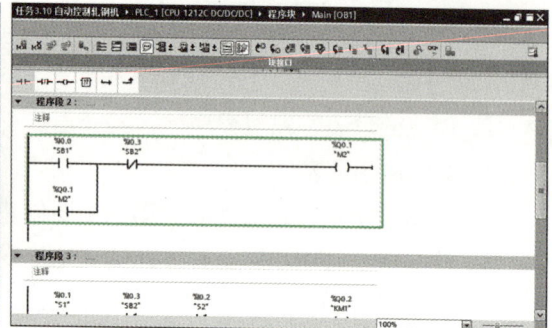

图 3-10-20 程序段 2

③ 程序段 3。程序段 3 实现电动机 M3 的正转控制。若检测传送带上有无钢板的传感器 S1（I0.1）为 ON 状态（表示有钢板），则 Q0.2 工作，电动机 M3 正转，并使 S1（I0.1）为 OFF 状态，如图 3-10-21 所示。

④ 程序段 4。程序段 4 用于实现电动机 M3 的反转和电磁阀 YV 工作的控制。若检测传送带上钢板到位的传感器 S2（I0.2）为 ON 状态（表示钢板到位），则 Q0.3、Q0.4 工作，电磁阀 YV 工作，同时电动机 M3 反转，并使 S2（I0.2）为 OFF 状态，如图 3-10-22 所示。

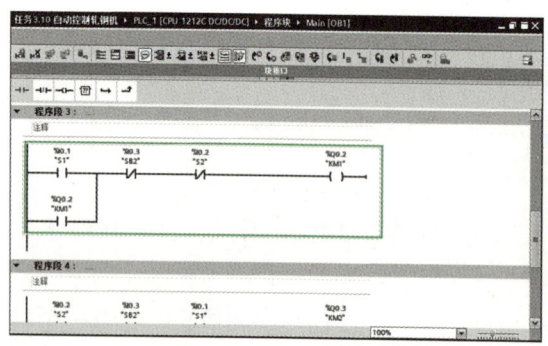

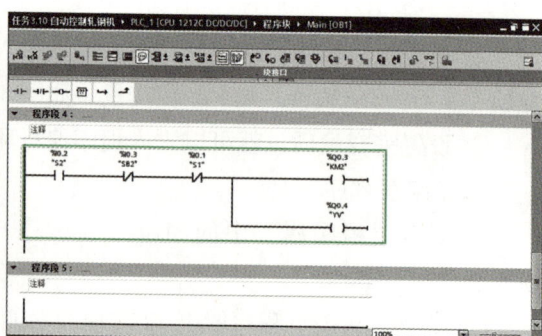

图 3-10-21 程序段 3

图 3-10-22 循环左移指令

3.10.7 思考题

1. 数字量输入模块通常和什么电器元件连接？数字量输出模块通常和什么电器元件连接？
2. 可编程控制器主要用在哪些场合？

任务 3.11　电动机多段速运行控制

3.11.1　任务目标

1. 根据任务要求能够制定实现电动机多段速运行的控制方案。
2. 学会应用计数器指令和比较指令对电动机的转速进行控制。
3. 能够完成电动机多段速运行控制的硬件安装及硬件组态。
4. 能够编制电动机多段速控制程序及系统调试。

3.11.2　任务导入

为了满足生产的需要，电气传动技术通常要对电动机的转速进行控制，所以各种类型的交流电动机调速系统应运而生。随着电力电子技术和自动控制技术的日益发展，电动机的调速已经从继电器控制时代发展到今天的变频器控制调速，最为常见的方法是由 PLC 控制变频器实现电动机转速的自动控制。

3.11.3　任务要求

利用 PLC 控制 MM440 变频器实现电动机七段速周期运转。具体要求如下：
① 系统通电后，按下启动按钮，系统开始运行。
② 每按一次速度按钮，变频器输出频率改变一次（10 Hz，20 Hz，50 Hz，30 Hz，-10 Hz，-20 Hz，-50 Hz），电动机转速相应改变，共七段速度。
③ 按下停止按钮，电动机停止运行。

3.11.4　任务准备

① 安装有 TIA 博途软件的计算机。
② 使用 S7-1200 实验箱电动机多段速运行控制控制模块，若不具备实验箱，也可以使用 S7-1200 PLC、按钮和指示灯模拟。
③ 连接导线及以太网线。
④ 常用电工工具。
⑤ 熟悉计数器指令和比较指令的用法。

3.11.5 任务实施及步骤

S7-1200 PLC 电动机多段速控制系统的实现主要步骤包括：硬件连接、设备组态、PLC 编程、系统调试等步骤。

1. 端口分配及硬件连接

（1）I/O 端口分配表

彩灯变幻控制系统 I/O 端口分配及功能见表 3-11-1。

表 3-11-1　I/O 端口分配及功能表

输入			输出		
名称	PLC 端口	功能	名称	PLC 端口	功能
SB1	I0.0	停止按钮	5	Q0.0	变频器 5 号端子
SB2	I0.1	启动按钮	6	Q0.1	变频器 6 号端子
SB3	I0.2	速度选择按钮	7	Q0.2	变频器 7 号端子

（2）硬件连接

本任务使用 S7-1200 PLC 实验箱实现。按接线图将实验箱上的连接线一一连接，完成硬件连接，如图 3-11-1、图 3-11-2 所示。完成的接线情况如图 3-11-3 所示。

（3）变频器相关参数

由变频器知识可知，七段速对应的端口状态及相应输出频率参数见表 3-11-2。具体参数设置过程见表 3-11-3。

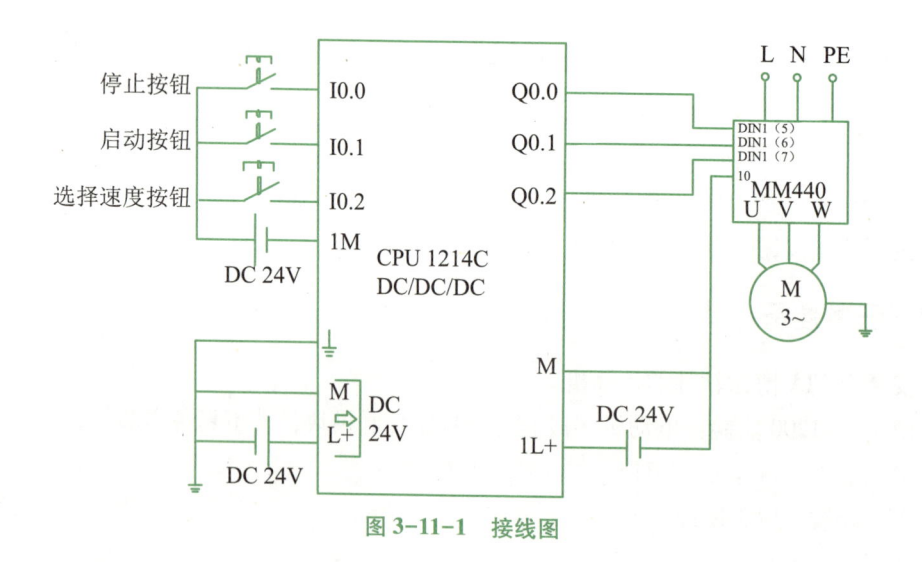

图 3-11-1　接线图

模块 3 可编程控制器的基本技能实训   151

图 3-11-2 实验设备实物图

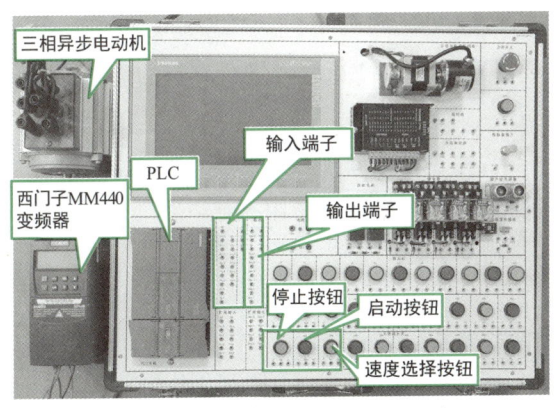

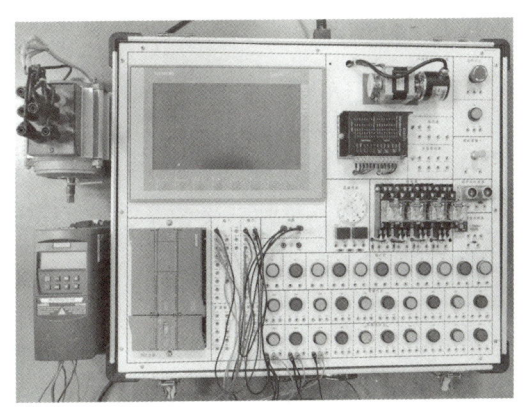

图 3-11-3 接线完成图

表 3-11-2 七段固定频率控制状态表

固定频率	7端口(Q0.2)	6端口(Q0.1)	5端口(Q0.0)	对应频率所设置的参数	频率(HZ)
1	0	0	1	P1001	10
2	0	1	0	P1002	20
3	0	1	1	P1003	50
4	1	0	0	P1004	30
5	1	0	1	P1005	−10
6	1	1	0	P1006	−20
7	1	1	1	P1007	−50

表 3-11-3 变频器设置七段固定频率控制参数表

参数号	出厂值	设置值	参数号	出厂值	设置值
P003	1	1	P003	1	2
P004	0	7	P004	0	10
P700	2	2	P1000	2	3
P003	1	2	P1001	0	10
P004	0	7	P1002	0	20
P701	1	17	P1003	0	50
P702	1	17	P1004	0	30
P703	9	17	P1005	0	−10
P704	15	17	P1006	0	−20
P003	1	1	P1007	0	−50
P004	0	10			
P1000	2	3			

2. 设备组态

完成接线后，进行设备组态。组态过程主要是利用 TIA 博途软件进行项目的创建，如图 3-11-4 所示。具体步骤如下：

① 新建项目。打开 TIA 博途软件，输入项目名称，创建新项目。

② 组态设备。添加新设备，选择具体设备和版本号，进行设备组态。

③ 下载设备。

3. 编写控制程序

① 创建变量表。进入软件后，第一步要创建变量表。

② 编写程序。输入程序块。双击"程序块"中 Main（主程序）选项，如图 3-11-16 所示，进入程序编辑模式。

4. 系统调试

结合实验设备进行程序下载、监控、运行，操作实验设备。

① 将编写好的程序下载到 PLC 中，控制变频器进行工作，如图 3-11-5 所示。检查各项准备是否符合任务要求。

② 装载程序，单击"监控"和"运行"选项，如图 3-5-6、图 3-11-7、图 3-11-8 所示。

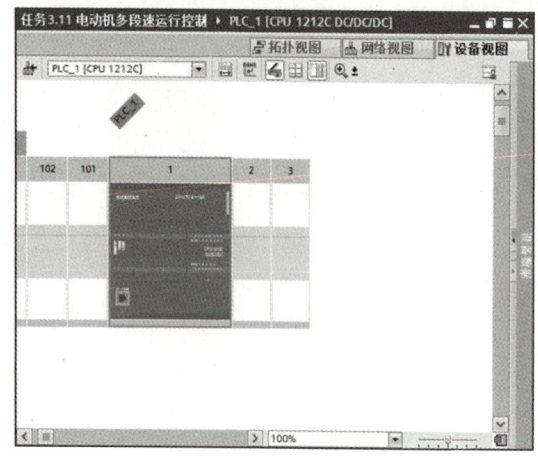

图 3-11-4　项目的创建

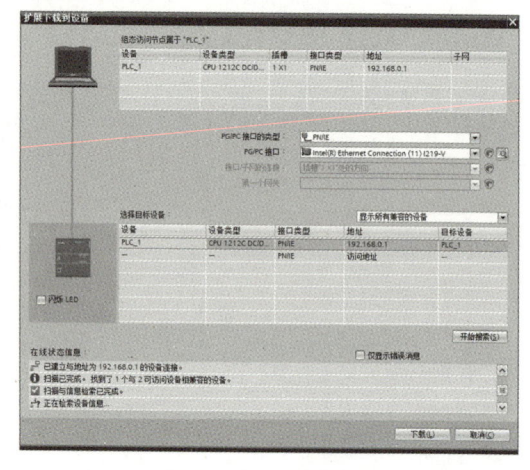

图 3-11-5　程序下载

图 3-11-6　装载程序

图 3-11-7　完成下载

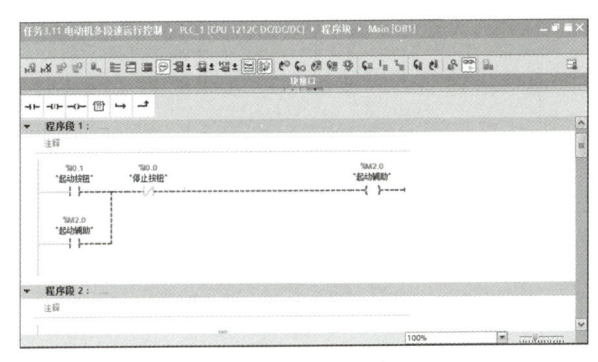

图 3-11-8 监控程序

③ 按任务要求，在实验设备上进行操作，如图 3-11-9 所示。

按下启停按钮，电机等待设置运转速度。按下按钮 SB3 一次，变频器输出频率为10 Hz，电动机低速运行，以此类推。

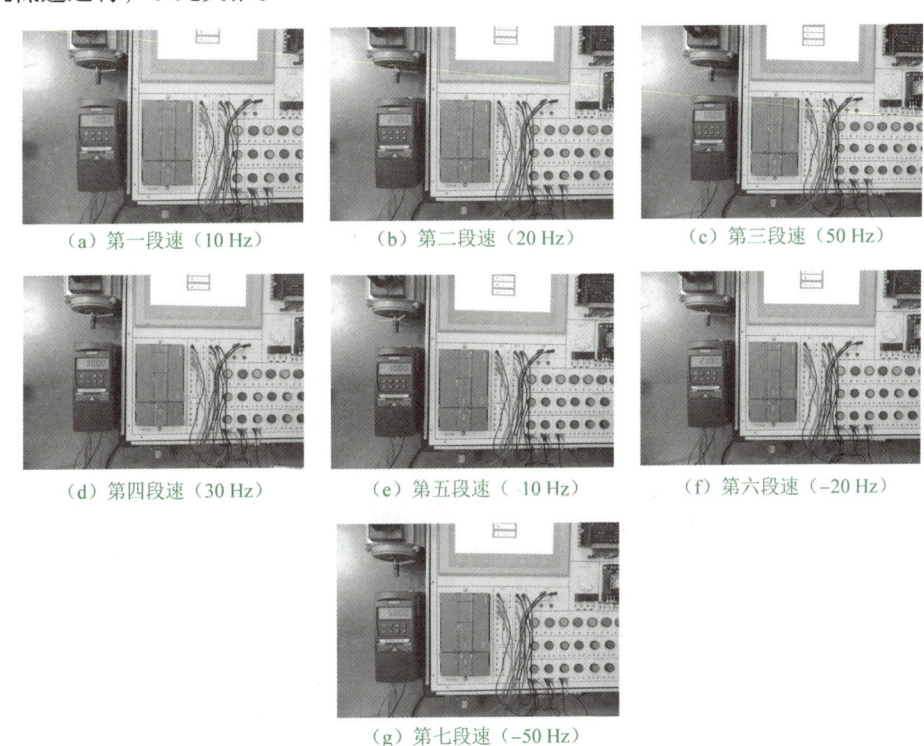

（a）第一段速（10 Hz）　（b）第二段速（20 Hz）　（c）第三段速（50 Hz）

（d）第四段速（30 Hz）　（e）第五段速（-10 Hz）　（f）第六段速（-20 Hz）

（g）第七段速（-50 Hz）

图 3-11-9 各频率下电动机转动状态

3.11.6 任务指导

1. 程序设计

本任务采用经验设计法进行程序设计。下面分析实现本任务的编程思路。

(1) 加计数器

调整电动机转速时,电动机段速可以通过加计数器记录速度选择按钮按下的次数实现,如图 3-11-10 所示。

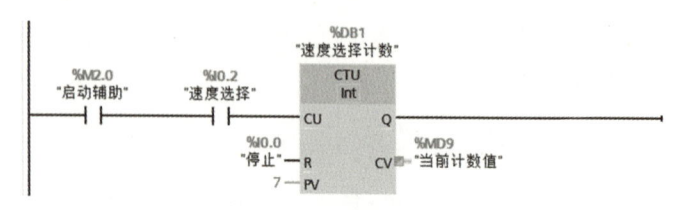

图 3-11-10 加计数器(CTU)应用

(2) 比较操作

常用比较指令如图 3-11-11 所示,可以用来判断两组数据的大小关系。

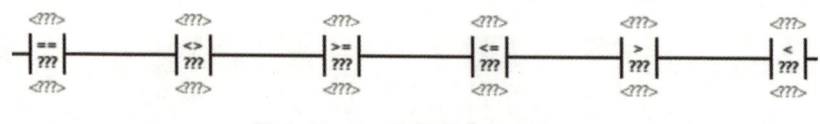

图 3-11-11 比较指令(CMP)

利用这些指令,可以在程序中实现,在计数器记录的当前段速下,控制变频器 5、6、7 端子的 Q0.0、Q0.1、Q0.2 输出点只有部分工作,从而实现变频器段速控制。

2. 创建变量表并编写程序

(1) 创建变量表

① 创建程序。进入软件后,第一步要创建变量表,如图 3-11-12 所示。

② 设定启动、停止和速度选择的输入地址变量为 I0.0、I0.1 和 I0.2,如图 3-11-13 所示。

③ 创建用于控制变频器的输出地址变量 Q0.0、Q0.1 和 Q0.2,如图 3-11-14 所示。

④ 设定在程序编写中需要用到的中间变量,如用于辅助保持启动状态的 M2.0,用于存储计数器当前计数值的 MD9,如图 3-11-15 所示。

⑤ 设置完变量后,就可以进入程序编写环节了。

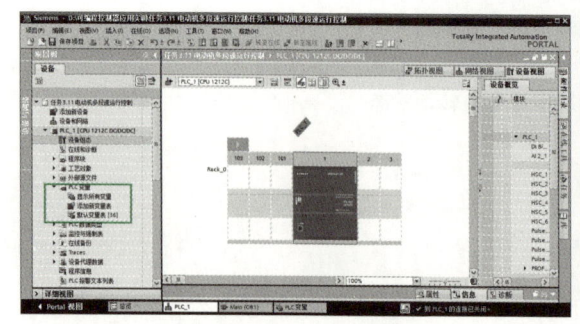

图 3-11-12 创建变量表

图 3-11-13 输入地址变量

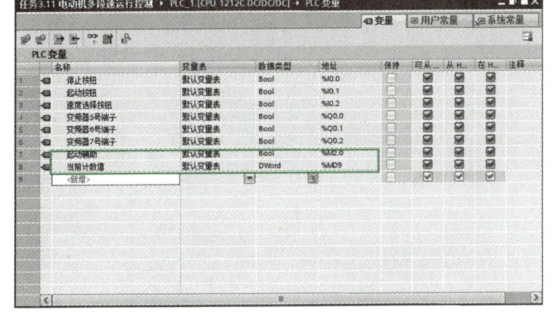

图 3-11-14　输出地址变量　　　　　　　图 3-11-15　中间变量

(2) 编写程序

① 输入程序块。双击"程序块"中的 Main（主程序）选项，如图 3-11-16 所示，进入程序编辑模式。

图 3-11-16　"Main"选项

② 程序段 1。程序段 1 要实现系统的启动和停止控制，通过经验设计法，采用启保停结构可以完成该功能，如图 3-11-17 所示。

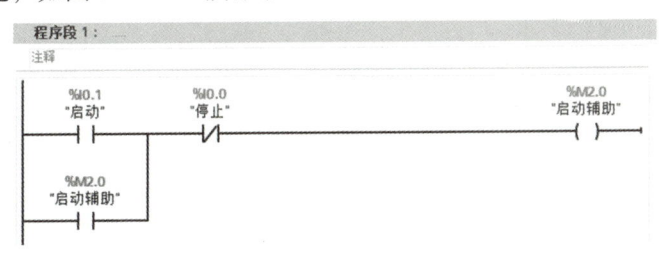

图 3-11-17　程序段 1

③ 程序段 2。程序段 2 为使电动机转速能根据速度选择按钮操作而变化，可以利用计数器记录速度选择按钮 I0.2 按下的次数，作为下一步控制输出点动作的依据，如图 3-11-18 所示。

④ 程序段 3。程序段 3 运用比较指令判断控制变频器 5 号端子的输出点 Q0.0，在速度选择按钮按下第几次时可以动作。由表 3-11-2 可知，在按钮按下第 1、3、5、7 次时，变

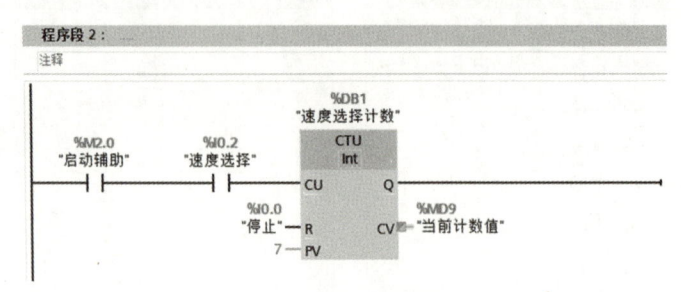

图 3-11-18　程序段 2

频器 5 号端子应该动作。由经验设计法，可以采用并联结构，使用比较指令＝＝，使计数值 MD9＝1、3、5、7 时，驱动 Q0.0 线圈工作，如图 3-11-19 所示。

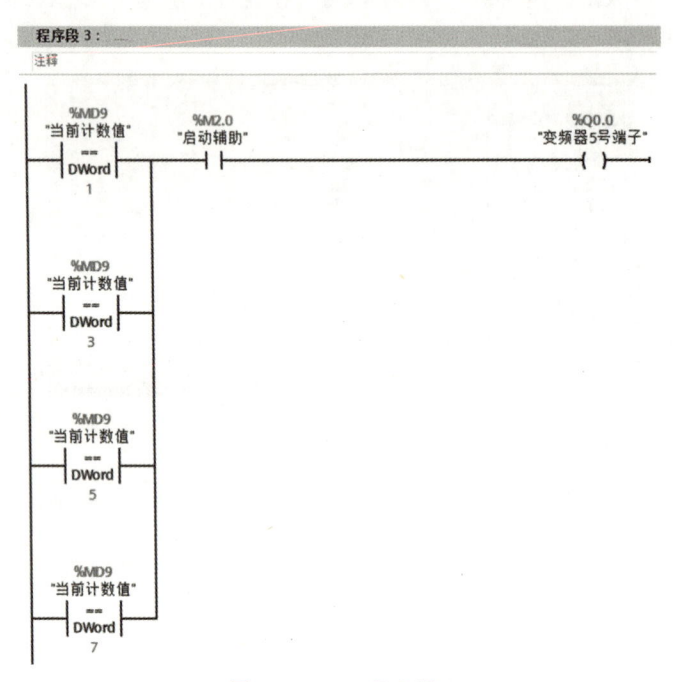

图 3-11-19　程序段 3

⑤ 程序段 4。同理可知，在按钮按下第 2、3、6、7 次时，变频器 6 号端子应该动作。同样，可以采用并联结构，使用比较指令＝＝，使计数值 MD9＝2、3、6、7 时，驱动 Q0.1 线圈工作，如图 3-11-20 所示。

⑥ 程序段 5。由表 3.11.2 可知，在按钮按下第 4~7 次时，变频器 5 号端子应该动作。可以使用比较指令＞＝和＜＝，使计数值 MD9＞＝4 并且 MD9＜＝7 时，驱动 Q0.2 线圈工作，如图 3-11-21 所示。

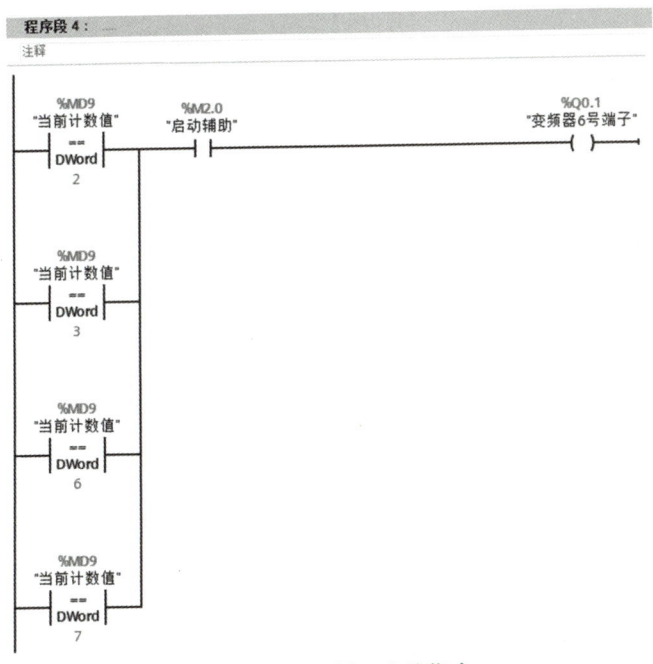

图 3-11-20　循环左移指令

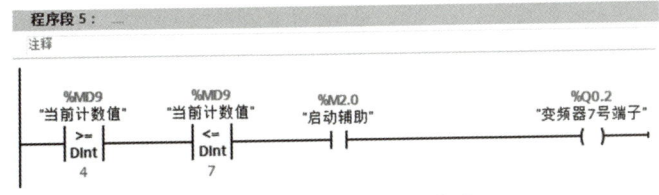

图 3-11-21　循环右移指令

3.11.7　思考题

1. 请写出 PLC 在运行的过程中，CPU 执行的步骤。
2. MM440 变频器通过外接数字量给定的有几种方法。

任务 3.12　电动机控制系统人机界面的设计

3.12.1　任务目标

1. 熟练使用 TIA 博途编程软件。
2. 学会人机界面的画面编制和参数设定方法。
3. 能够根据任务要求完成硬件安装及硬件组态。
4. 学会使用变量将 PLC 和 HMI 连接起来共享数据的方法。
5. 能够根据任务要求编制电动机控制程序及系统调试。

3.12.2 任务导入

在生产生活中，我们经常使用自动设备帮助完成相应的工作任务，那么人们是如何与机械设备进行交互，控制机械设备运行的呢？在传统控制系统中我们经常使用按钮、开关等电器进行设备的交互和操控。随着时代的发展，机械设备的控制也越来越方便，人机交互的方式有了很大变化，很多设备采用了较为先进的触摸屏进行监视和控制。

3.12.3 任务要求

本任务将使用西门子研发的 KTP900 Basic 型触摸屏，学习该设备控制画面上的基本元件制作，以及设备的联机通信和调试。任务要求设计一个电动机控制系统，该系统由直流电动机、触摸屏和 PLC 控制部分构成，要求通过触摸屏上的按钮、时间设定等元件，控制 PLC 内部的程序运行，从而控制直流电动机的启停和运行时间。要求触摸屏上有启动按钮、停止按钮，可以通过 PLC 控制直流电动机的启停。触摸屏上有电动机状态指示，可以反馈当前电动机的工作状态，时间显示单元显示电动机已经启动运行的时间，时间设定单元用于设定电动机的工作时长。触摸屏的画面要求如图 3-12-1 所示。

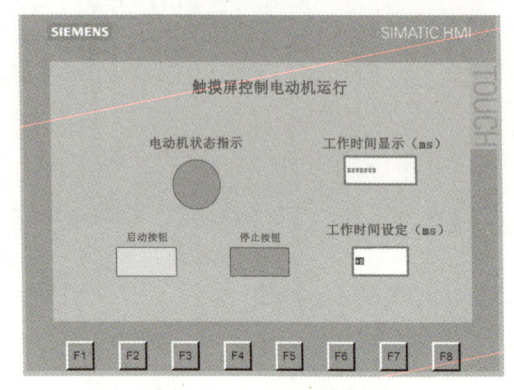

图 3-12-1 触摸屏画面

具体要求如下：

① 启动按钮、停止按钮均为常开。

② 按下启动按钮后，电动机运行开始 10 s 后自动停止，电动机运行时工作时间显示框显示电动机已运行的时长（单位：ms）。

③ 按下工作时间设定框可以设定电动机的运行时间长度（单位：ms）。

④ 运行时按停止按钮电动机停止工作。

3.12.4 任务准备

① 安装有 TIA 博途软件的计算机。

② 使用 S7-1200 实验箱 KTP900 触摸屏，若不具备相应条件，也可以使用 S7-1200 PLC、其他品牌触摸屏替代。

③ 连接导线及以太网线。

④ 常用电工工具。

⑤ 熟悉触摸屏的内容及使用方法。

3.12.5 任务实施及步骤

电动机人机界面控制系统主要步骤包括：硬件连接、设备组态、PLC 编程、系统调试等。

1. 端口分配及硬件连接

（1）I/O 端口分配表

电动机人机界面控制系统 I/O 端口分配及功能见表 3-12-1。

表 3-12-1　I/O 端口分配及功能表

输入			输出		
名称	PLC 端口	功能	名称	PLC 端口	功能
			继电器 KA	Q0.0	继电器控制电动机

（2）硬件连接

本任务使用 S7-1200 PLC 实验箱实现。按接线图将实验箱上的连接线一一连接，完成硬件连接，如图 3-12-2、图 3-12-3 所示。完成的接线情况如图 3-12-4 所示。

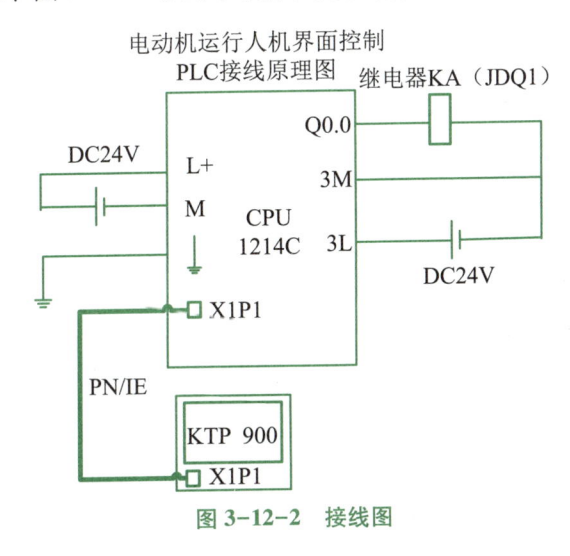

图 3-12-2　接线图

2. 设备组态

- 完成接线后，进行设备组态。组态过程主要是利用 TIA 博途软件进行项目的创建，并进行基本的设置，步骤如下。

① 新建项目。打开 TIA 博途软件，输入项目名称，创建新项目，如图 3-12-5 所示。

② 组态设备。添加新设备，选择具体设备和版本号，进行设备组态。选择的设备包括 PLC、触摸屏。在网络视图中将 PLC 和触摸屏进行连接，如图 3-12-6 所示。

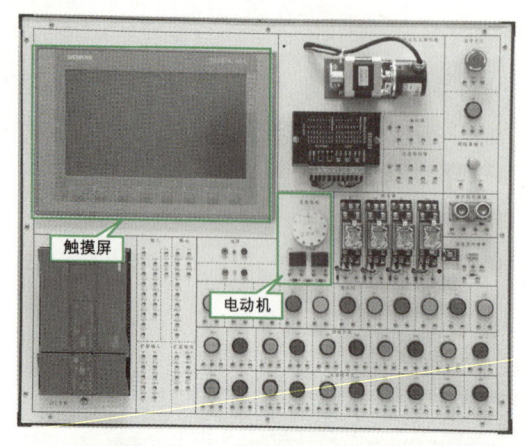

图 3-12-3　实验设备实物图

图 3-12-4　接线完成图

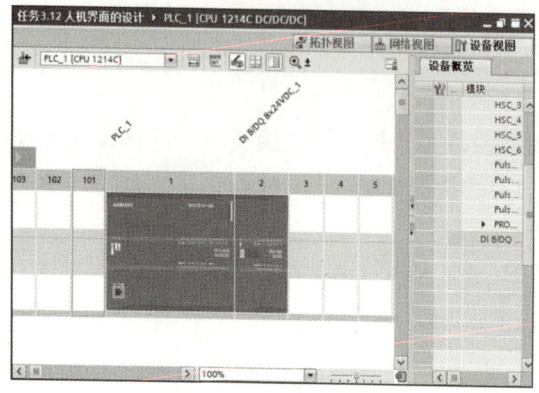

图 3-12-5　项目的创建

图 3-12-6　连接 PLC 和 HMI

③ 地址设置。在"设备组态—设备视图"中选择"PROFINET 接口［X1］"下"常规"页签中的以太网地址，配置 PLC 的 IP 地址和子网掩码，如图 3-12-7 所示。

在 HMI 常规窗口选择"PROFINET 接口［X1］"中"常规"页下的以太网地址中配置 IP 地址和子网掩码，如图 3-12-8 所示。

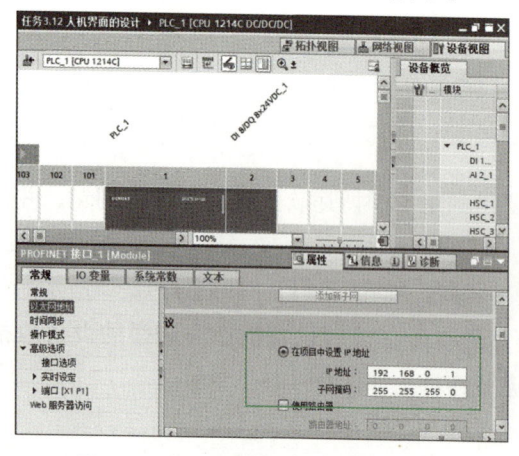

图 3-12-7　配置 PLC 以太网地址

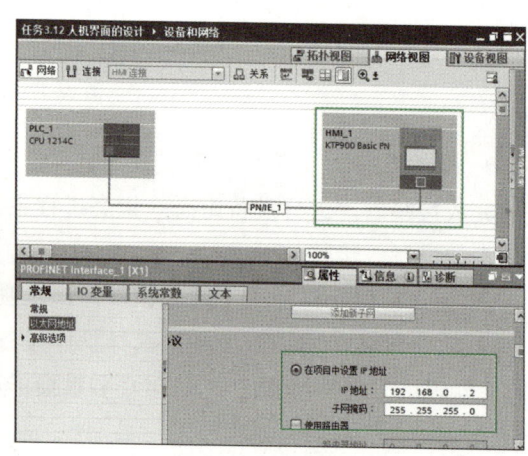

图 3-12-8　配置 HMI 以太网地址

④ 下载设备。

3. 编写控制程序

① 创建变量表。进入软件后，第一步要创建变量表。

② 编写程序。输入程序块。双击"程序块"中的 Main（主程序）选项，进入程序编辑模式。

4. 系统调试

结合实验设备进行程序下载、监控、运行，操作实验设备。

① 将编写好的程序下载到 PLC 中，控制设备进行工作，如图 3-12-9 所示。检查各项准备是否符合任务要求。

② 装载程序，单击"监控"和"运行"选项，如图 3-12-10、图 3-12-11、图 3-12-12 所示。

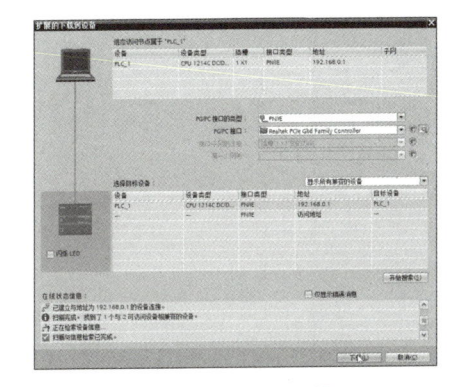

图 3-12-9　程序下载

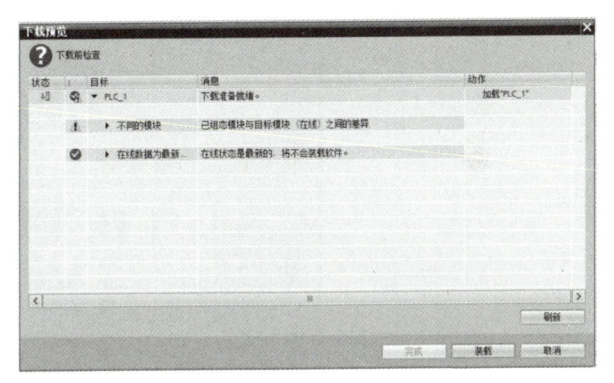

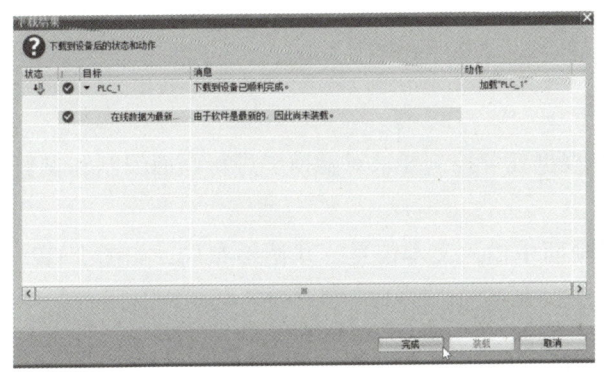

图 3-12-10　装载程序

图 3-12-11　完成下载

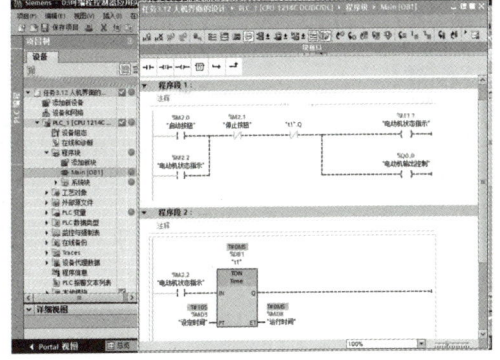

图 3-12-12　监控程序

③ 按任务要求，在实验设备上进行操作，如图 3-12-13、图 3-12-14、图 3-12-15 所示。按下触摸屏上的启动按钮，电动机开始工作，电动机状态指示灯变为绿色，时间显示窗口开始计时，默认工作时间为 10 s，时间可以通过时间设定框设置。工作过程中按下停止按钮电动机立即停止运行。

162　可编程控制器应用实训

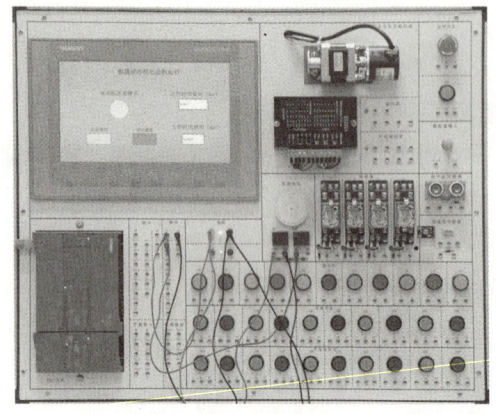

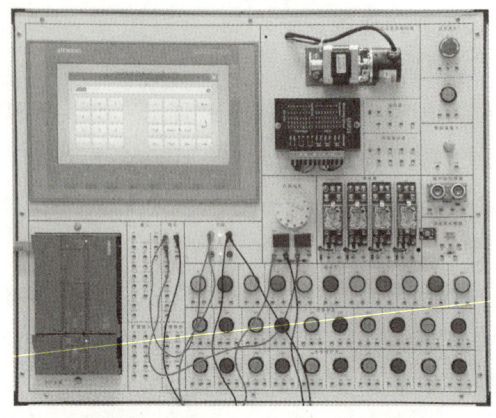

图 3-12-13　启动工作

图 3-12-14　设定工作时间

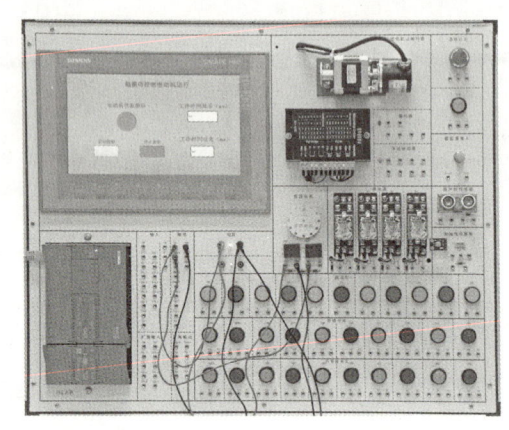

图 3-12-15　停止工作

知识拓展

人机界面组态与应用

3.12.6　任务指导

1. 程序设计

本次任务需要使用触摸屏,根据任务控制要求对触摸屏进行画面编制和参数设定。

① 根据设计要求在触摸屏画面中输入文本信息,并调整布局,如图 3-12-16 所示。

图 3-12-16　输入文本信息

② 在画面中添加圆形符号，制作指示灯，如图 3-12-17 所示。
③ 在属性布局中设置圆形符号的位置和半径，如图 3-12-18 所示。

图 3-12-17　添加圆形符号制作指示灯 　　　图 3-12-18　设置圆形符号位置和大小

④ 在动画项目显示栏目中选择设置圆形指示灯的外观为动态化颜色和闪烁，如图 3-12-19 所示。

⑤ 在变量框中选择 PLC 默认变量表并设置指示灯对应的 PLC 变量%M2.2，设置指示灯范围值和颜色变化，0 对应红色，1 对应绿色，其他均为默认。这样工作时指示灯通电显示为绿色，断电显示为红色，如图 3-12-20 所示。

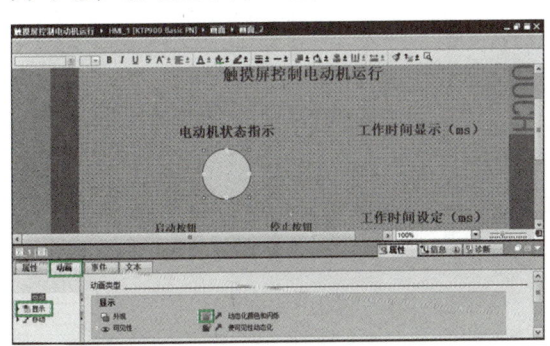

图 3-12-19　设置指示灯外观 　　　图 3-12-20　设置指示灯对应变量和颜色

⑥ 将元素按钮拖入画面合适位置，在按钮"属性"页签下设置背景颜色为绿色，如图 3-12-21 所示。

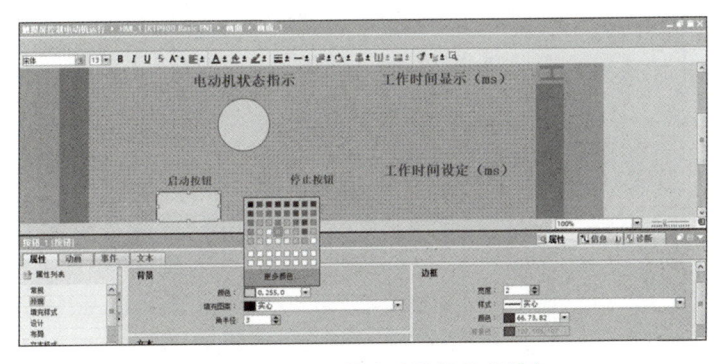

图 3-12-21　设置启动按钮的背景色

⑦ 在按钮的"属性"页签下的"布局"选项中设置按钮的位置和大小，如图 3-12-22 所示。

⑧ 在按钮事件选项中选择"按下"选项，选择"添加函数"选项，选择"编辑位"选项，选中"按下按键时置位位"选项，如图 3-12-23 所示。

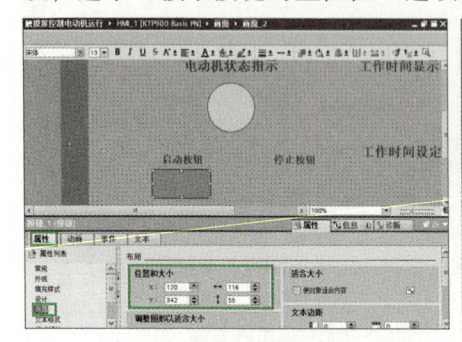

图 3-12-22　设置按钮的位置和大小　　　　图 3-12-23　设置按钮函数

⑨ 在按钮事件中单击"变量（输入/输出）"选项，在弹出的菜单中选择 PLC 变量，在默认变量表中选择%M2.0，如图 3-12-24 所示。

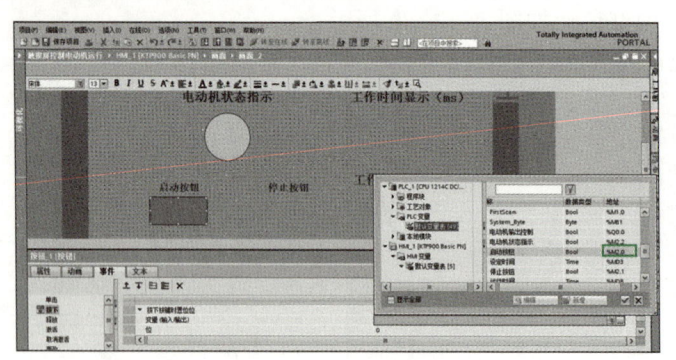

图 3-12-24　设置按钮变量

⑩ 停止按钮的制作过程与启动按钮类似，所不同的是按钮背景色为红色，对应变量为%M2.1，如图 3-12-25 所示。

图 3-12-25　制作停止按钮

⑪ 制作时间显示框，将 IO 域拖入到"工作时间显示"下方，如图 3-12-26 所示。
⑫ 在 IO 域的属性项中选择布局并设置位置和大小，如图 3-12-27 所示。

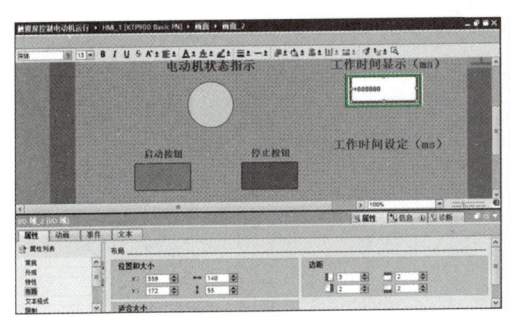

图 3-12-26　拖入 IO 域

图 3-12-27　设置 IO 域的位置和大小

⑬ 在"IO 域"的"属性"菜单中选择"常规"项，并选择"过程进行变量设置"选项，在弹出的菜单中选择"PLC 变量-默认变量表-%MD8"，如图 3-12-28 所示。

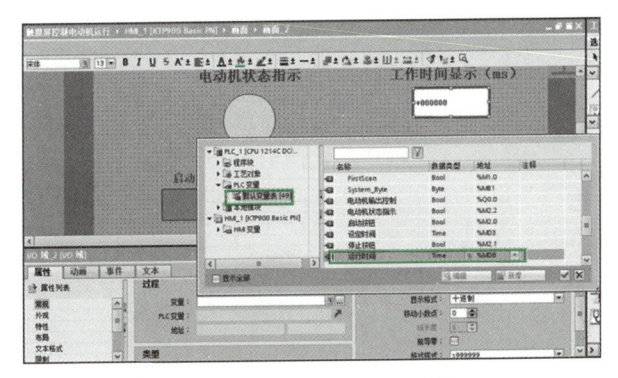

图 3-12-28　设置 IO 域变量

⑭ 找到 IO 域属性中的"常规"选项，将其中的类型模式设置为输出，如图 3-12-29 所示。

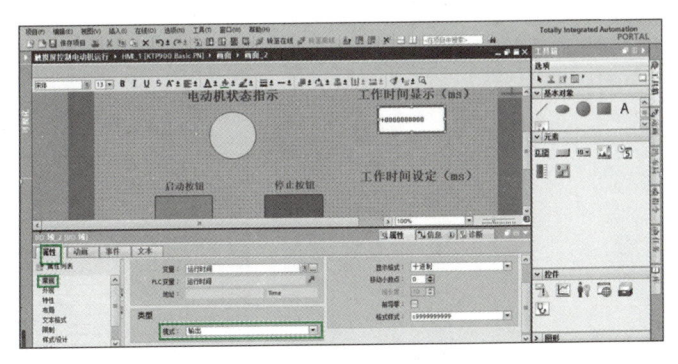

图 3-12-29　设置 IO 域类型为输出

⑮ 工作时间设定框的制作与工作时间显示的制作类似，区别在于对应变量设置为%MD3，IO 域类型为输入，如图 3-12-30 和 3-12-31 所示。

图 3-12-30　设置 IO 域变量为%MD3

图 3-12-31　设置 IO 域类型为输入

2. 创建变量表并编写程序

（1）创建变量表

① 进入软件后，第一步要创建变量表，如图 3-12-32 所示。

② 设定用于启动和停止程序的输入地址变量 M2.0 和 M2.1，如图 3-12-33 所示。

图 3-12-32　创建变量表

图 3-12-33　输入地址变量

③ 设定输出地址变量 Q0.0。

④ 设定中间变量，包括用于表示电动机状态的 M2.2，用于设定时间的 MD3，显示运行时间的 MD8。

⑤ 设置完变量后，就可以进入程序编写环节了。

（2）编写程序

输入程序块。双击"程序块"中的 Main（主程序）选项，进入程序编辑模式。

本次程序编写并不复杂，使用启保停电路和定时器即可完成，难点在于使用变量把 PLC 和 HMI 连接起来共享数据。因此需要事先规划好触摸屏中元件需使用的变量，并在编写 PLC 程序时使用这些变量进行程序的编写，这样在操作触摸屏上的元件时就可以通过这些变量传递两个设备之间的数据了，如图 3-12-34 所示。

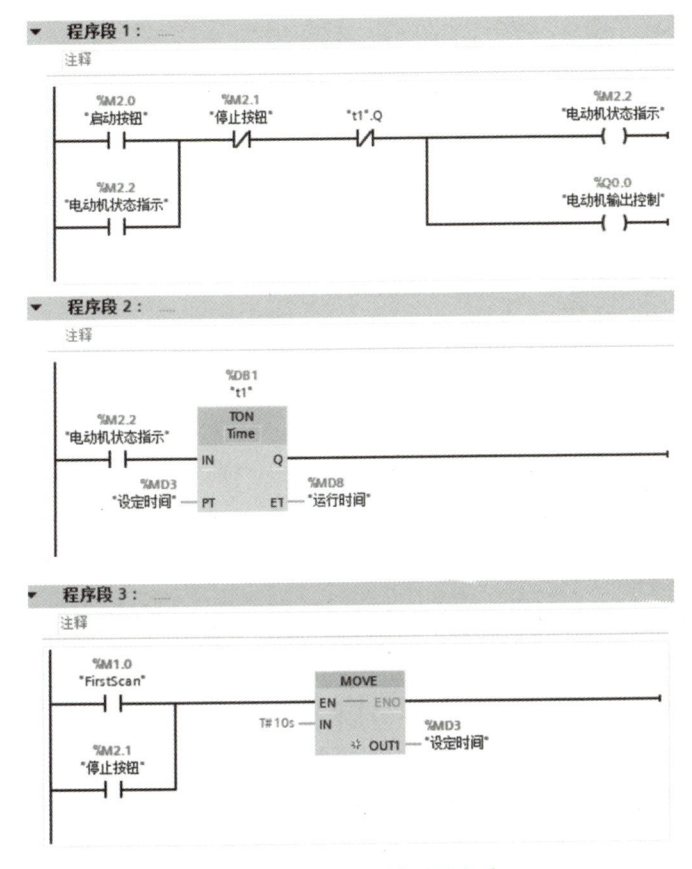

图 3-12-34　编制梯形图程序

3.12.7　思考题

1. S7-1200 PLC 与 HMI 设备组态时以太网地址如何设置？
2. 什么是 HMI 设备变量，使用时要注意哪些地方？

实训要求

1. 操作并观察系统的运行,做好运行及调试记录。
2. 归纳并记录 PLC 与外部设备的接线过程及注意事项。
3. 归纳并记录设备组态的设置过程及注意事项。
4. 归纳在使用触摸屏时组态过程中 PLC 和触摸屏的连接方法。
5. 总结 PLC 指令的编程用法及注意事项。
6. 总结在人机界面的设计中画面编制和参数设定方法。
7. 总结程序设计方法的使用经验。
8. 尝试用其他方法编写程序,实现新的控制方法。
9. 完成实训报告一份。

实训注意事项

1. 接线时必须切断电源。
2. 需认真看懂原理图才可开始接线。
3. 实验箱上面板电源通过导线连接电源接孔获得。
4. 接电前必须经检查无误后,才能通电操作。
5. 实训前按任务准备要求,复习相关理论知识。
6. 保持安全、文明操作。

模块小结

本模块共有 12 个实际的工程实训任务,通过任务的实施,学习可编程控制器技术在实际生产的应用。移植替换设计法保持了系统原有的外部特性,而且符合操作人员的操作习惯,具有一定的实用性。经验设计法没有普遍的规律可循,设计所用的时间、设计的质量与编程者的经验有很大的关系,所以被更多地用于程序的改造以及现场程序的调试,具有很好的灵活性和实用性。使用顺序控制设计法时首先根据系统的工艺过程,画出状态转换图,然后根据状态转换图画出梯形图,在具有选择或分支结构的程序中,采用顺序控制设计法具有明显的优越性。通过本模块的实训,学习者能够获得可编程控制器控制系统的设计经验以及基本技术的训练,提升可编程控制器技术的应用能力及现场维护能力。

模块 4
可编程控制器的典型应用实训

学习目标

1. 能够叙述可编程控制器控制系统设计的基本原则。
2. 根据控制要求能够制定复杂可编程控制器控制系统的控制方案。
3. 能够运用可编程控制器模拟量控制技术实现典型开环系统的控制。
4. 根据控制方案能够装配可编程控制器控制系统的硬件系统。
5. 能够使用 TIA 博途软件创建一个完整的项目并完成程序编写。
6. 能够使用 TIA 博途软件调试控制程序。
7. 根据控制要求能够实现自动化生产线人机界面的设计及组态。
8. 领会安全文明生产要求。

学习任务

1. 根据任务要求运用顺序控制设计法和顺序功能图对机械手控制系统进行控制。
2. 运用全局数据块的功能及编程方法实现自动生产线物料加工的控制。
3. 根据任务要求使用变频器实现模拟量控制的电机开环调速控制。
4. 根据任务要求使用触摸屏实现自动化生产线人机界面的设计和组态。

学习建议

本模块围绕 4 个典型工程应用，以任务实施的方式展开。内容涉及逻辑控制、运动控制、模拟量控制、人机界面等工程应用。在学习时要关注如何在典型可编程控制器控制系统设计中根据控制对象的控制要求制定控制方案、选择 PLC 机型、进行 PLC 的外围硬件电路设计以及 PLC 程序的设计、调试。首先通过观看视频教材领会控制系统硬件、软件的设计方法，并阅读文字教材学习知识点的指导，再参与任务的实施开展实训活动，更重要的是必须经过反复实践，深入生产现场，将积累的经验应用到设计中来，并尝试团队合作开展工程技术的创新创业活动。

关键词

典型工程应用、机械手控制、物料加工控制、开环调速控制、人机界面。

任务 4.1　机械手控制系统的实现

4.1.1　任务目标

1. 根据任务要求能够制定实现机械手控制系统的控制方案。
2. 熟练掌握顺序控制设计法和顺序功能图的用法。
3. 能够完成机械手控制系统的硬件安装及硬件组态。
4. 能够编制机械手控制程序及系统调试。

4.1.2　任务导入

随着社会经济的飞速增长和科学技术的进步，机械手在工业领域的应用越来越广泛。机械手感知不到疲惫和危险，并且承重量要比人手大得多，能够节省人工成本投入和危险的发生，因而被广泛应用于机械制造、冶金、电子、轻工等各种领域。机械手采用可编程序控制器、传感器等，实现主体机械组件之间的协调统一，具有很好的灵活性和可靠性，解放了我们人类的双手。

4.1.3　任务要求

设计一个气动机械手控制系统，包含自动运行和复位运行两种工作模式。如图 4-1-1 所示为机械手运行示意图。控制要求如下：

① 选择开关旋转到自动运行模式，按下启动按钮，机械手从原位运行，先下降，然后手爪夹紧，机械手上升，水平伸出到位后再次下降，松开手爪再次上升，最后水平缩回实现机械手一个周期的动作。

② 若再次按下启动按钮，则开始新一轮运行。运行时按下停止按钮机械手停止工作，需进行复位运行，复位完成后才能再次按下启动按钮进行自动运行。机械手的电磁阀均采用双控电磁阀，按下停止按钮后电磁阀保持当前状态。

③ 选择开关旋转到复位运行模式，按下复位按钮，机械手回到原始位置。机械手自动运行过程中拨动选择开关，复位运行不起作用。

4.1.4　任务准备

① 安装有 TIA 博途软件的计算机。
② 使用 S7-1200 可编程序控制器及自动化生产线装配单元的机械手模块，若不具备机械手模块，也可以用按钮和指示灯模拟。
③ 连接导线及以太网线。
④ 常用电工工具。

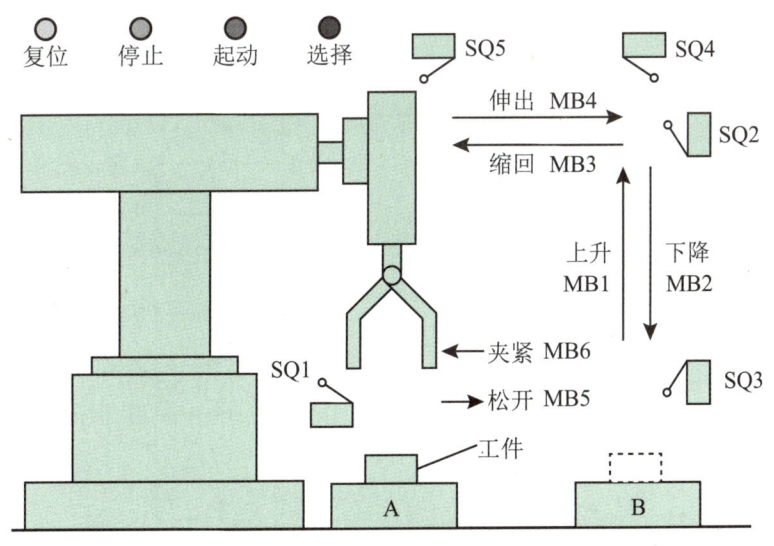

图 4-1-1 机械手运行示意图

⑤ 熟悉程序块相关知识、顺序控制设计法及顺序功能图的用法。

4.1.5 任务实施及步骤

S7-1200 可编程序控制器机械手控制系统的实现主要步骤包括：端口分配及硬件连接、设备组态、编写控制程序、系统调试等。

1. 端口分配及硬件连接

（1）I/O 端口分配表

机械手控制系统 I/O 端口分配及功能见表 4-1-1。

机械手 PLC 控制顺序功能图

表 4-1-1　I/O 端口分配及功能表

输入			输出		
名称	PLC 端口	功能	名称	PLC 端口	功能
SB1	I0.0	启动按钮	Y1	Q0.0	夹紧电磁阀
SB2	I0.1	停止按钮	Y2	Q0.1	放松电磁阀
SB3	I0.2	复位按钮	Y3	Q0.2	上升电磁阀
SA1	I0.3	选择开关	Y4	Q0.3	下降电磁阀
SQ1	I0.4	手抓限位	Y5	Q0.4	伸出电磁阀
SQ2	I0.5	上升限位	Y6	Q0.5	缩回电磁阀
SQ3	I0.6	下降限位			
SQ4	I0.7	伸出限位			
SQ5	I1.0	缩回限位			

（2）硬件连接

本任务使用自动化生产线装配系统机械手模块实现。按接线图将装配系统机械手控制的

172　可编程控制器应用实训

连接线——连接，完成硬件连接，接线图如图 4-1-2 所示。装配系统实物图如图 4-1-3 所示。完成的接线情况如图 4-1-4 所示。

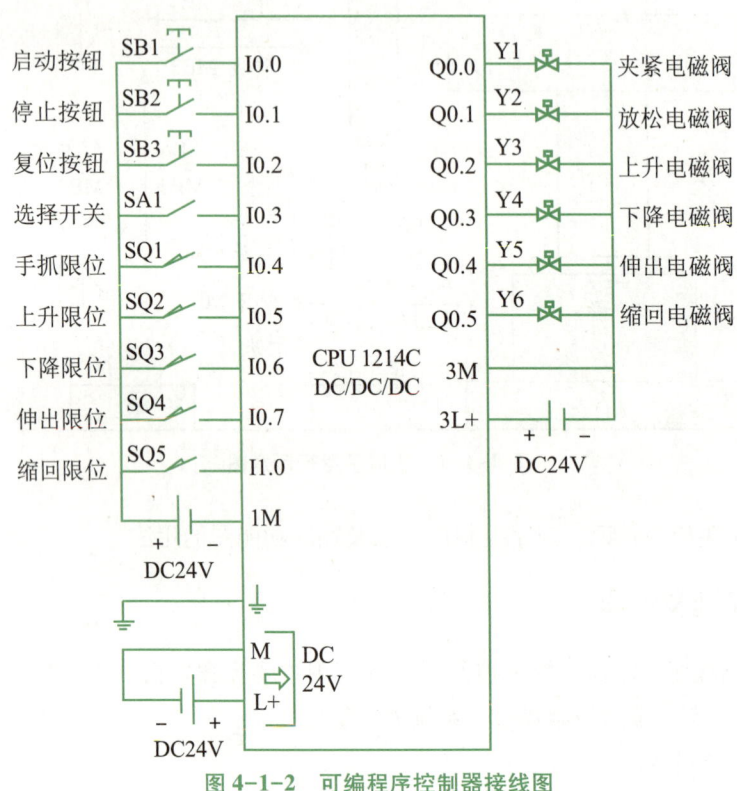

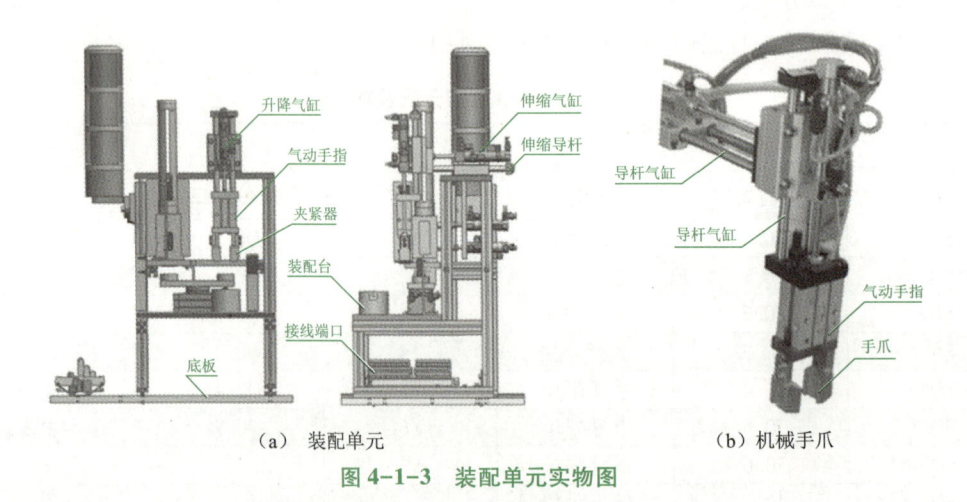

输入				输出		
启动按钮	SB1	I0.0		Q0.0	Y1	夹紧电磁阀
停止按钮	SB2	I0.1		Q0.1	Y2	放松电磁阀
复位按钮	SB3	I0.2		Q0.2	Y3	上升电磁阀
选择开关	SA1	I0.3		Q0.3	Y4	下降电磁阀
手抓限位	SQ1	I0.4		Q0.4	Y5	伸出电磁阀
上升限位	SQ2	I0.5		Q0.5	Y6	缩回电磁阀
下降限位	SQ3	I0.6	CPU 1214C DC/DC/DC	3M		
伸出限位	SQ4	I0.7		3L+		DC24V
缩回限位	SQ5	I1.0				
		1M				
		DC24V				

图 4-1-2　可编程序控制器接线图

图 4-1-3　装配单元实物图
（a）装配单元　　（b）机械手爪

2. 设备组态

完成接线后，进行设备组态，组态过程主要是利用 TIA 博途软件进行项目的创建。具体步骤如下：

① 新建项目。打开 TIA 博途软件，输入项目名称，创建新项目，如图 4-1-5 所示。

② 组态设备。添加新设备，选择具体设备和版本号，进行设备组态，如图 4-1-6 所示。

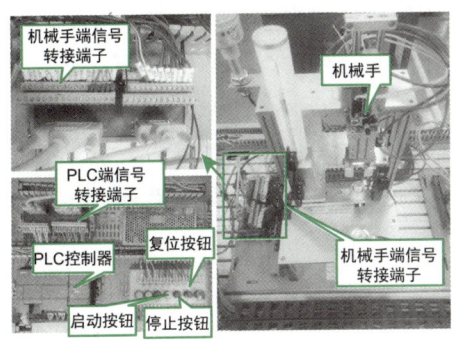

图 4-1-4 接线完成图

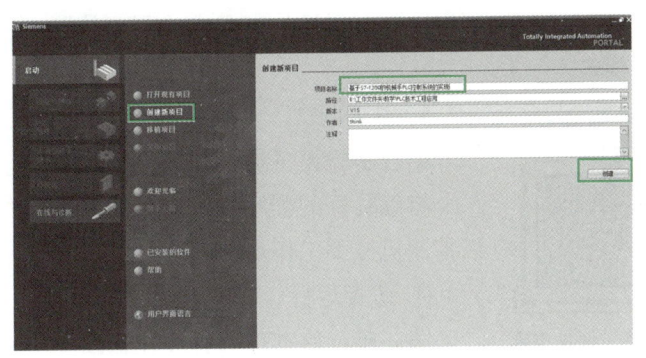

图 4-1-5 创建新项目

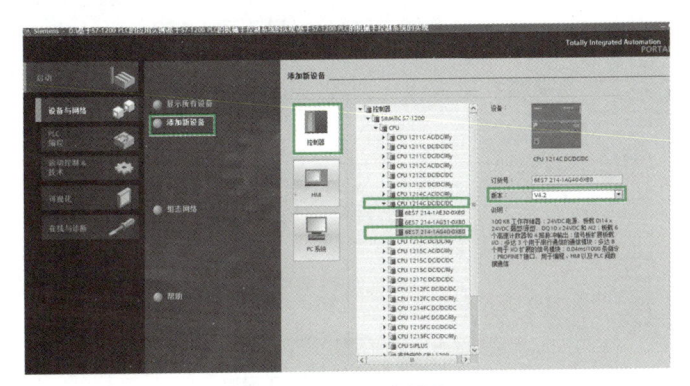

图 4-1-6 组态设备

③ 系统存储器和时钟存储器的设置。在 PLC 的"设备"视图中双击 CPU，在 CPU 的"属性"项中设置系统存储器和时钟存储器，并修改系统存储器或时钟存储器的字节地址，默认系统存储器使用 MB1，时钟存储器使用 MB0，M1.0 实现首次循环，如图 4-1-7 所示。

④ 下载设备。单击"下载"按钮，如图 4-1-8 所示。

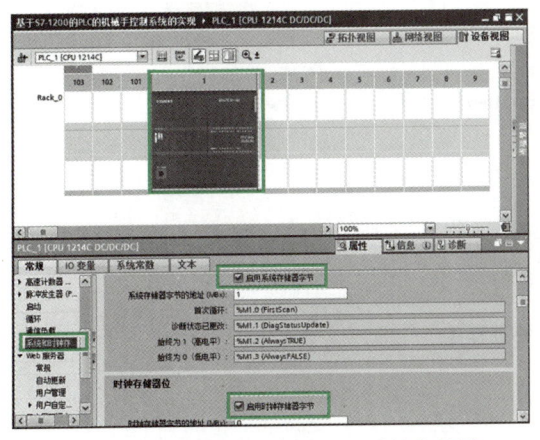

图 4-1-7 设置系统存储器和时钟存储器

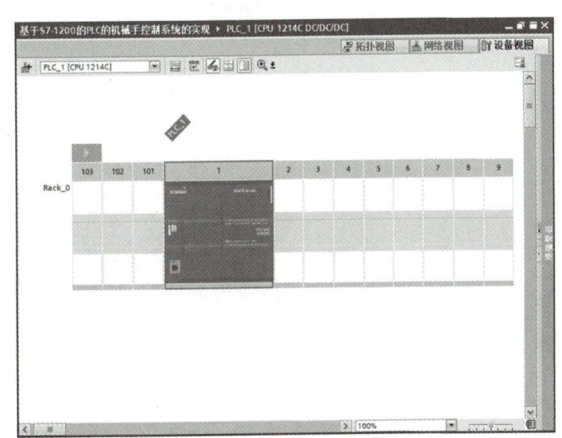

图 4-1-8 设备下载

3. 编写控制程序

① 创建变量表。进入软件后,第一步要创建变量表。

② 编写程序。输入程序块。双击"程序块"中的 Main(主程序)选项,进入程序编辑模式。

4. 系统调试

结合实验设备进行程序下载、监控、运行,操作实验设备。

将编写好的程序先进行仿真调试,仿真调试运行正常后再下载到 PLC 中,以控制机械手工作。

① 仿真运行。

第一步,启动仿真程序,如图 4-1-9 所示。

知识拓展

变量表、监控表和强制表的应用

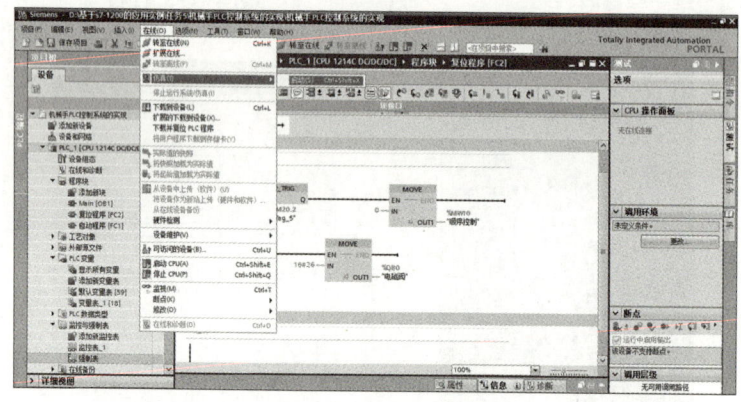

图 4-1-9 启动仿真程序

第二步,装载程序,如图 4-1-10 所示。

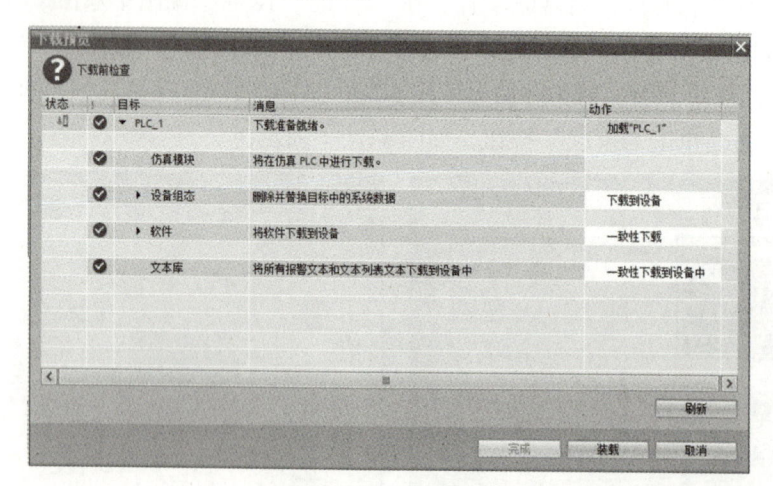

图 4-1-10 装载程序

第三步，建立强制表。如图 4-1-11 所示，监视表格提供了"强制"功能，能够将与外围设备输入或外围设备输出地址对应的输入或输出点的值改写成特定的值。CPU 在执行用户程序前将此强制值应用到输入过程映像，并在将输出写入到模块前将其应用到输出过程映像中。

第四步，启用"监视"选项，将 PLC 设置在"RUN"模式，启动程序如图 4-1-12 所示。

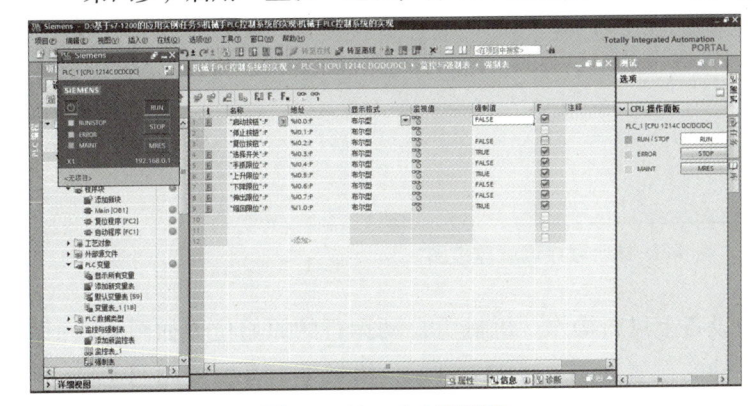

图 4-1-11　建立强制表　　　　　　　　　图 4-1-12　启动程序

第五步，强制修改输入点数值，观察程序运行，并进行程序调试直到设备运行满足设计要求。

第六步，禁用"监控"选项，将可编程序控制器切换至 STOP 模式，结束仿真运行。

② 联机调试。将编制好的控制程序下载到可编程序控制器中。按任务要求，在实验设备上进行操作。

第一步，装载程序。单击"装载"和"完成"选项，如图 4-1-13、图 4-1-14 所示。

图 4-1-13　装载程序　　　　　　　　　图 4-1-14　完成装载

第二步，启动 CPU。将可编程序控制器的工作模式开关拨至运行或者通过 TIA 博途软件执行菜单中的"启动 CPU"命令。结合实验设备进行程序下载、监控、运行，操作实验设备。

第三步，监控。单击执行"调试"菜单下的"开始程序状态监控"子菜单命令，梯形图程序进入监控状态。监控图如图 4-1-15 所示。

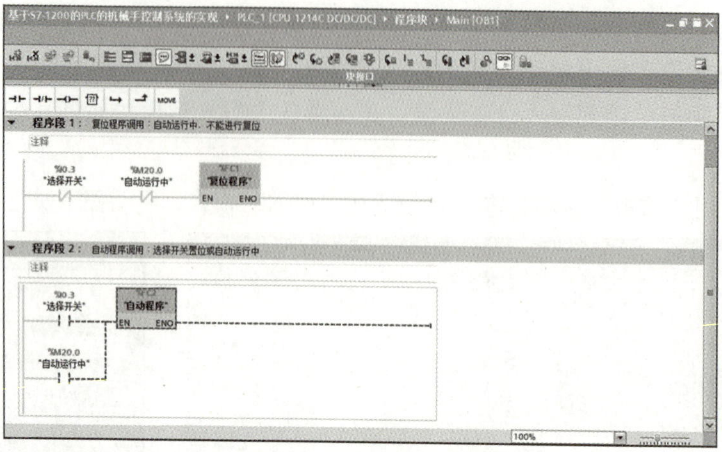

图 4-1-15　程序调试监控图

第四步，按任务要求在实验设备上进行操作。机械手自动运行的原始位置如图 4-1-16 所示；机械手下降、手爪夹紧工件的位置如图 4-1-17 所示；机械手上升位置如图 4-1-18 所示；机械手伸出位置如图 4-1-19 所示；机械手下降、手爪放松，放下工件的位置如图 4-1-20 所示；机械手上升并缩回到原始的位置如图 4-1-16 所示。

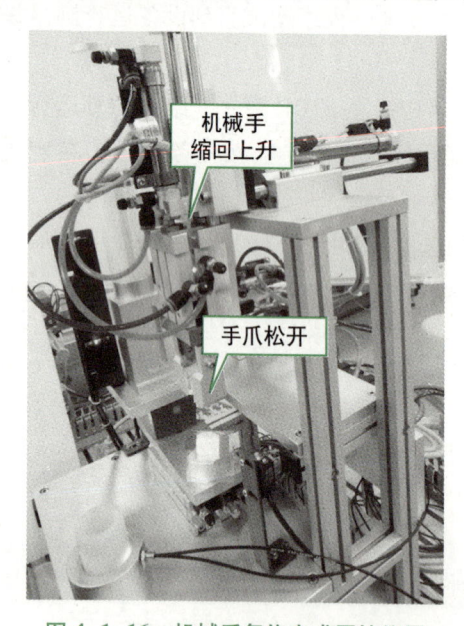

图 4-1-16　机械手复位完成原始位置 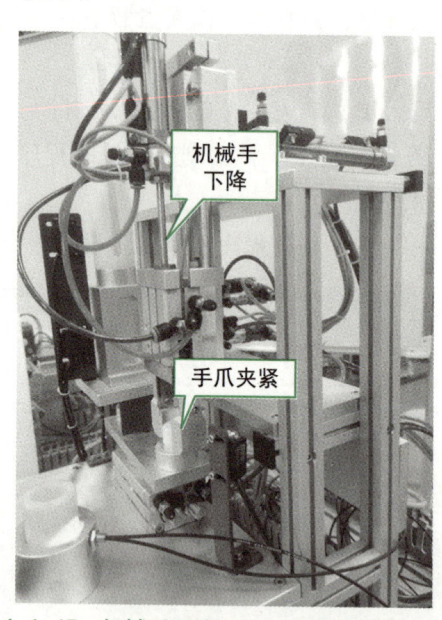　　　图 4-1-17　机械手下降、手抓夹紧抓取工件位置

自动运行：选择开关 S1 旋转到自动运行模式，按下启动按钮 SB1，观察输出线圈 Q0.0~Q0.5 和限位开关 I0.3~I1.0。机械手自动进行下降→夹紧→上升→伸出→下降→放松→上升→缩回动作。再次按下启动按钮 SB1，机械手开始新一轮运行。运行时按下停止按钮 SB2，机械手停止工作，观察 PLC 输出线圈 Q0.0~Q0.5 全部失电。

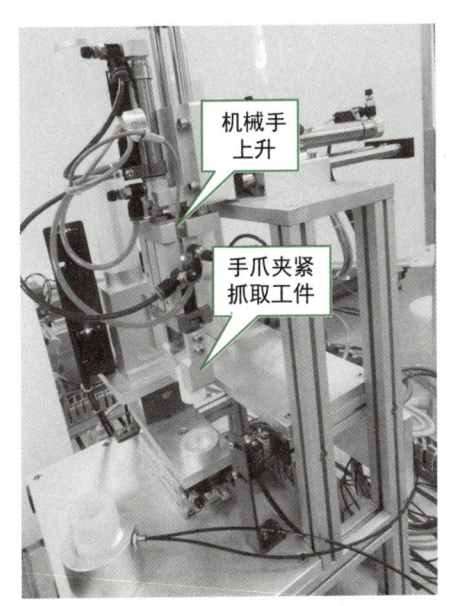

图 4-1-18　机械手上升位置

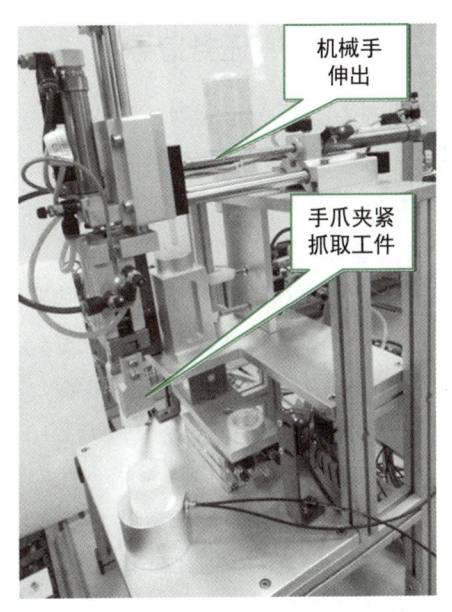

图 4-1-19　机械手伸出位置

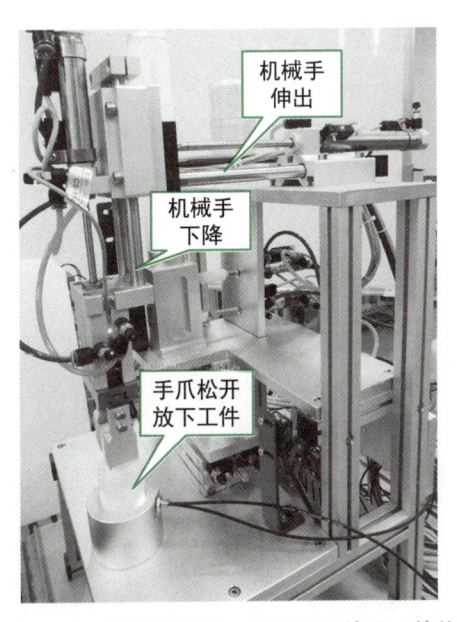

图 4-1-20　机械手下降、手抓松开放下工件位置

复位运行：选择开关 S1 旋转到复位运行模式，按下复位按钮 SB3，机械手缩回、上升、手爪放松回到原始位置，观察输出线圈 Q0.0~Q0.5 和限位开关 I0.3~I1.0。

自动运行的原始位置和复位运行完成后的位置如图 4-1-16 所示，机械手处于缩回、上升、手爪放松状态。

知识拓展

函数块的编程和应用

4.1.6 任务指导

1. 程序设计

（1）所用程序块、程序设计方法和指令

本任务要用到的程序块、程序设计方法和指令有：

① 程序块：函数 FC。

② 顺序控制设计法和顺序功能图。

③ 位逻辑运算：置位/复位触发器。

④ 位逻辑运算：置位和复位指令。

⑤ 移动操作：传送指令（MOVE）。

（2）编程思路及程序块及指令的应用

分析实现本任务的编程思路及程序块及指令的应用。

① 程序块。本任务程序功能包括复位和自动运行两种运行模式。两种运行模式的程序采用程序块的函数 FC 编写，通过主程序中调用函数 FC 实现自动运行和复位功能。用转换开关实现两种模式的切换，如图 4-1-21 所示。

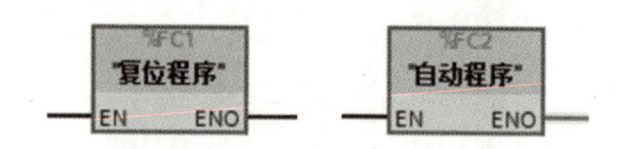

图 4-1-21　程序块

② 顺序控制设计法与顺序功能图。本任务中可编程序控制器控制的机械手工作流程是机械手"下降→夹紧→上升→伸出→下降→松开→上升→缩回"，故可以采用顺序功能图设计顺序控制程序。

根据本任务的控制顺序功能，绘制出的机械手可编程序控制器（简称 PLC）控制顺序功能图如图 4-1-22 所示。

③ 置位/复位触发器。要实现系统在自动运行时，"自动运行中"状态置位，自动运行回到初始步时，"自动运行中"状态复位，可以选用置位/复位触发器，如图 4-1-23 所示。

根据输入 S 和 R1 的信号状态，置位或复位指定操作数的位。

④ 置位和复位指令。采用顺序控制方法设计程序采用置位和复位指令置位下一步和复位当前步，如图 4-1-24 所示。

⑤ 移动操作。要实现机械手复位运行到初始位置和实现系统的停止运行控制，可以使用传送指令（MOVE）实现，如图 4-1-25 所示。

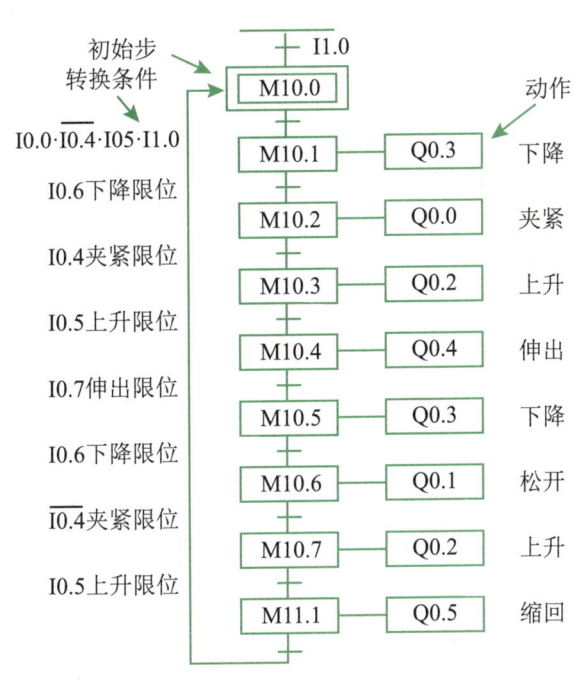

```
        初始步          I1.0
        转换条件         ─┼─
                     ┌──────┐
                     │M10.0 │
                     └──────┘
                        │
   I0.0·I0.4·I05·I1.0   ─┼─
                     ┌──────┐      ┌──────┐
                     │M10.1 ├──────┤ Q0.3 │   下降
                     └──────┘      └──────┘
   I0.6 下降限位         ─┼─                   动作
                     ┌──────┐      ┌──────┐
                     │M10.2 ├──────┤ Q0.0 │   夹紧
                     └──────┘      └──────┘
   I0.4 夹紧限位         ─┼─
                     ┌──────┐      ┌──────┐
                     │M10.3 ├──────┤ Q0.2 │   上升
                     └──────┘      └──────┘
   I0.5 上升限位         ─┼─
                     ┌──────┐      ┌──────┐
                     │M10.4 ├──────┤ Q0.4 │   伸出
                     └──────┘      └──────┘
   I0.7 伸出限位         ─┼─
                     ┌──────┐      ┌──────┐
                     │M10.5 ├──────┤ Q0.3 │   下降
                     └──────┘      └──────┘
   I0.6 下降限位         ─┼─
                     ┌──────┐      ┌──────┐
                     │M10.6 ├──────┤ Q0.1 │   松开
                     └──────┘      └──────┘
   I0.4 夹紧限位         ─┼─
                     ┌──────┐      ┌──────┐
                     │M10.7 ├──────┤ Q0.2 │   上升
                     └──────┘      └──────┘
   I0.5 上升限位         ─┼─
                     ┌──────┐      ┌──────┐
                     │M11.1 ├──────┤ Q0.5 │   缩回
                     └──────┘      └──────┘
```

图 4-1-22　机械手 PLC 控制顺序功能图

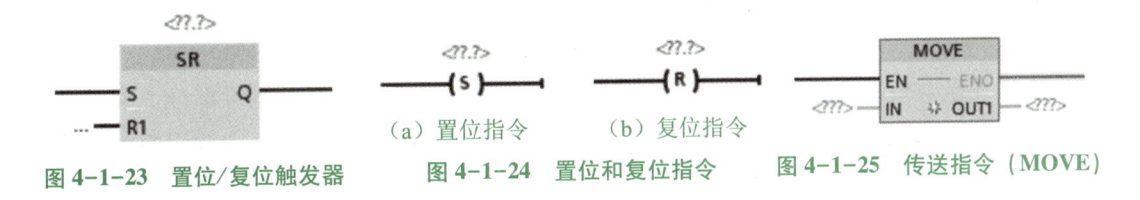

图 4-1-23　置位/复位触发器　　图 4-1-24　置位和复位指令　　图 4-1-25　传送指令（MOVE）

2. 创建变量表并编写程序

（1）创建变量表

进入软件后，第一步要创建变量表。单击"PLC 变量"下拉菜单中的"添加新变量表"选项创建变量表 1，如图 4-1-26 所示。根据输入输出地址分配表 4-1-1，分别创建输入输出变量。

① 输入变量及分配的输入地址为：启动按钮 I0.0、停止按钮 I0.1、复位按钮 I0.2、选择开关 I0.3、手抓限位 I0.4、上升限位 I0.5、下降限位 I0.6、伸出限位 I0.7、缩回限位 I1.0。输出变量及分配的输出地址为：夹紧电磁阀 Q0.0、放松电磁阀 Q0.1、上升电磁阀 Q0.2、下降电磁阀 Q0.3、伸出电磁阀 Q0.4、缩回电磁阀 Q0.5、自动运行中 M20.0、电磁阀 QB0，顺序控制 MW10，如图 4-1-27 所示。

② 创建中间变量，如图 4-1-28 所示。它们分别代表运行步的 M10.0~M11.0，M30.0。

③ 设置完变量后，就可以进入程序编写环节了。

（2）编写程序

① 输入程序块。双击"程序块"中的 Main（主程序）选项，如图 4-1-29 所示，进入程序编辑模式。

图 4-1-26　创建变量表

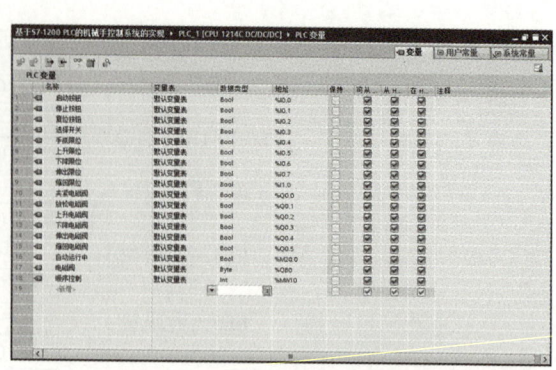

图 4-1-27　输入输出地址变量

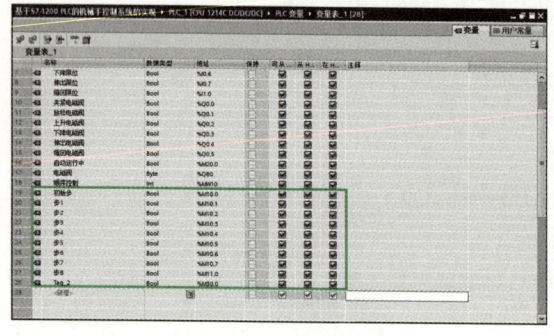

图 4-1-28　中间变量

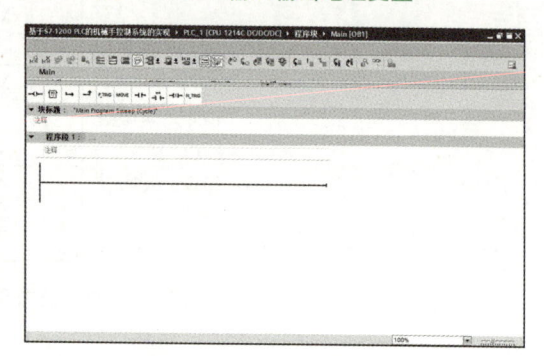

图 4-1-29　输入程序块

② 添加函数块。本程序设计分为两部分，第一部分是机械手自动运行部分，第二部分是机械手复位程序部分。两部分程序编写为两个函数块 FC，通过主程序中调用两个函数块 FC 实现自动运行和复位功能，如图 4-1-30 所示。

图 4-1-30　添加函数块

③ 主程序设计。通过选择开关的通断实现调用自动运行程序和复位程序，如图 4-1-31 所示。选择开关在复位运行模式且未在自动运行中，可以进行复位。选择开关在自动运行模式，且复位完成，则可以进行自动运行。

图 4-1-31 主程序

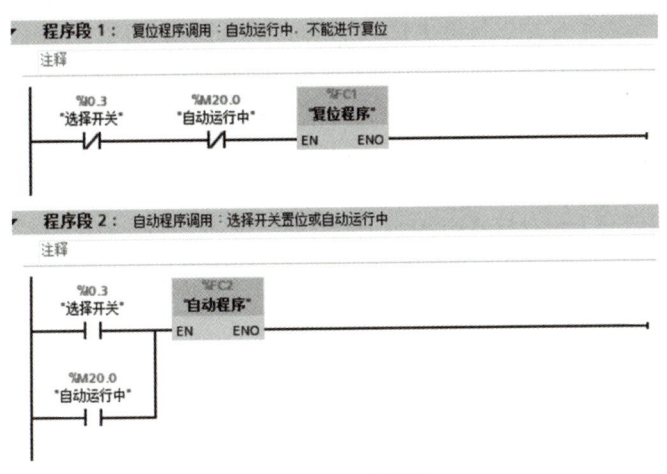

④ 复位程序设计。复位程序可以采用经验设计法完成，即利用传送指令对自动程序中的顺序控制位存储器 M10.0~M11.0 进行复位；对放松电磁阀 Q0.1、上升电磁阀 Q0.2、缩回电磁阀 Q0.5 置 1；对夹紧电磁阀 Q0.0、下降电磁阀 Q0.3、伸出电磁阀 Q0.4 复位，如图 4-1-32 所示。

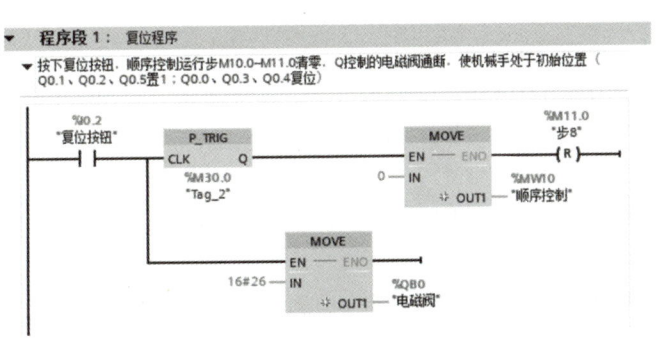

图 4-1-32 复位程序

⑤ 自动运行程序设计。自动运行程序采用顺序控制设计法进行设计，将顺序功能图转化为梯形图，如图 4-1-33 所示。从机械手控制顺序功能图中截取 M10.1 和 M10.2 代表 2 个工作步，将其转化为梯形图，如图 4-1-34 所示，其输出动作如图 4-1-35 所示。

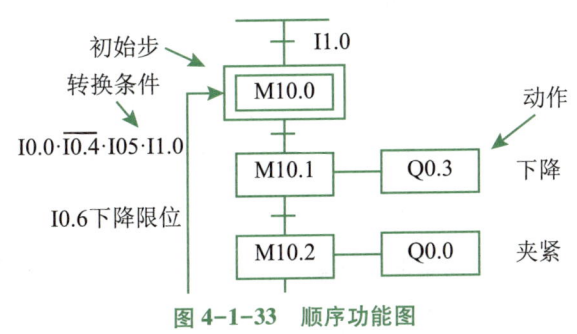

图 4-1-33 顺序功能图

在图 4-1-34 所示的程序中，M10.1 代表当前步，即步 1，I0.6 是当前步进入下一步的条件，即当 I0.6 接通时，置位下一步，M10.2 执行步 2，同时复位当前步 M10.1，即复位步 1。

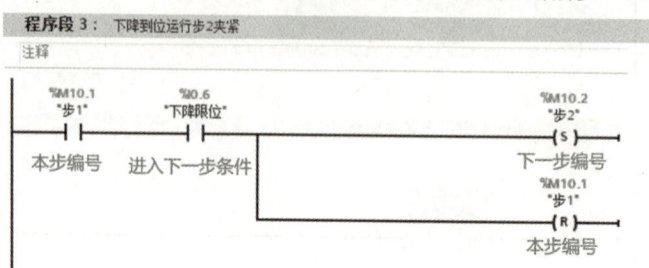

图 4-1-34　步 1 的梯形图

在图 4-1-35 所示的程序中，M10.1 和 M10.5 这两步控制 Q0.3 的下降电磁阀为 1 状态，机械手下降。为了避免在程序中出现双线圈，采用 M10.1 和 M10.5 的常开并联实现在步 1 和步 5 时控制 Q0.3 下降电磁阀为 1。

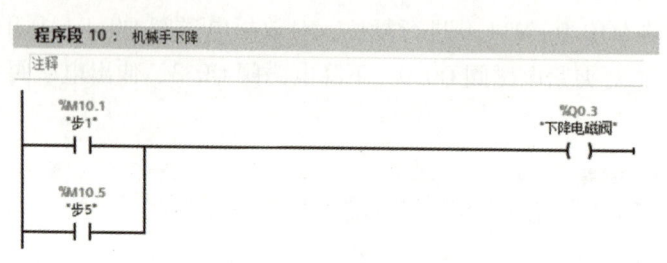

图 4-1-35　输出动作

⑥ 按上述顺序控制设计法设计的自动运行程序，结果为如图 4-1-36 至图 4-1-53 所示的程序段 1 至程序段 16。

● 程序段 1。程序段 1 实现的是停止运行控制。在按下停止按钮时，Q0.0 和 Q0.5 控制的电磁阀复位，使其停止当前动作，同时对步 1 至步 8 对应的 M10.1 至 M10.7 和 M11.0 复位清零，对自动运行中的标志位 M20.0 复位，如图 4-1-36 所示。

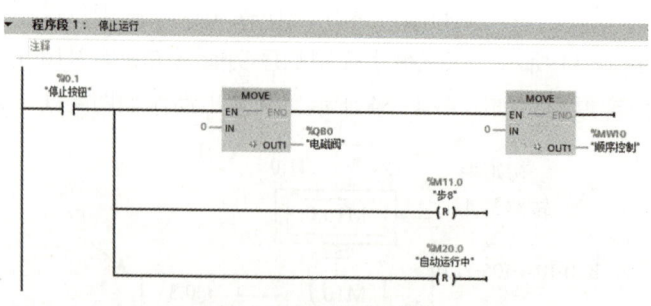

图 4-1-36　程序段 1

● 程序段 2。程序段 2 实现的是激活初始步。按下启动按钮，系统处于自动运行中，则置为初始步 M10.0，如图 4-1-37 所示。

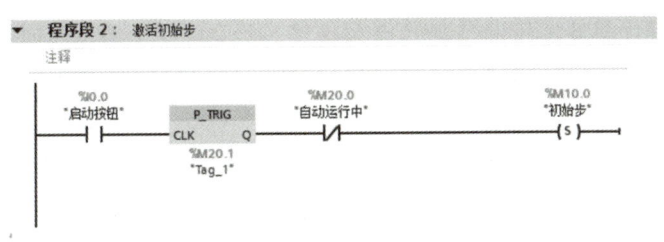

图 4-1-37　程序段 2

- 程序段 3。程序段 3 实现的是自动运行时，将自动运行中标志位 M20.0 置位为 1，在执行初始步时，将自动运行中标志位 M20.0 复位为 0 的功能，如图 4-1-38 所示。

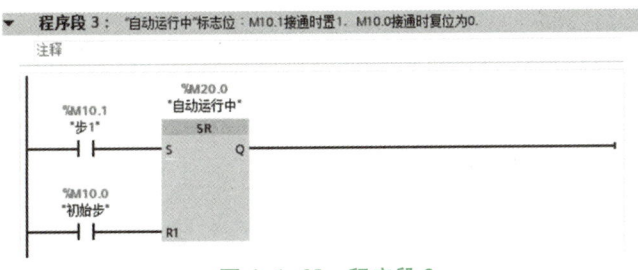

图 4-1-38　程序段 3

- 程序段 4。程序段 4 实现的是启动自动运行。当机械手系统完成复位处于初始位置，即手爪松开、机械手上升、处于缩回位置，按下启动按钮 I0.0，初始步 M10.0 被激活处于活动步时，置位下一步 M10.1（步 1）、复位当前步 M10.0（初始步），如图 4-1-39 所示。

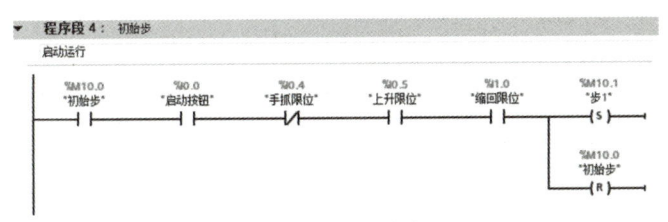

图 4-1-39　程序段 4

- 程序段 5。程序段 5 实现的是当前步 M10.1（步 1）处于活动步时，执行机械手下降动作。机械手下降到达下降限位，开关 I0.6 接通时，置位 M10.2（步 2），并复位当前步 M10.1（步 1），如图 4-1-40 所示。

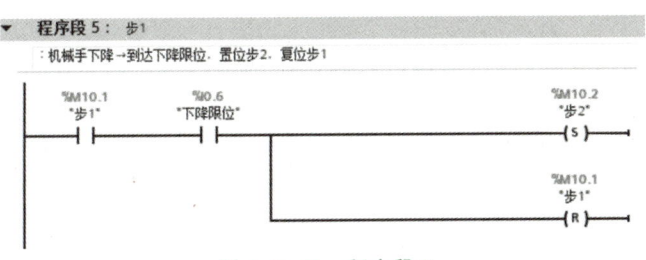

图 4-1-40　程序段 5

● 程序段 6。程序段 6 实现的是当前步 M10.2（步 2）处于活动步时，执行机械手手爪夹紧动作。机械手手爪夹紧，手爪限位开关 I0.4 接通时，置位 M10.3（步 3），并复位当前步 M10.2（步 2），如图 4-1-41 所示。

图 4-1-41　程序段 6

● 程序段 7。程序段 7 实现的是当前步 M10.3（步 3）处于活动步时，执行机械手上升动作。机械手上升到达上升限位，开关 I0.5 接通时，置位 M10.4（步 4），并复位当前步 M10.3（步 3），如图 4-1-42 所示。

图 4-1-42　程序段 7

● 程序段 8。程序段 8 实现的是当前步 M10.4（步 4）处于活动步时，执行机械手伸出动作。机械手伸出到达伸出限位，开关 I0.7 接通时，置位 M10.5（步 5），并复位当前步 M10.4（步 4），如图 4-1-43 所示。

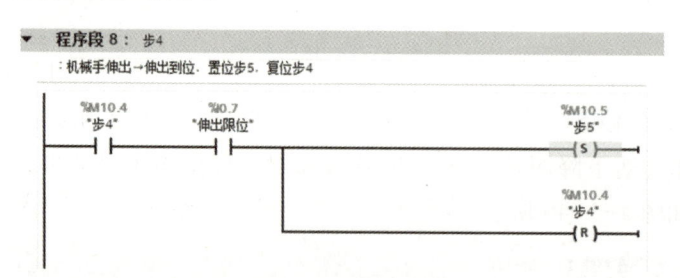

图 4-1-43　程序段 8

● 程序段 9。程序段 9 实现的是当前步 M10.5（步 5）处于活动步时，执行机械手下降动作。机械手下降到达下降限位，开关 I0.6 接通时，置位 M10.6（步 6），并复位当前步 M10.5（步 5），如图 4-1-44 所示。

● 程序段 10。程序段 10 实现的是当前步 M10.6（步 6）处于活动步时，执行机械手手

图 4-1-44　程序段 9

爪松开动作。机械手手爪松开到达手爪限位，开关 I0.4 断开，其常闭指令复位闭合时，置位 M10.7（步 7），并复位当前步 M10.6（步 6），如图 4-1-45 所示。

图 4-1-45　程序段 10

• 程序段 11。程序段 11 实现的是当前步 M10.7（步 7）处于活动步时，执行机械手上升动作。机械手上升到达上升限位，开关 I0.5 接通时，置位 M11.0（步 8），并复位当前步 M10.7（步 7），如图 4-1-46 所示。

图 4-1-46　程序段 11

• 程序段 12。程序段 12 实现的是当前步 M11.0（步 8）处于活动步时，执行机械手缩回动作。机械手缩回到达缩回限位，开关 I1.0 接通时，置位 M10.0（初始步），并复位当前步 M11.0（步 8），如图 4-1-47 所示。

图 4-1-47　程序段 12

● 程序段 13。程序段 13 实现的是步 M10.1（步 1）或 M10.5（步 5）处于活动步时，Q0.3 输出线圈接通，下降电磁阀通电，控制机械手下降，如图 4-1-48 所示。

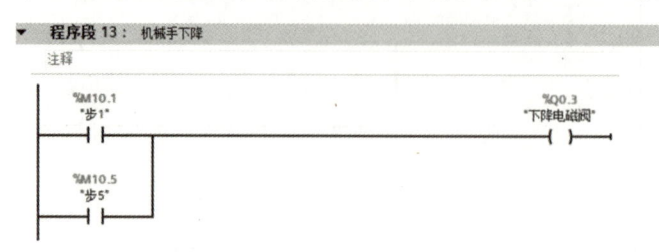

图 4-1-48　程序段 13

● 程序段 14。程序段 14 实现的是步 M10.2（步 2）处于活动步时，Q0.0 输出线圈接通，夹紧电磁阀通电，控制机械手手抓夹紧，如图 4-1-49 所示。

图 4-1-49　程序段 14

● 程序段 15。程序段 15 实现的是步 M10.3（步 3）或步 M10.7（步 7）处于活动步时，Q0.2 输出线圈接通，上升电磁阀通电，控制机械手上升，如图 4-1-50 所示。

图 4-1-50　程序段 15

● 程序段 16。程序段 16 实现的是步 M10.4（步 4）处于活动步时，Q0.4 输出线圈接通，伸出电磁阀通电，控制机械手伸出，如图 4-1-51 所示。

图 4-1-51　程序段 16

• 程序段 17。程序段 17 实现的是步 M10.6（步 6）处于活动步时，Q0.1 输出线圈接通，放松电磁阀通电，控制机械手手爪放松，如图 4-1-52 所示。

图 4-1-52　程序段 17

• 程序段 18。程序段 18 实现的是步 M11.0（步 8）处于活动步时，Q0.5 输出线圈接通，缩回电磁阀通电，控制机械手缩回，如图 4-1-53 所示。

图 4-1-53　程序段 18

4.1.7　思考题

1. 在机械手控制系统自动运行时按下停止按钮，机械手中夹持的工件是否会掉落？分析原因。
2. 在机械手控制系统自动运行时将选择开关拨到复位运行模式，系统将会如何工作？

任务 4.2　自动生产线物料加工控制系统的实现

4.2.1　任务目标

1. 根据任务要求能够制定实现自动生产线物料加工控制方案。
2. 学会全局数据块的功能及编程方法。
3. 能够完成自动生产线物料加工控制的硬件安装及硬件组态。
4. 能够编制自动生产线物料加工控制程序及系统调试。

4.2.2　任务导入

自动生产线可以解放工人们脱离繁重的体力劳动和恶劣且危险的工作环境，大大提高劳动生产效率。随着现代工业技术的进步与发展，自动生产线早已被广泛应用于机械、制造、化工、印刷、汽车、食品等行业。可编程序控制器（PLC）以其高抗干扰能力、高可靠性、高性能价格比，且编程简单而被广泛地应用在现代化的自动生产设备中，担负着自动生产线的大脑——自动控制核心的角色，控制自动线的各个单元协调运行。

4.2.3 任务要求

设计自动生产线物料加工的控制系统，控制要求如下：

① 初始状态：设备上电和气源接通后，滑动加工台伸缩气缸处于伸出位置，加工台气动手爪处于松开的状态，冲压气缸处于缩回位置，急停按钮没有被按下。若设备在上述初始状态，则"正常工作"指示灯 HL1 常亮，表示设备准备好。否则，该指示灯以 0.5 Hz 的频率闪烁。

② 若设备准备好，按下启动按钮，设备启动，"设备运行"指示灯 HL2 常亮。当待加工物料被送到加工台上并被检出后，设备执行将物料夹紧，送往加工区域冲压，完成冲压动作后返回待料位置动作。

③ 如果没有停止信号输入，当再有待加工物料送到加工台上时，加工系统开始下一个周期的工作。

④ 在工作过程中，若按下停止按钮，加工系统在完成本周期的动作后停止工作，HL2 指示灯熄灭。

⑤ 在运行过程中按下急停按钮时，红色指示灯 HL3 亮，并立即停止调用加工控制子程序，但急停时当前的 M 元件仍在置位状态，急停复位后，红色指示灯 HL3 熄灭，设备能从断点开始继续运行。

4.2.4 任务准备

① 安装有 TIA 博途软件的计算机。
② 使用 S7-1200 可编程序控制器及自动生产线物料加工系统，若不具备自动生产线物料加工系统，也可以用按钮和指示灯模拟。
③ 连接导线及以太网线。
④ 常用电工工具。
⑤ 熟悉顺序功能图和全局数据块的相关知识。

4.2.5 任务实施及步骤

自动生产线物料加工控制系统的实现主要步骤包括：端口分配及硬件连接、设备组态、控制程序编写、系统调试等步骤。

1. 端口分配及硬件连接

（1）I/O 端口分配表

自动生产线物料加工控制系统 I/O 端口分配及功能见表 4-2-1。

表 4-2-1 I/O 端口分配及功能表

输入			输入		
名称	PLC 端口	功能	名称	PLC 端口	功能
SC1	I0.0	加工台物料检测	Y3	Q0.0	夹紧电磁阀
1B	I0.1	工件夹紧检测	Y2	Q0.1	料台伸缩电磁阀
2B1	I0.2	加工台伸出到位	Y1	Q0.2	加工冲压电磁阀
2B2	I0.3	加工台缩回到位	HL1	Q0.3	正常工作指示灯（黄色）
3B1	I0.4	加工压头上限	HL2	Q0.4	运行指示灯（绿色）
3B2	I0.5	加工压头上下限	HL3	Q0.5	急停指示灯（红色）
SB1	I0.6	启动按钮			
SB2	I0.7	停止按钮			
SB3	I1.0	急停按钮			

（2）硬件连接

本任务使用自动生产线物料加工系统实现。按接线图将自动生产线物料加工系统的连接线一一连接，完成硬件连接。可编程序控制器接线图如图 4-2-1 所示，自动生产线物料加工系统实物如图 4-2-2 所示，完成的实物接线情况如图 4-2-3 所示。

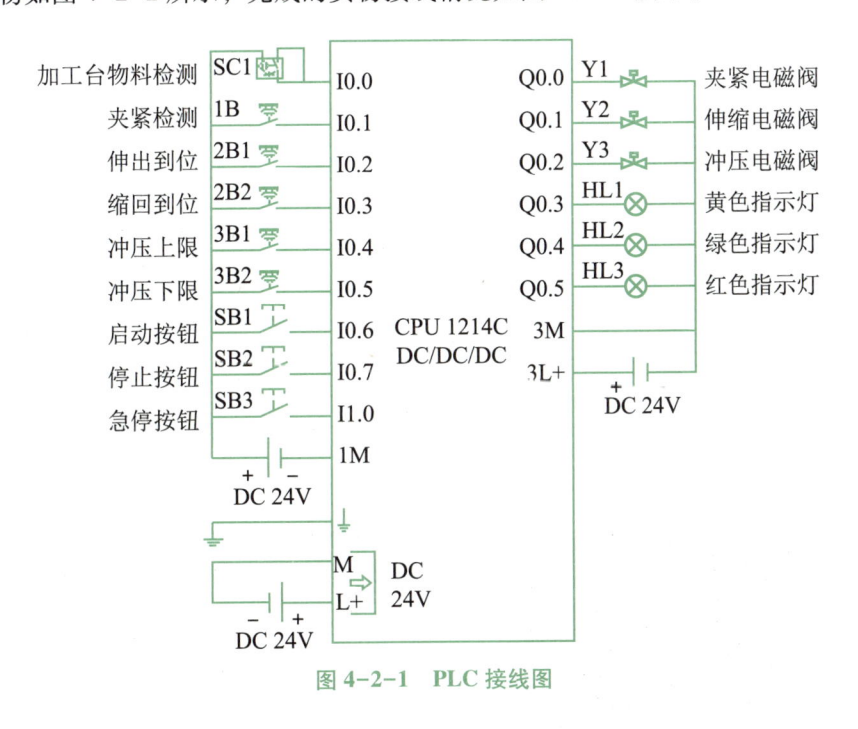

图 4-2-1 PLC 接线图

2. 设备组态

完成接线后，进行设备组态。组态过程主要是利用 TIA 博途软件进行项目的创建。具体步骤如下：

① 新建项目。打开 TIA 博途软件，输入项目名称，创建新项目，如图 4-2-4 所示。

190　可编程控制器应用实训

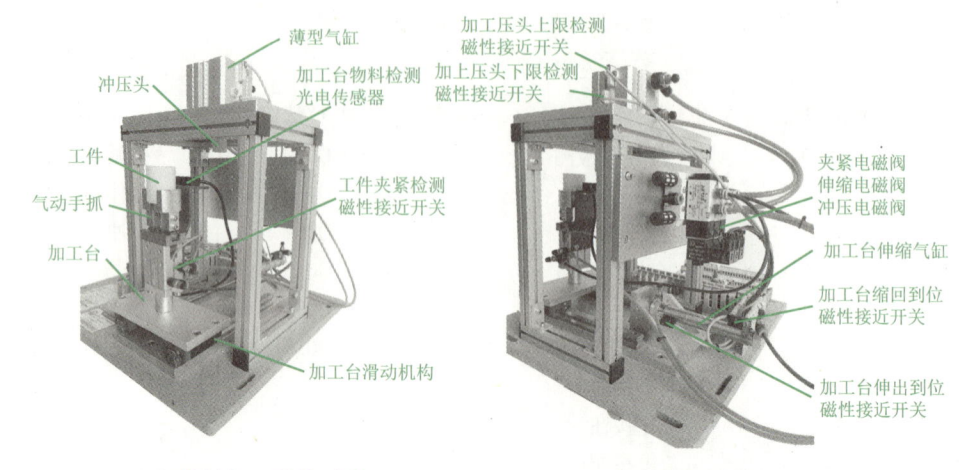

（a）物料加工系统正面　　　　（b）物料加工系统背面

图 4-2-2　自动生产线物料加工系统实物图

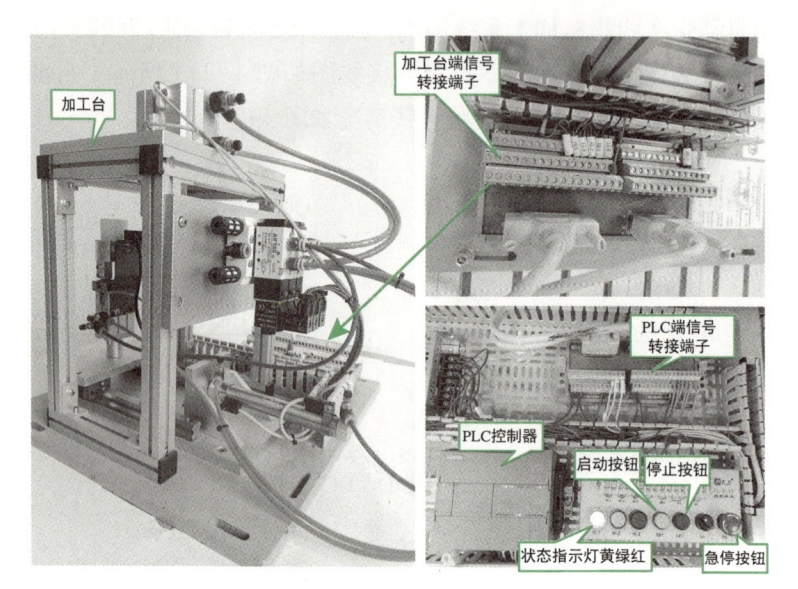

图 4-2-3　接线完成图

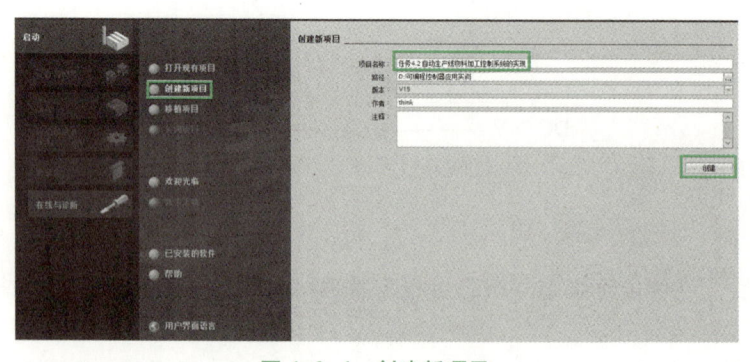

图 4-2-4　创建新项目

② 组态设备。添加新设备，选择具体设备和版本号，进行设备组态，如图4-2-5所示。

③ 系统存储器和时钟存储器的设置。在可编程序控制器的"设备"视图中双击CPU，在CPU的"属性"项中，设置系统存储器和时钟存储器，并可以修改系统存储器或时钟存储器的字节地址，勾选使用默认系统存储器MB1，时钟存储器为MB0，M1.0实现首次循环，如图4-2-6所示。

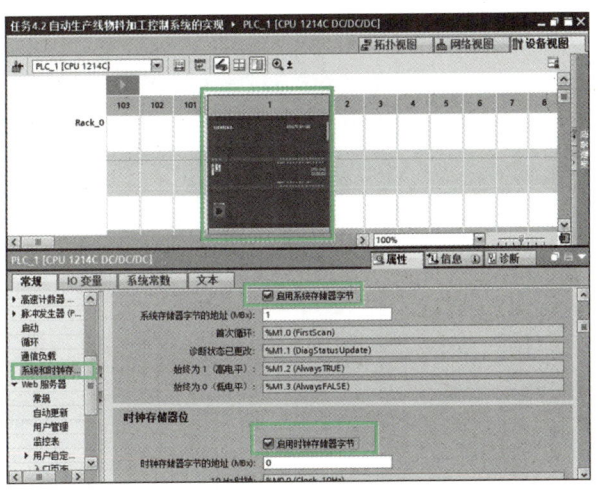

图 4-2-5　组态设备　　　　　　　　图 4-2-6　设置系统存储器和时钟存储器

④ 下载设备。单击"下载"按钮，如图4-2-7所示。

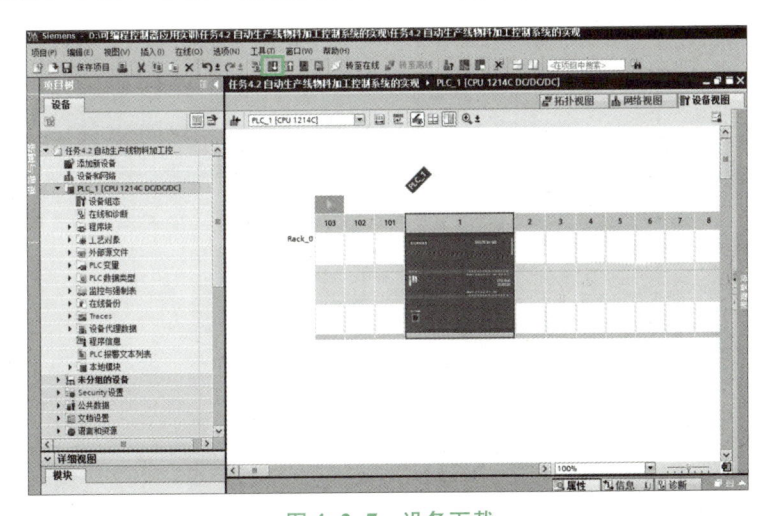

图 4-2-7　设备下载

3. 编写控制程序

① 创建变量表。进入软件后，第一步要创建变量表。

② 编写程序。输入程序块。双击"程序块"中的Main（主程序）选项，如图4-2-31所示，进入程序编辑模式。

4. 系统调试

结合实验设备进行程序下载、监控、运行，操作实验设备。

将编写好的程序先进行仿真调试，仿真调试运行正常后再下载到可编程序控制器中，控制自动线物料加工单元进行工作。

① 仿真运行：

第一步，启动仿真程序，如图 4-2-8 所示。

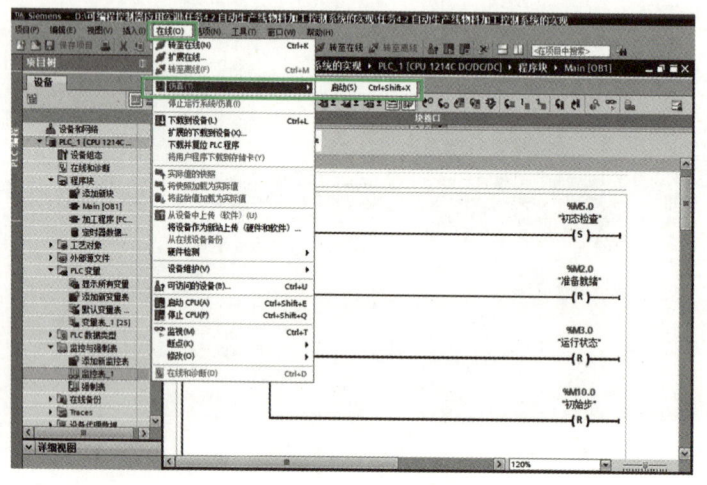

图 4-2-8　启动仿真程序

第二步，装载程序，如图 4-2-9 所示。

图 4-2-9　装载程序

第三步，建立强制表，如图 4-2-10 所示。

第四步，启用"监视"功能，将可编程序控制器设置在"RUN"模式，启动程序，如图 4-2-11 所示。

图 4-2-10　建立强制表　　　　　　　　　　图 4-2-11　启动程序

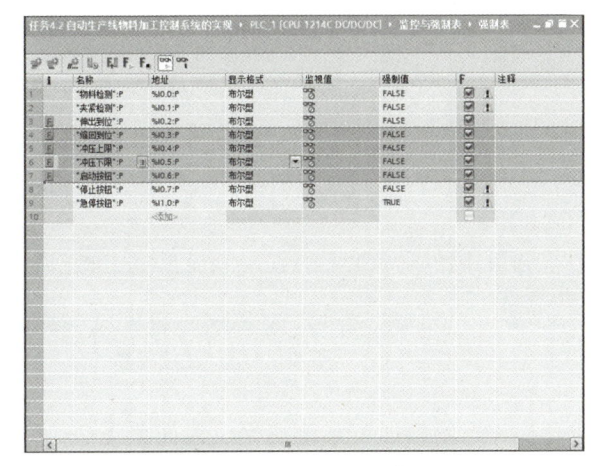

第五步，强制修改输入点数值，观察程序运行，并进行程序调试直到设备运行满足设计要求为止。

第六步，禁用"监控"功能，将可编程序控制器切换至 STOP 模式，结束仿真运行。

② 联机调试。将编制好的控制程序下载到设备的可编程序控制器中。按任务要求，在设备上进行操作。

第一步，装载程序。将程序分别下载、装载，并完成设置，如图 4-2-12、图 4-2-13、图 4-2-14 所示。

第二步，选择工作模式。将可编程序控制器的工作模式开关拨至运行或者通过 TIA 博途软件执行"可编程序控制器"菜单下"运行"子菜单命令。结合实验设置设备进行程序下载、监控、运行，操作实验设备。

第三步，单击"监控"和"运行"选项，如图 4-2-15 所示。

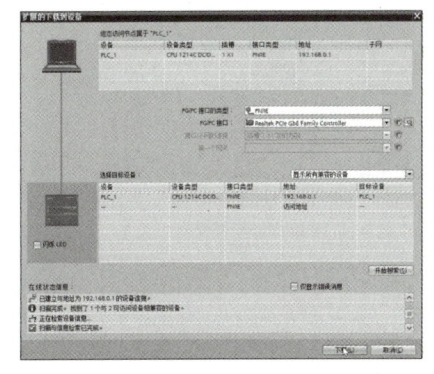

图 4-2-12　程序下载　　　　　　　　　　图 4-2-13　装载程序

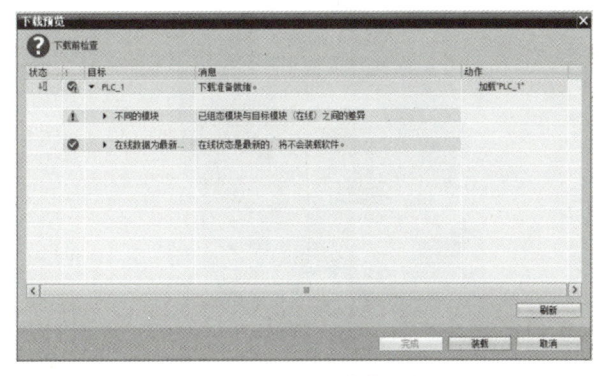

194 可编程控制器应用实训

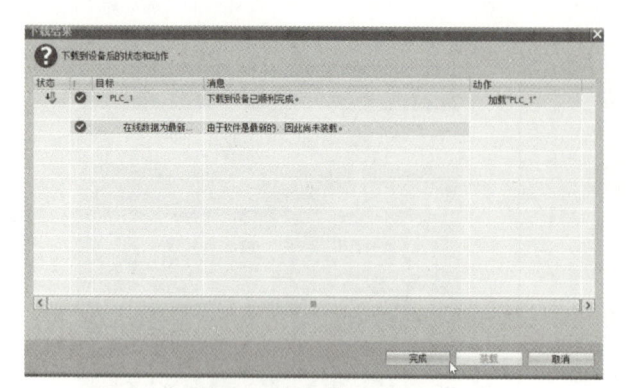

图 4-2-14　完成下载

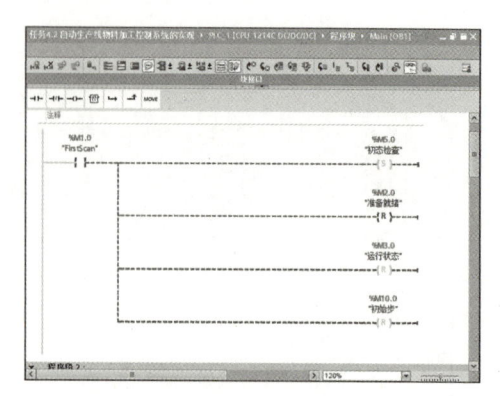

图 4-2-15　监控程序

第四步，按任务要求，在实验设备上进行操作。物料加工系统初始位置如图 4-2-16 所示；手爪夹紧、加工台缩回位置，如图 4-2-17 所示；冲压加工头下降、进行冲压加工位置，如图 4-2-18 所示；冲压加工头缩回、加工台伸出位置，如图 4-2-19 所示。

初始状态：设备上电和气源接通后，物料加工系统处于初始位置，观察输出线圈 Q0.0~Q0.5 和限位开关 I0.0~I0.7。滑动加工台伸缩气缸处于伸出位置，加工台气动手爪处于松开的状态，冲压气缸处于缩回位置，急停按钮没有被按下。"正常工作"指示灯 HL1（黄色）常亮，设备准备好。

加工过程：设备准备好，按下启动按钮 SB1，设备启动，"设备运行"指示灯 HL2（绿色）常亮。观察输出线圈 Q0.0~Q0.5 和限位开关 I0.0~I0.7。当待加工物料送到加工台上并被检出后，手爪将物料夹紧，加工台伸缩气缸缩回，物料被送往加工区域冲压：冲压加工头下降→完成冲压动作→加工头缩回→加工台伸缩气缸伸出→手爪松开，返回待料位置的物料加工工序。

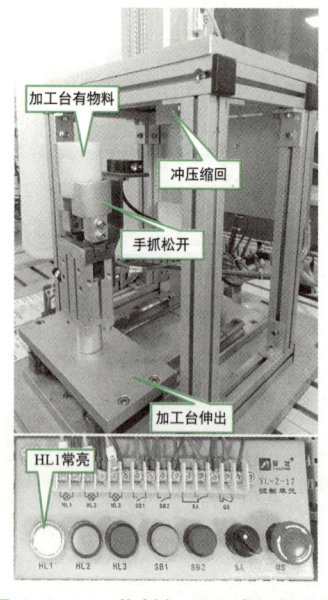

图 4-2-16　物料加工系统初始位置

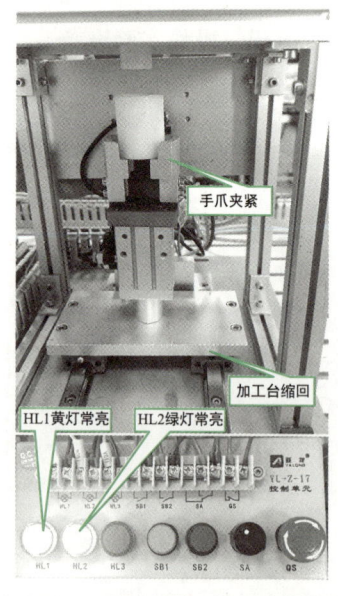

图 4-2-17　手抓夹紧、加工台缩回位置

如果没有停止信号输入，当再有待加工物料送到加工台上时，物料加工系统又开始下一周期的工作。

停止过程：在工作过程中，若按下停止按钮 SB2，物料加工系统在完成本周期的动作后停止工作，HL2 指示灯熄灭。

急停过程：在运行过程中按下急停按钮 SB3 时，红色指示灯 HL3 亮，并立即停止调用加工控制子程序，但急停时当前步的 M 元件仍在置位状态，急停复位后，红色指示灯 HL3 熄灭，设备能从断点开始继续运行，如图 4-2-20 所示。

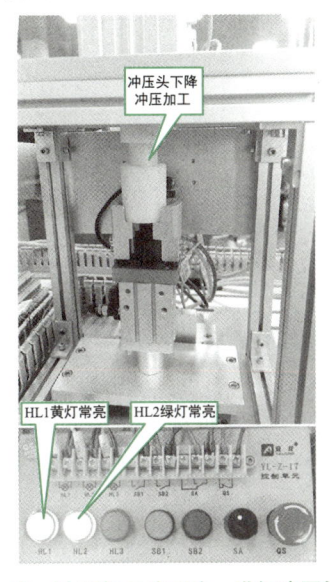

图 4-2-18　冲压加工头下降、进行冲压加工位置

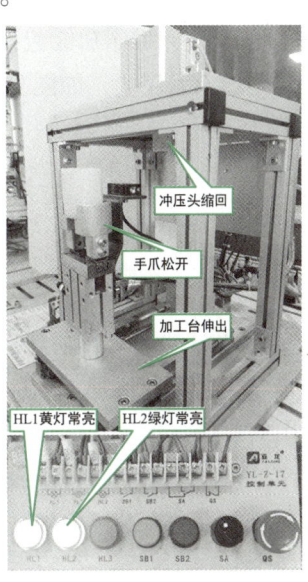

图 4-2-19　冲压加工头缩回、加工台伸出位置

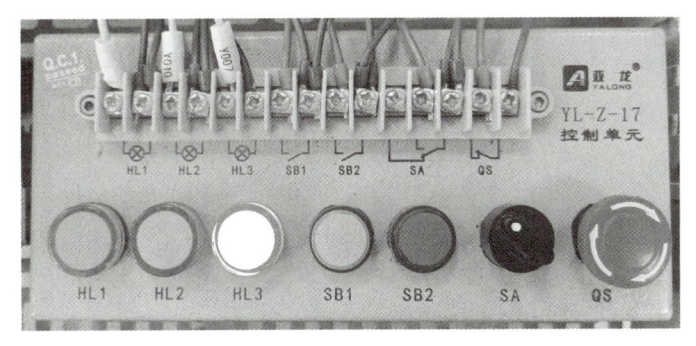

图 4-2-20　急停指示灯

4.2.6　任务指导

1. 程序设计

（1）本任务所用到的程序块、编程方法和指令

本任务所用到的程序块、编程方法和指令有：

自动生产线物料加工控制系统的控制程序

① 程序块：函数 FC。
② 顺序控制设计法和顺序功能图。
③ 内部标志位存储器。
④ 位逻辑运算：取反指令。
⑤ 程序块：全局数据块。

（2）分析编程思路及程序块、编程方法和指令

分析实现本任务的编程思路及程序块、编程方法和指令的应用。

① 程序块。本任务程序功能包括主程序和加工程序。加工程序用程序块函数 FC 实现，在主函数中调用加工程序块，如图 4-2-21 所示。

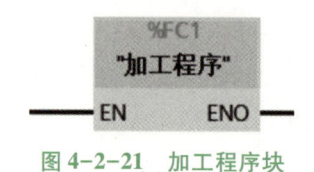

图 4-2-21　加工程序块

② 顺序控制设计法和顺序功能图。本任务中可编程序控制器控制的物料加工工作流程是按照"手爪将工件夹紧→加工台伸缩气缸缩回（物料送往加工区域冲压），冲压加工头下降→完成冲压动作后→加工头缩回→加工台伸缩气缸伸出→手爪松开，返回待料位置"的物料加工工序。可以采用顺序控制设计法设计自动线物料加工顺序功能图。根据本任务的控制顺序功能，绘制出的自动线物料加工顺序功能图如图 4-2-22 所示。

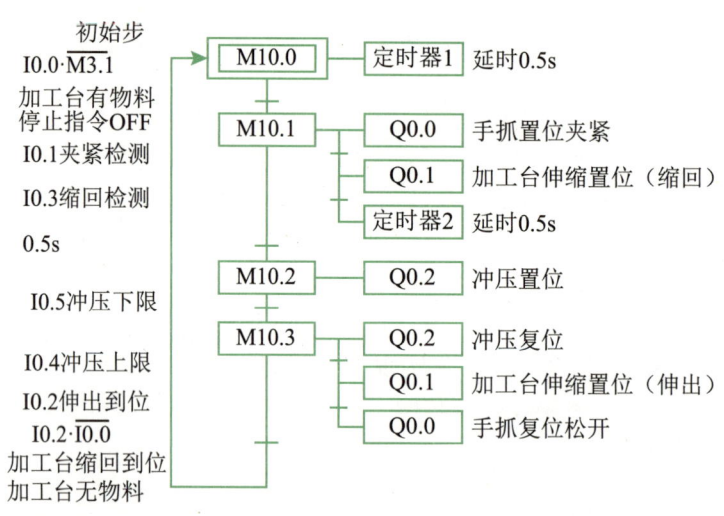

图 4-2-22　自动线物料加工可编程序控制器控制顺序功能图

③ 内部标志位存储器。用内部标志位存储器 M 表示系统状态。系统上电初态检查标志位用 M5.0 表示，首次上电时置位，如图 4-2-23 所示。

准备就绪标志位用 M2.0 表示。在系统上电运行初态检查标志位 M5.0 置位后，进行初

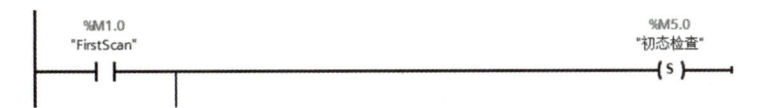

图 4-2-23　初态检查标志位

始状态检查，即检查在加工台无物料、加工台伸出到位、手抓松开、冲压头缩回到位状态时置位准备就绪标志位 M2.0，如图 4-2-24 所示。

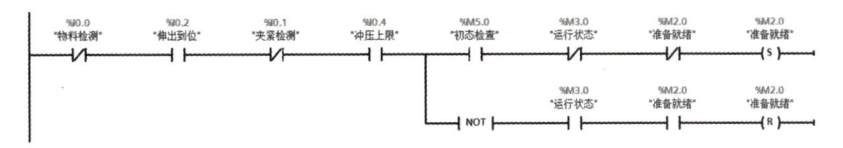

图 4-2-24　准备就绪标志位

运行状态标志位用 M3.0 表示。在准备就绪标志位 M2.0 置位、按下启动按钮 SB1 后，置位运行状态标志位 M3.0，表示系统处于运行状态，如图 4-2-25 所示。

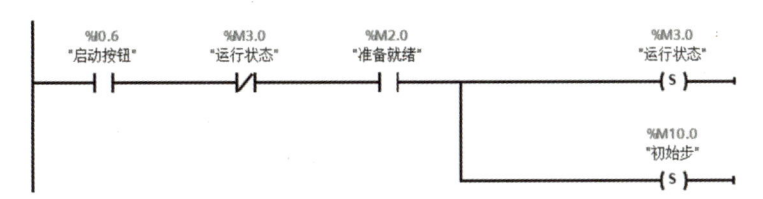

图 4-2-25　运行状态标志位

运行状态标志位 M3.0 处于置位状态，在未按下急停按钮时，调用加工程序进行物料加工运行，如图 4-2-26 所示。

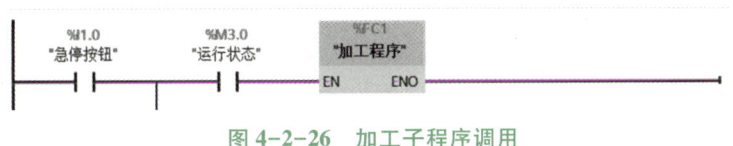

图 4-2-26　加工子程序调用

④ 取反指令。用取反指令"NOT"实现准备就绪标志位 M2.0 的复位，如图 4-2-24 所示。

⑤ 全局数据块。由于函数 FC 块没有背景数据块，添加的定时器需要定义为参数实例，将定时器的数据保存在指定的数据块参数的实例中，因此，需要建立全局类型的数据块存放定时器数据。

首先在项目树程序块中双击"添加程序块"，选择"数据块"选项，将其命名为"定时器数据块"，选择"全局 DB"选项，单击"确定"按钮创建全局数据块，如图 4-2-27 所示。

198 可编程控制器应用实训

其次在项目树程序块中双击新建的"定时器数据块",新建数据"Static1"和"Static2",数据类型选择"IEC_TIMER",完成创建,如图4-2-28所示。

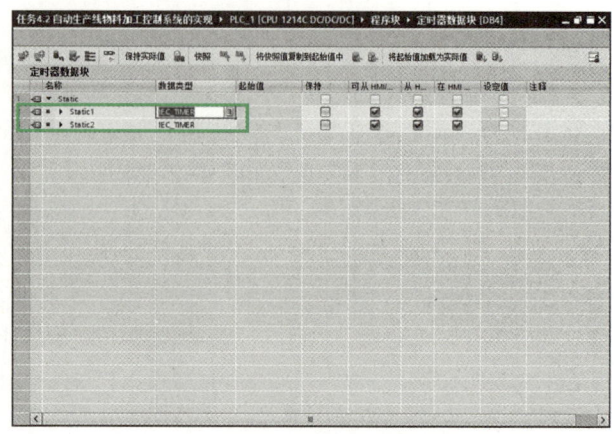

图 4-2-27 创建全局数据块

图 4-2-28 创建定时器数据块

2. 创建变量表并编写程序

(1) 创建变量表

① 进入软件后,第一步要创建变量表。单击"可编程序控制器变量"下拉菜单,单击"添加新变量表"选项创建"变量表1",如图4-2-29所示。

② 根据输入输出地址分配表4-2-1,分别创建输入输出变量和中间变量,如图4-2-30所示。

图 4-2-29 创建变量表

图 4-2-30 创建变量表

输入变量及分配的输入地址为:加工台物料检测 I0.0、工件夹紧检测 I0.1、加工台伸出到位 I0.2、加工台缩回到位 I0.3、加工压头上限 I0.4、加工压头下限 I1.5、启动按钮 I0.6、停止按钮 I0.7、急停按钮 I1.0;输出变量及分配的输出地址为:夹紧电磁阀 Q0.0、伸缩电磁阀 Q0.1、冲压电磁阀 Q0.2、正常工作指示灯(黄色)Q0.3、运行知识灯(绿色)Q0.4、急停红色指示灯 Q0.5。

创建中间变量，分别为：准备就绪 M20.0、运行状态 M3.0、停止指令 M3.1、初态检查 M5.0、初始步 M10.0、步 1~步 3 的 M10.1~M10.3。

③ 创建完变量后，就可以进入程序编写环节了。

（2）编写程序

① 输入程序块。双击"程序块"中的 Main（主程序）选项，如图 4-2-31 所示，进入程序编辑模式。

第一步，添加函数块。本程序设计分为两个部分，第一部分是加工程序部分，用函数 FC 实现；第二部分是主程序。加工程序函数 FC 的创建如图 4-2-32、图 4-2-33 所示。

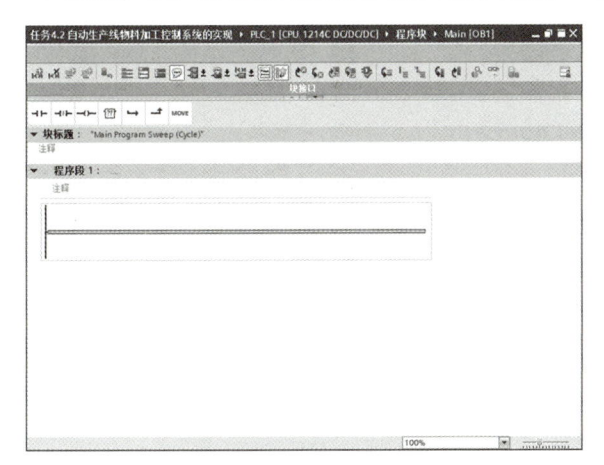

图 4-2-31 输入程序块　　　　图 4-2-32 添加函数块

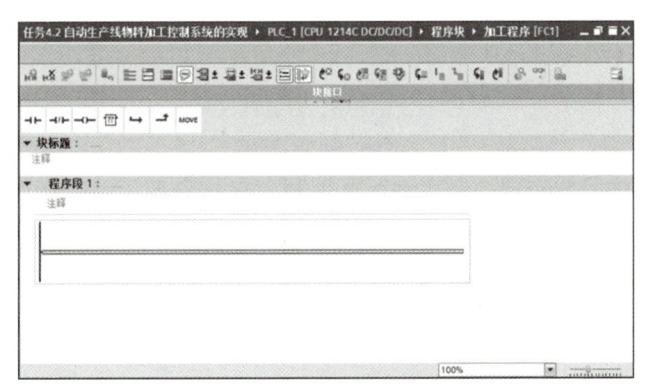

图 4-2-33 完成函数块的创建

第二步，主程序设计。设计的主程序为如图 4-2-34~图 4-2-40 所示的程序段 1 至程序段 8。

- 程序段 1。程序段 1 实现的是采用系统存储器首次循环 M1.0（FirstScan）进行首次上电扫描，置位初态检查标志位 M5.0、复位准备就绪标志位 M2.0、复位运行状态标志位 M3.0、复位初始步 M10.0，如图 4-2-34 所示。

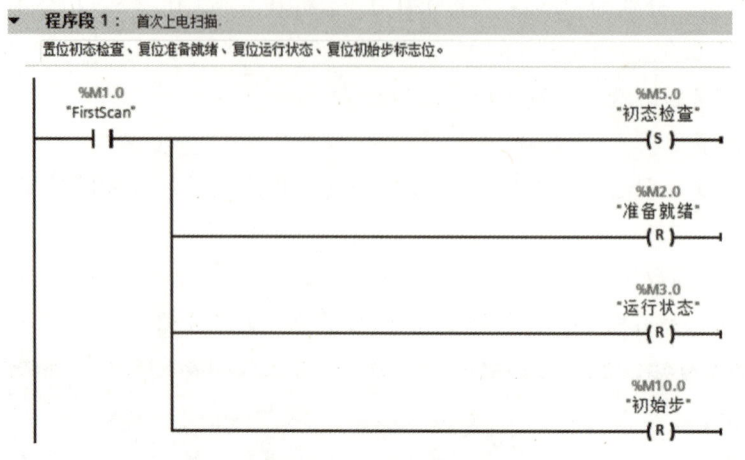

图 4-2-34 程序段 1

- 程序段 2。程序段 2 实现的是初始状态检查。在加工台无物料、加工台伸出到位、手爪松开、冲压头缩回，同时初态检查标志位 M5.0 置位，运行状态标志位 M3.0 复位（完成首次上电扫描系统未运行）时；完成初始状态检查，准备就绪标志位 M2.0 置位，若运行状态 M3.0 置位（系统正在运行），则准备就绪标志位 M2.0 复位，如图 4-2-35 所示。

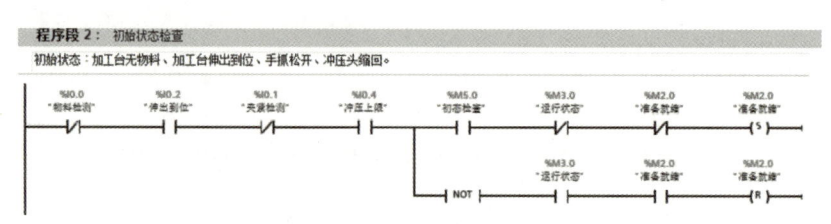

图 4-2-35 程序段 2

- 程序段 3。程序段 3 实现的是启动运行控制。在物料加工系统初始状态检查完成，初始状态标志位 M2.0 置位状态时，按下启动按钮 SB1，系统启动运行，运行状态标志位 M3.0 置位，同时置位初始步 M10.0，如图 4-2-36 所示。

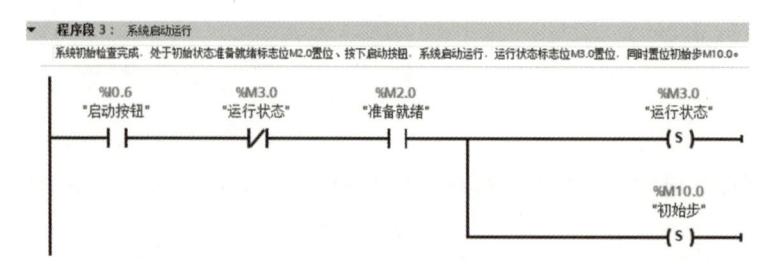

图 4-2-36 程序段 3

• 程序段 4 和程序段 5。程序段 4 和程序段 5 实现的是停止控制。在系统处于运行状态，运行状态标志位 M3.0 置位时，按下停止按钮 I0.7，停止指令标志位 M3.1 被置位。在加工程序完成一个周期的运行后处于初始步，停止指令 M3.1 被置位，则运行状态、停止指令和初始步被复位，系统停止运行，如图 4-2-37 所示。

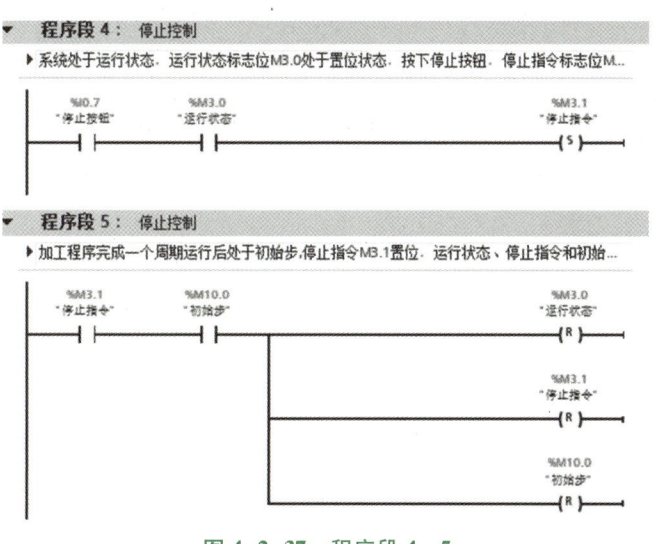

图 4-2-37　程序段 4、5

• 程序段 6。程序段 6 实现的是正常运行指示灯控制。正常运行指示灯 Q0.3（黄灯）在系统准备就绪 M2.0 置位后常亮，系统未准备就绪 M2.0 复位时闪烁，如图 4-2-38 所示。

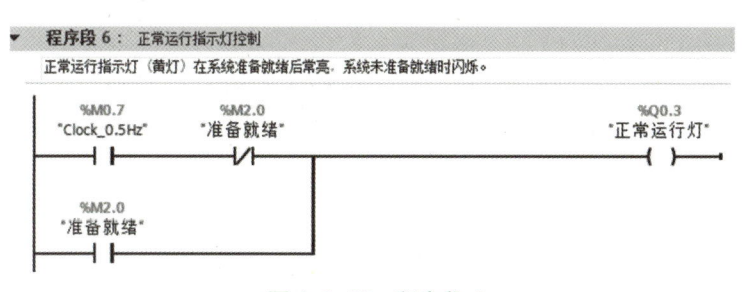

图 4-2-38　程序段 6

• 程序段 7。程序段 7 实现的是加工程序调用和急停指示。调用加工控制子程序的条件是："系统在运行状态"和"急停按钮未按"两者同时成立，即急停按钮 I1.0 复位，运行状态 M3.0 置位时调用加工程序。当在运行过程中按下急停按钮时，立即停止调用加工控制子程序，但急停时加工程序中的当前步的 M 元件仍在置位状态，急停复位后，就能从断点开始继续运行。急停时红灯 Q0.5 常亮，急停复位后熄灭，如图 4-2-39 所示。

• 程序段 8。程序段 8 实现的是设备工作指示灯控制。在系统处于运行状态 M3.0 置位时，设备工作指示灯 Q0.4（绿色）常亮，如图 4-2-40 所示。

第三步，加工程序设计。加工程序采用顺序控制设计法进行设计，将顺序功能图 4-2-22 转

202 可编程控制器应用实训

图 4-2-39 程序段 7

图 4-2-40 程序段 8

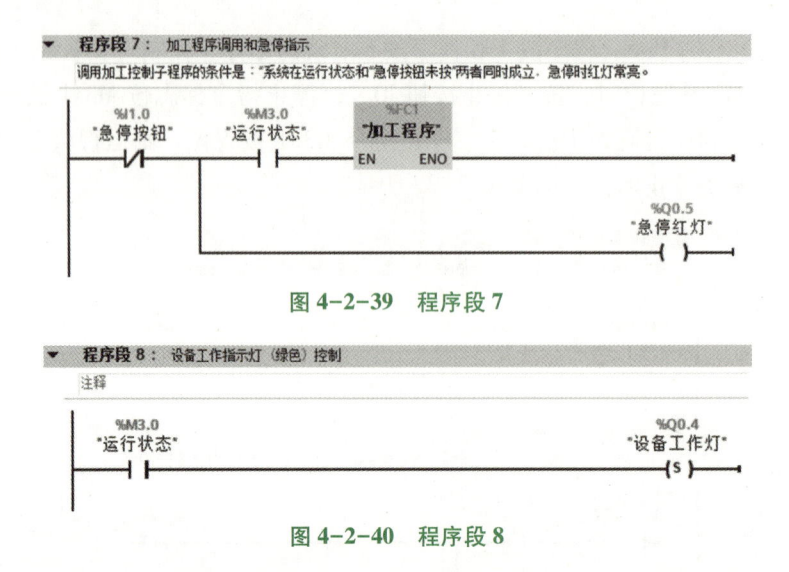

化为梯形图，结果为如图 4-2-41～图 4-2-44 所示的程序段 1 至程序段 4。

• 程序段 1。程序段 1 实现的是在初始步 M10.0 置位活动步时，若加工台物料检测有物料 I0.0 接通，停止标志位 M3.1 未按下时，延时 0.5 s 后，置位步 1 M10.1，复位初始步 M10.0，如图 4-2-41 所示。

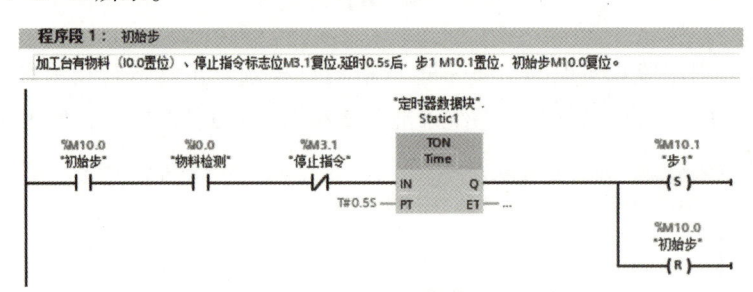

图 4-2-41 程序段 1

• 程序段 2。程序段 2 实现的是手爪夹紧，工作台缩回动作。在 M10.1（步 2）为活动步时，置位手爪夹紧电磁阀 Q0.0，手爪夹紧检测传感器 I0.1 检测到手爪夹紧，则置位工作台伸缩电磁阀 Q0.1；工作台伸缩到位检测传感器 I0.3 检测到工作台缩回到位，延时 0.5 s 后，置位 M10.2（步 2），复位 M10.1（步 1），如图 4-2-42 所示。

• 程序段 3。程序段 3 实现的是冲压头下降冲压的功能。在 M10.2（步 2）为活动步时，置位冲压电磁阀 Q0.2，冲压头下降冲压，冲压下限检测传感器 I0.5 检测到冲压头到达下限时，置位 M10.3（步 3），复位 M10.2（步 2），如图 4-2-43 所示。

• 程序段 4。程序段 4 实现的是完成冲压后回到初始状态即冲压头缩回，工作台伸出，手爪松开。在步 3（M10.3）为活动步时，冲压电磁阀 Q0.2 复位，冲压头复位到达冲压上限检测传感器 I0.4 接通，则物料加工工作台伸缩电磁阀 Q0.1 复位，物料加工工作台伸出，伸出到位检测传感器 I0.2 接通，则手抓夹紧电磁阀 Q0.0 复位，手爪松开。

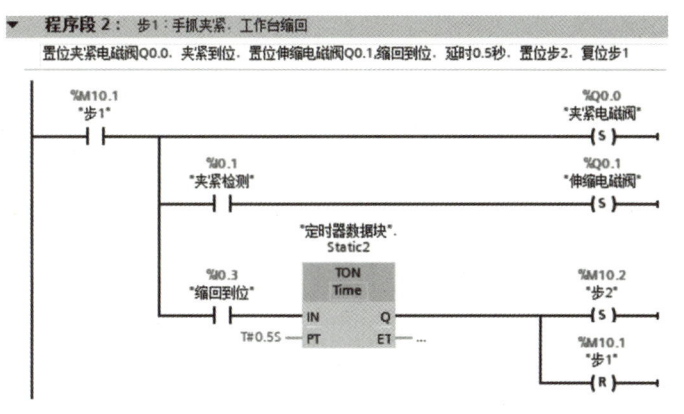

图 4-2-42　程序段 2

图 4-2-43　程序段 3

加工台伸出到位且工作台无物料，则回到初始步，即置位初始步 M10.0，复位 M10.3，进入下一个物料加工周期。当一个加工周期结束，只有加工好的工件被取走后，程序才能返回 M10.0 步，这就避免了重复加工的可能，如图 4-2-44 所示。

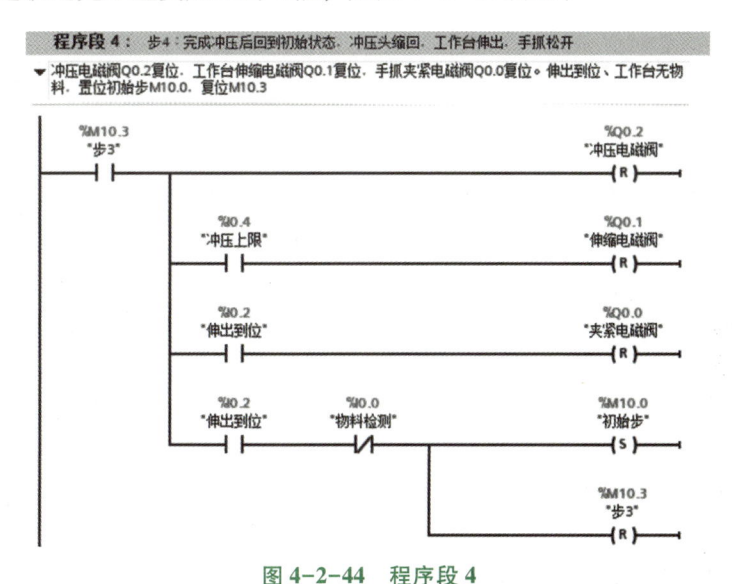

图 4-2-44　程序段 4

4.2.7 思考题

1. 在函数 FC 中使用的定时器如何定义？其数据如何存放？为什么需要定义为参数实例？

2. 自动生产线物料加工控制中在加工程序运行时分别按下急停按钮和停止按钮，系统将如何工作？分析原因。以本任务为例。

任务 4.3 模拟量控制的电机开环调速的实现

4.3.1 任务目标

1. 学会 PLC 的编程规则及模拟量控制的应用。
2. 学会西门子 MM420 变频器的模拟量调速方式。
3. 学会 PLC 模拟量输出点的连接方法。
4. 学会算术运算指令的使用方法。
5. 能够编制电动机的调速控制程序并进行系统调试。

4.3.2 任务导入

S7-1200 PLC 不仅能实现数字量控制，还能实现模拟量控制。使用 S7-1200 PLC 上自带的模拟输入输出端口可以实现一些模拟量控制，也可以根据实际需要添加一些扩展模块增加模拟量输入输出端口以实现模拟量控制。例如，通过 PLC 模拟量输入端口连接传感器来采集模拟量数据，如温度、压力等，也可以通过 PLC 的模拟量输出端口进行电动机的速度控制。

4.3.3 任务要求

通过 CPU 1214C 的模拟量扩展模块，输出一个 0～10 V 的电压模拟量来控制变频器，实现对电动机的调速控制。要求用两个按钮实现设备的启停控制，另外使用两个开关进行加速调节和减速调节。当按下启动按钮后，电动机在变频器的控制下以 10 Hz 的速度工作，闭合加速开关，电动机可以加速到 50 Hz，闭合减速开关，电动机可以减速到 10 Hz。调速过程中断开开关，电动机保持当前速度运行。运行过程中按下停止按钮，设备立刻停止。

4.3.4 任务准备

① 安装有 TIA 博途软件的计算机。

② 使用 S7-1200 CPU1214C PLC，SM1232 模拟量输出扩展模块，西门子 MM420 变频器，若不具备相应条件，也可以使用 S7-1200 PLC、其他品牌变频器替代。
③ 连接导线及以太网线。
④ 常用电工工具。
⑤ 熟悉变频器的功能及基本使用方法，熟悉 CPU 1214C 以及模拟量扩展端口的使用方法，熟悉算术运算指令的使用方法。

4.3.5 任务实施及步骤

模拟量控制的电动机开环调试控制系统主要步骤包括：硬件连接、设备组态、PLC 编程、系统调试等步骤。

1. 端口分配及硬件连接

（1）I/O 端口分配表

模拟量控制的电动机开环调试控制系统 I/O 端口分配及功能见表 4-3-1，本次任务没有使用 PLC 输入端口，只涉及输出端口。

表 4-3-1　I/O 端口分配及功能表

输出		
名称	PLC 端口	功能
继电器 KA	Q0.0	继电器控制电动机

（2）硬件连接

本任务使用 S7-1200 PLC 及 MM420 变频器实现。按接线图将设备的连接线一一连接，完成硬件连接，如图 4-3-1、图 4-3-2 所示。完成的接线情况如图 4-3-3 所示。

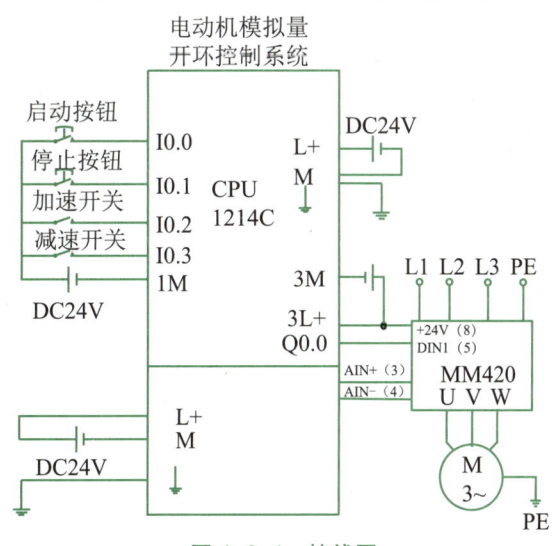

图 4-3-1　接线图

图 4-3-2 实验设备实物图　　　　图 4-3-3 接线完成图

2. 设备组态

完成接线后，进行设备组态。组态过程主要是利用 TIA 博途软件进行项目的创建，并进行基本的设置。具体步骤如下：

① 新建项目。打开 TIA 博途软件，输入项目名称，创建新项目。

② 组态设备并下载。添加新设备，选择具体设备和版本号，进行设备组态。选择的设备包括 PLC、模拟量输出扩展模块，并将模拟量扩展模块设置为电压输出，如图 4-3-4 所示。

3. 编写控制程序

① 创建变量表。进入软件后，第一步要创建变量表。

② 编写程序。输入程序块，双击"程序块"中的 Main（主程序）选项，进入程序编辑模式。

4. 系统调试

结合实验设备进行程序下载、监控、运行，操作实验设备。

① 将编写好的程序下载到 PLC 中，控制设备进行工作，如图 4-3-5 所示。检查各项准备是否符合任务要求。

② 装载程序，单击"监控"和"运行"选项，如图 4-3-6、图 4-3-7、图 4-3-8 所示。

按任务要求，在实验设备上进行操作，如图 4-3-9、图 4-3-10、图 4-3-11 所示。

按下启动按钮，设备处于工作状态，此时 PLC 模拟量输出口为 0 V，电动机在变频器拖动下以 10 Hz 速度工作，闭合加速开关，电动机工作速度开始提升，最高可以为 50 Hz，闭合减速开关，电动机工作速度开始降低，最低可以为 10 Hz。运行过程中按下停止按钮，电动机停止运行。

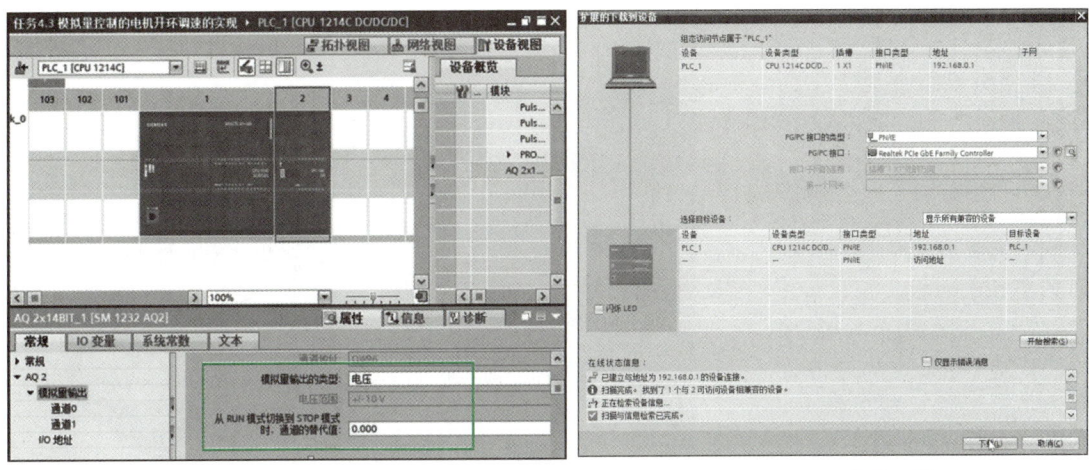

模块 4　可编程控制器的典型应用实训　207

图 4-3-4　项目的创建

图 4-3-5　程序下载

图 4-3-6　装载程序

图 4-3-7　完成下载

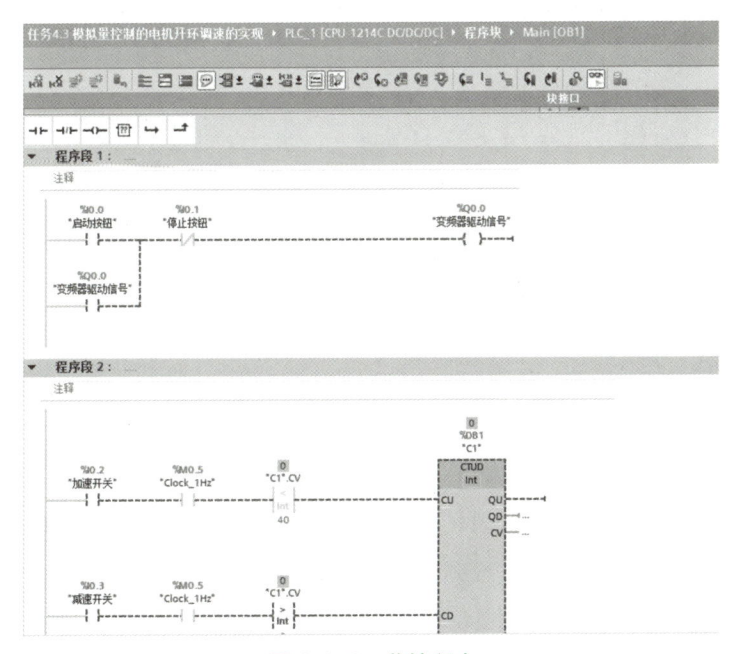

图 4-3-8　监控程序

图 4-3-9　启动电动机

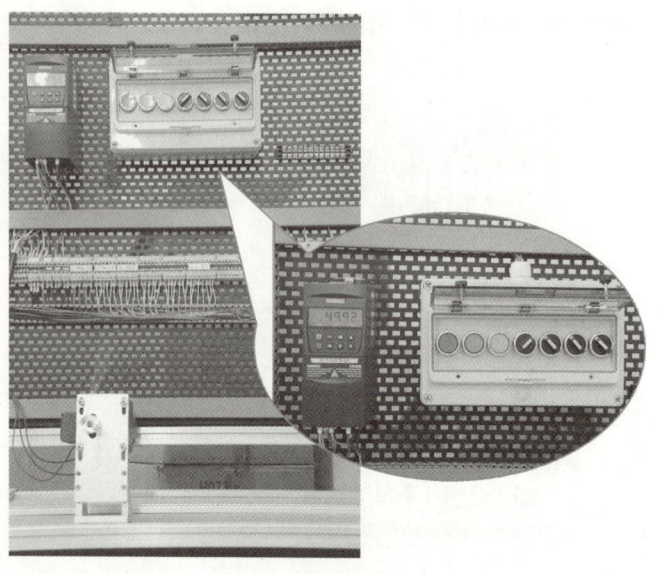

图 4-3-10　电动机加速

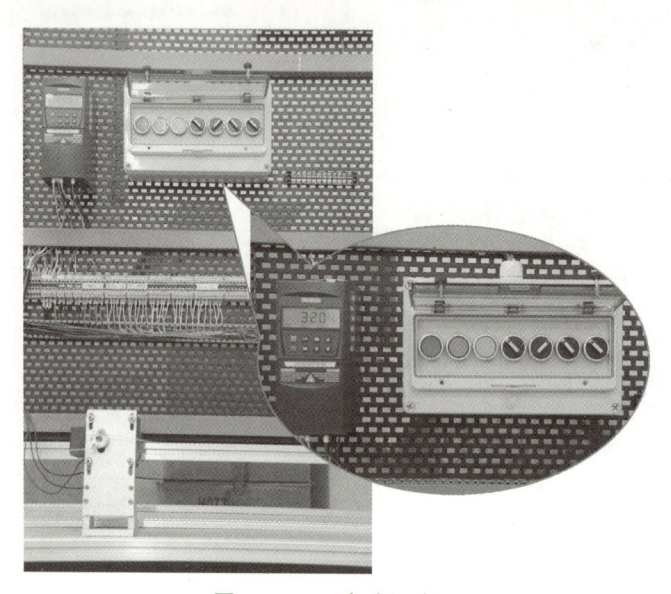

图 4-3-11　电动机减速

4.3.6　任务指导

1. 程序设计

本次任务需要使用 S7-1200 CPU 1214C PLC，以及模拟量扩展模块 SM1232 的模拟量输出端口控制变频器工作，还需要使用 MM420 变频器，因此需要对这两方面的内容有基本了解。

（1）西门子 MM420 变频器简介

MM420 是德国西门子公司出品的被广泛应用于工业场合的多功能标准变频器。它采用高性能的矢量控制技术，提供低速高转矩输出和良好的动态特性，同时具备超强的过载能力。

MM420 变频器提供了状态显示面板、基本操作面板和高级操作面板等供用户选择，用来调试变频器，如图 4-3-12 所示。

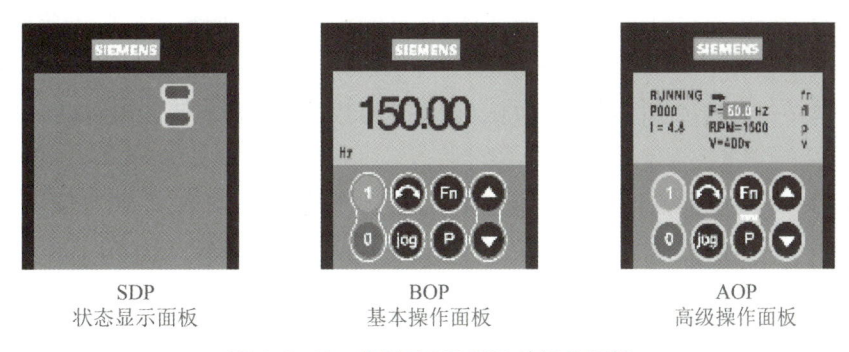

SDP
状态显示面板

BOP
基本操作面板

AOP
高级操作面板

图 4-3-12　使用于 MM420 的操作面板

MM420 变频器既可以用于单机驱动系统，也可集成到自动化系统中，可以作为西门子 S7-1200 PLC 的理想配套设备。

MM420 变频器的外部接线框图如图 4-3-13 所示。

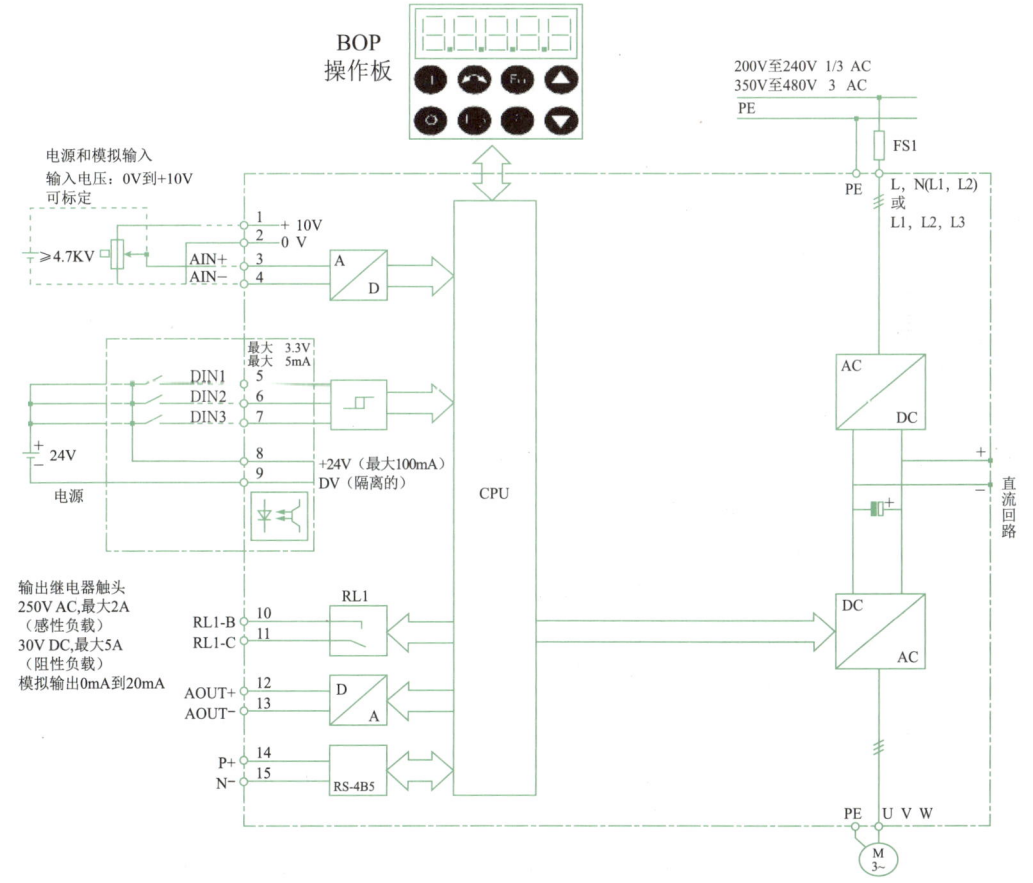

图 4-3-13　MM420 变频器的外部接线简图

（2）MM420 变频器常用的设定参数

无论控制要求如何，变频器总是有部分最基本的参数需要设定。对于 MM420 系列变频器，其基本参数有（更详细的请查阅相关手册）：

① P0003——用户访问级：默认为"1"标准级，"2"扩展级，"3"专家级，"4"维修级。

② P0004——参数过滤器：默认为 0，就是无参数过滤功能，不隐藏参数，显示所有的参数。

③ P0010——变频器工作方式选择，"0"运行，"1"快速调试，"30"恢复出厂参数。

④ P0100——电动机标准选择。"0"功率单位为 kW，频率默认为 50 Hz；"1"功率单位为 hp，频率默认 60 Hz；"2"功率单位为 kW，频率默认 60 Hz。

⑤ P0300——电机类型，"1"异步电机，"2"同步电机。

⑥ P0304——电机额定电压，单位为 V。

⑦ P0305——电机额定电流，单位为 A。

⑧ P0307——电动机额定功率：按电动机额定功率设置，本参数只能在 P0010 = 1（快速调试）时才可以修改。

⑨ P0311——电动机额定转速，单位为 r/min。

⑩ P0700——变频器运行控制指令的输入方式。

⑪ P0701~P0702：开关端子 DIN1~DIN3 功能定义。

⑫ P1000——选择频率设定值：默认为 2，即模拟输入；如果选择 12，则加上了 MOP（电动电位计）的值。

⑬ P1080——最小频率：变频器输出的最小频率，根据电动机实际驱动能力而不同，建议 15 Hz 以上。

⑭ P1082——最大频率：变频器输出的最大频率，根据电动机实际驱动能力而不同，建议 75 Hz 以下。

⑮ P1120——变频器加速时间，单位为 s。

⑯ P1121——变频器减速时间，单位为 s。

⑰ P3900——变频器调速结束方式选择。

（3）变频参数设定的一般流程

第一步：设定参数 P0003 定义用户的访问参数的等级。设定参数访问级，级别越高可以进行显示和设定的参数就越多。

第二步：将变频器复位为工厂默认设定值。

当变频器的参数被错误设定，影响到变频器运行时，可以通过"参数"功能恢复出厂默认参数。MM420 参数恢复步骤如为：设定 P0010 = 30，P0970 = 1 即可，整个恢复过程大约需要 3 min。

第三步：按任务要求设定相关参数。根据不同的任务要求选择相应参数并设定。

（4）SM1232 模拟量模块

S7-1200 系列 PLC 可以根据需要扩展模拟量通道，本任务需要一路模拟量输出通道，可以选择 SM1232 模块进行扩充。SM1232 模拟量输出模块有 2 通道×14 位和 4 通道×14 位两种情况。本次任务选择 2 通道的扩展模块，接口电路如图 4-3-14 所示，图中，有两路模拟量输出，可以选择是电流输出或电压输出，0 和 0M 为一路模拟量输出，1 和 1M 为一路模拟量端口输出端。SM1232 输出电压为 -10~+10 V 时，分辨率为 14 位，最小负载阻抗 1 000 Ω；输出电流为 0~20 mA 时，分辨率为 13 位，最大负载阻抗 600 Ω。它有中断和诊断功能，可监视电源电压，短路和断线故障。该模块可把数字 -27 618~27 648 转换为 -10~+10 V 的电压；可把数字 0~-27 648 转换为 0~20 mA 的电流。该模块的数模转换时间会因负载的不同而不同：电压输出电阻负载时的转换时间为 300 μs，1 μF 电容负载时为 750 μs；电流输出 1 mH 电感负载时为 600 μs，10 mH 电感负载时为 750 μs。

2. 创建变量表并编写程序

（1）创建变量表

进入软件后，第一步要创建变量表，如图 4-3-15 所示。

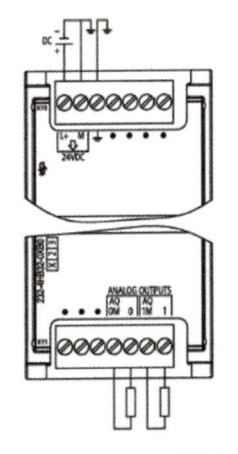

图 4-3-14　SM1232 模块接线图

图 4-3-15　创建变量表

① 设定输入地址变量 I0.0~I0.3，分别用于启动、停止设备，对电动机进行加速和减速控制，如图 4-3-16 所示。

② 设定输出地址变量 Q0.0 用于启动变频器，模拟信号输出变量 QW96，如图 4-3-17 所示。还有一些系统中间变量需要设定，它们主要用于产生一些时钟信号和系统信号，如图 4-3-18 所示。设置完变量后，就可以进入程序编写环节了。

（2）编写程序

① 输入程序块。双击"程序块"中的 Main（主程序）选项，进入程序编辑模式。本次程序编写并不复杂，首先使用启保停电路控制系统的启停。其次本任务中时间是用 0.5 s 的周期脉冲信号（M0.5）和计数器统计的，计数器计数脉冲 40 次，变化频率为 10~50 Hz，

变化范围为 40 Hz，两者正好对应，计数器每增加 1 位数值，频率增加 1 Hz。使用 SM1232 的输出电压模拟量范围为 0~10 V，对应的内部数字量为 0~27 648。频率值和数字量的关系相差约 553 倍。在编程时将计数器的当前计数值加上 10 乘以 553 就得到需要转换成模拟电压的数字量，然后将数值赋给 QW96 即可。

图 4-3-16　输入地址变量

图 4-3-17　输出变量

图 4-3-18　中间变量

使用变频器需要对变频器参数进行设定，变频器工作在模拟量控制模式下，其主要参数设定见表 4-3-2。

表 4-3-2　模拟量工作模式参数设定表

序号	参数		数值	数值说明
	参数代码	参数含义		
1	P700	选择命令来源	2（默认值）	由端子排输入
2	P701	数字输入 1 的功能	1（默认值）	ON/OFF1（接通正转/停车命令 1）
3	P1000	频率设定值的选择	2（默认值）	模拟设定值
4	P304	电机额定电压	380（V）	

续表

序号	参数		数值	数值说明
	参数代码	参数含义		
5	P305	电机额定电流	0.18（A）	
6	P307	电机额定功率	0.03（KW）	
7	P311	电机额定速度	1300（rmp）	
8	P1120	斜坡上升时间	0.5s	
9	P1121	斜坡下降时间	0.5s	
10	P0753	AD 的平滑时间	100（ms）	

② 梯形图程序。程序段 1 用于控制变频器的启停。程序段 2 使用计数器记录加速开关或减速开关闭合时产生的脉冲信号个数。程序段 3 将计数到的脉冲信号加上 10 乘以 553 得到需要转换成模拟电压的数字量。程序段 4 将数字量赋给 QW96 就可以转换成电压输出了，如图 4-3-19、图 4-3-20 所示。

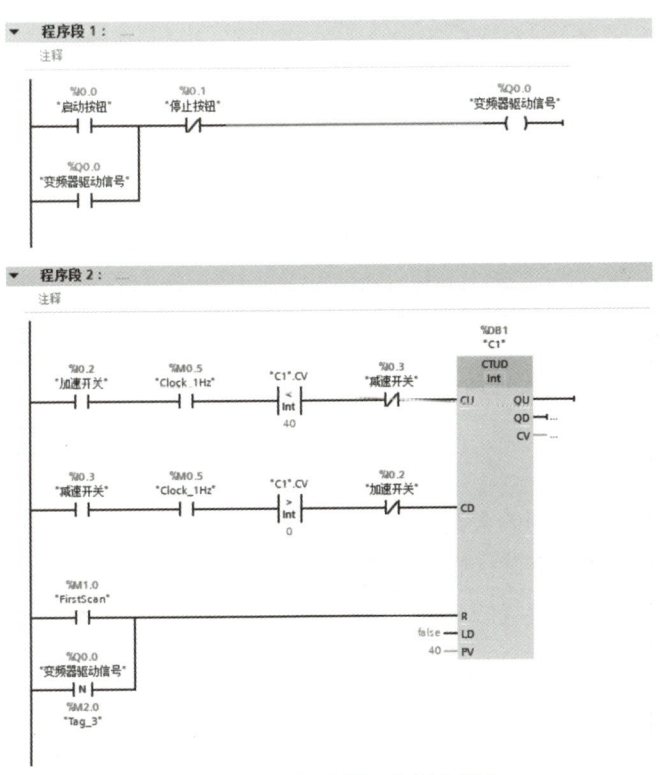

图 4-3-19　程序段 1 和程序段 2

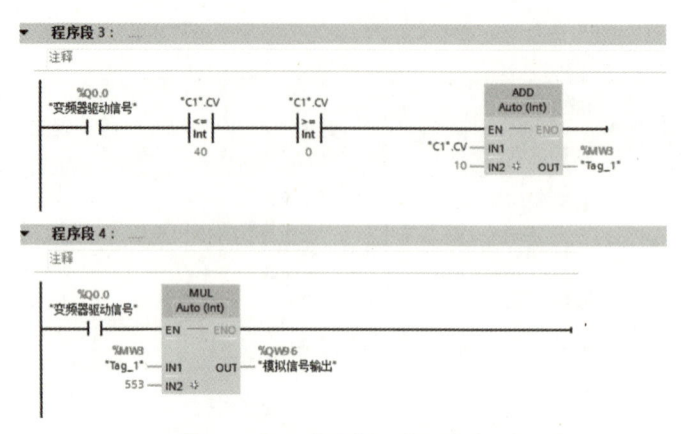

图 4-3-20　程序段 3 和程序段 4

4.3.7　思考题

1. S7-1200 PLC 的 SM1232 模块电流输出有何特点？
2. S7-1200 PLC 扩展模拟量端口时有哪些方式？

任务 4.4　自动化生产线人机界面的实现

4.4.1　任务目标

1. 根据任务要求能够制定自动化生产线人机界面的实现方案。
2. 学会人机界面的组态步骤及设计方法。
3. 能够完成自动化生产线人机界面的设计和组态。
4. 能够编制控制程序及系统调试。

4.4.2　任务导入

大家在生活中经常会遇到的人机界面可能就是 ATM 机了，其通过操作屏幕上的触摸按钮可以操作机器完成取款或存款。在工业中，人机界面可以制订生产计划并操作和监控自动化生产线的运行。自动化生产线的人机界面可以设置参数和显示各设备运行的状态以及可以操作控制系统的运行。

4.4.3　任务要求

① 设计自动化生产线物料加工控制系统的人机界面。
② 将人机界面与可编程控制器建立通信连接。
③ 实现人机界面控制自动化生产线的运行，并显示自动化生产线运行的状态信息。

自动化生产线物料加工系统人机界面提供主令信号并显示系统工作状态和设备工作位置检测信号及电磁阀的工作状态。本任务的人机界面效果图如图4-4-1所示。

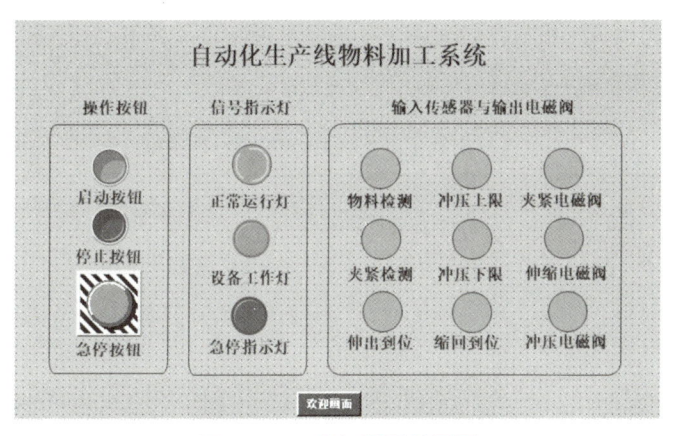

图4-4-1 人机界面效果图

通过人机界面可以对自动化生产线物料加工控制系统进行启动、停止和急停操作。用信号指示灯显示系统运行的各种状态（如正常运行、设备工作、急停指示等），并显示系统中设备工作状态检测信号（如物料检测、冲压上限等），以及各电磁阀的工作状态（如夹紧电磁阀、伸缩电磁阀等）。

4.4.4 任务准备

① 安装有TIA博途软件和WINCC人机界面编程软件的计算机。
② 使用自动化生产线物料加工系统或其他自动线设备模拟。
③ 触摸屏连接导线及以太网线。
④ 常用电工工具。
⑤ 熟悉人机界面的组态方法及设计方法。

4.4.5 任务实施及步骤

自动化生产线物料加工系统人机界面的实现包括：变量地址分配及硬件连接、设备组态、编写PLC控制程序、人机界面的画面组态和系统调试等步骤。

1. 变量地址分配及硬件连接

（1）变量地址分配表

人机界面组态画面各元件对应的PLC地址，见表4-4-1。

（2）硬件连接

本任务使用自动化生产线物料加工系统和SIMATIC HMI精致面板7″显示屏KTP700 Basic PN实现。自动化生产线物料加工系统的可编程序控制器接线图和控制系统设备接线参考任务4.2。S7-1200可编程序控制器与人机界面用以太网线连接。

表 4-4-1　组态画面各元件对应 PLC 地址

变量名	PLC 端口	功能	变量名	PLC 端口	功能
物料检测	I0.0	加工台物料检测	夹紧电磁阀	Q0.0	夹紧电磁阀
夹紧检测	I0.1	工件夹紧检测	伸缩电磁阀	Q0.1	料台伸缩电磁阀
伸出到位	I0.2	加工台伸出到位	冲压电磁阀	Q0.2	加工冲压电磁阀
缩回到位	I0.3	加工台缩回到位	正常运行灯	Q0.3	正常工作指示灯（黄色）
冲压上限	I0.4	加工压头上限	设备工作灯	Q0.4	运行指示灯（绿色）
冲压下限	I0.5	加工压头下限	急停指示灯	Q0.5	急停指示灯（红色）
启动按钮	I0.6	启动按钮			
停止按钮	I0.7	停止按钮			
急停按钮	I1.0	急停按钮			

2. 设备组态

完成接线后，进行设备组态。组态过程主要是利用 TIA 博途软件进行项目的创建。具体步骤如下：

① 新建项目。打开 TIA 博途软件，输入项目名称，创建新项目，如图 4-4-2 所示。

图 4-4-2　创建新项目

② 组态控制器设备。添加新设备，选择控制器的具体设备和版本号，进行设备组态，如图 4-4-3 所示。

③ 系统存储器和时钟存储器的设置。在 PLC 的"设备"视图中双击 CPU，在 CPU 的"属性"项中设置系统存储器和时钟存储器，并可以修改系统存储器或时钟存储器的字节地址，使用系统默认存储器为 MB1，时钟存储器为 MB0，M1.0 实现首次循环，如图 4-4-4 所示。

④ 组态人机界面设备。按任务指导 4.4.6 的方法和过程，采用"人机界面向导组态人机界面的画面"，先完成"欢迎画面"和"自动化生产线物料加工系统画面"。在项目树中

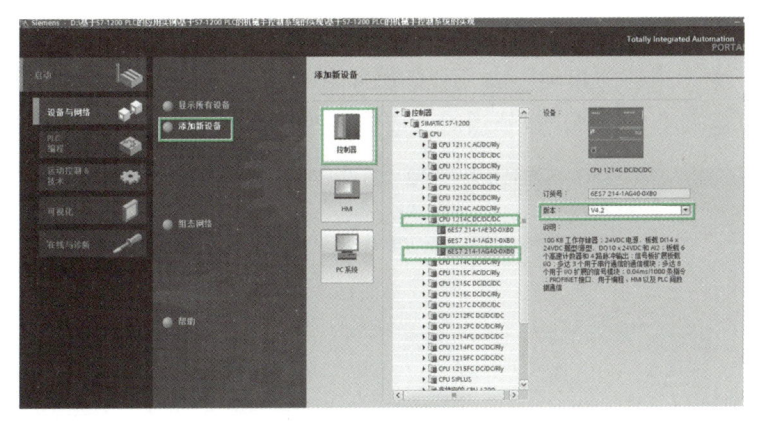

图 4-4-3 组态控制器设备

生成以上两个文件夹，完成人机界面设备的组态。

⑤ 下载设备。单击"下载"按钮完成，如图 4-4-5 所示。

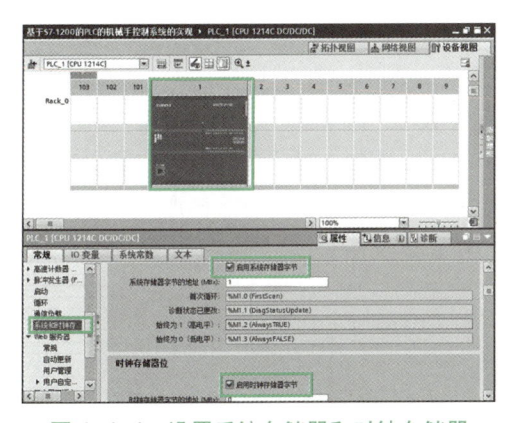

图 4-4-4 设置系统存储器和时钟存储器　　　图 4-4-5 设备下载

3. 编写 PLC 控制程序

① 创建变量表。进入软件后，第一步要创建变量表。

② 编写程序。输入程序块，双击"程序块"中的 Main（主程序）选项进入程序编辑模式。

自动化生产线物料加工系统的 PLC 控制程序参考任务 4.2。

4. 人机界面的画面组态

① 组态"欢迎画面"。

② 组态"自动化生产线物料加工系统画面"。

5. 系统调试

结合实验设备进行程序和人机界面下载、监控、运行，操作实验设备。

（1）使用变量仿真器模拟人机界面

如果没有人机界面和可编程序控制器设备，可以使用变量仿真器检查人机界面的功能。

① 启动人机界面变量仿真器。选中项目树中的"HMI_1"选项，执行"在线"菜单栏下的"仿真"子菜单中的"启动"命令，如图 4-4-6 所示。此时系统将自动编译，编译成功后就可以仿真运行了。编译出现错误时，应先修改错误。

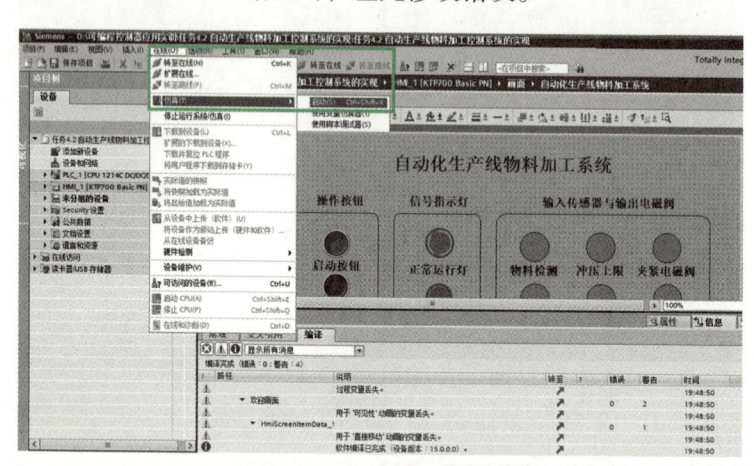

图 4-4-6 启动在线模拟

编译成功后，系统将出现仿真面板，如图 4-4-7 所示。

② 启动 PLC 在线仿真。选中项目树中的"PLC_1"选项，执行"在线"菜单中的"仿真"命令，启动 PLC 仿真并建立强制表。按照任务 4.2 自动化生产线物料加工系统任务的控制要求强制变量，按物料加工步骤调试运行，如图 4-4-8 所示。

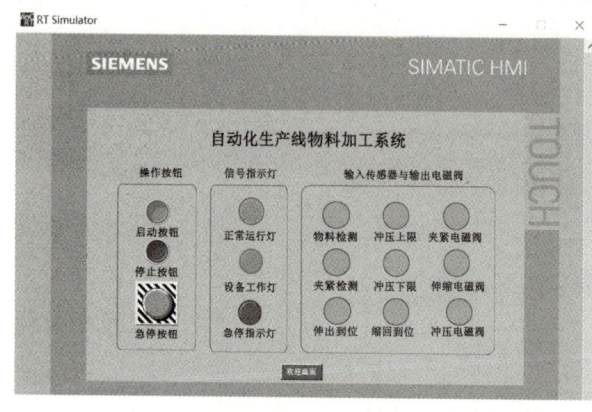

图 4-4-7 仿真面板

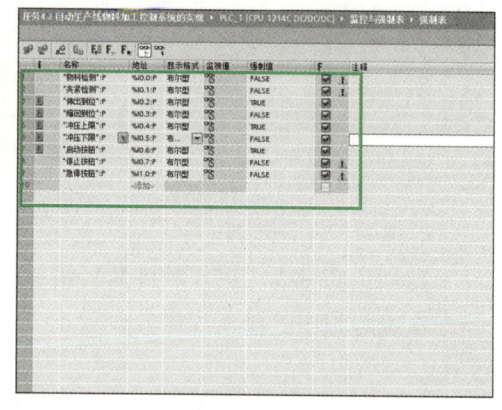

图 4-4-8 PLC 在线仿真

③ 在系统准备就绪时，按下启动按钮后，调用加工程序，如图 4-4-9 所示。
④ 依次按照自动线物料加工控制要求完成调试。
（2）人机界面的在线调试

① 下载硬件组态和 PLC 控制程序。先选中项目树中的 PLC 设备，把 PLC 的硬件组态和软件全部下载到自动线物料加工系统的 PLC 中，并使 PLC 处于"RUN"模式。然后选中项目树中的 HMI 设备，下载到人机界面中。

② 监控和调试人机界面。单击执行"调试"菜单下的"开始程序状态监控"子菜单命令，梯形图程序进入监控状态。监控图如图 4-4-10 所示。

③ 按任务 4.2 自动化生产线物料加工系统的控制要求，在实验设备上进行操作。

图 4-4-9　人机界面仿真调试运行　　　　图 4-4-10　程序调试监控图

4.4.6　任务指导

1. 人机界面的组态方法

（1）人机界面的组态方法

本任务需要用到的人机界面的组态方法有：

① 画面创建：用人机界面向导创建画面。

② 画面组态：包括"欢迎画面"组态、"自动化生产线物料加工系统"画面组态。

③ 连接组态 PLC 变量：控制按钮和指示灯与 PLC 变量的连接。

④ 设备状态信号灯的显示设置。

（2）分析人机界面组态方法

分析实现本任务人机界面组态方法。

① 用人机界面向导组态画面。

第一步，添加人机界面设备。双击项目树中的"添加新设备"选项，添加一个人机界面设备（HMI），如图 4-4-11 所示。单击"确认"按钮，生成名为"HMI_1"的面板，出现"HMI 设备向导：KTP700 Basic PN"对话框。

第二步，组态可编程控制器（PLC）与人机界面（HMI）的连接。单击"选择 PLC"选项的下拉按钮，系统弹出对话框，选中名为"PLC_1"的 PLC，如图 4-4-12 所示。

单击图 4-4-12 中的绿色对勾按钮完成设置，系统弹出如图 4-4-13 所示的 PLC 与 HMI 的连接。

第三步，画面布局设置。单击"下一步"按钮，进入"画面布局"对话框，可以对画面的背景色和页眉进行设置，这里采用默认的背景色，取消勾选"页眉"复选框，取消页眉的设置，如图 4-4-14 所示。

第四步，报警设置。单击"下一步"按钮，进入"报警"对话框，取消对"未确认的报警"和"未决的系统事件"复选框的勾选，只保留"未决报警"。这时右边的预览中只保留了"未决报警"窗口，如图4-4-15所示。

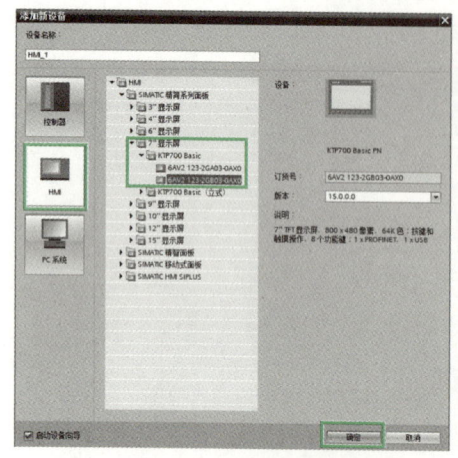

图 4-4-11　组态人机界面设备

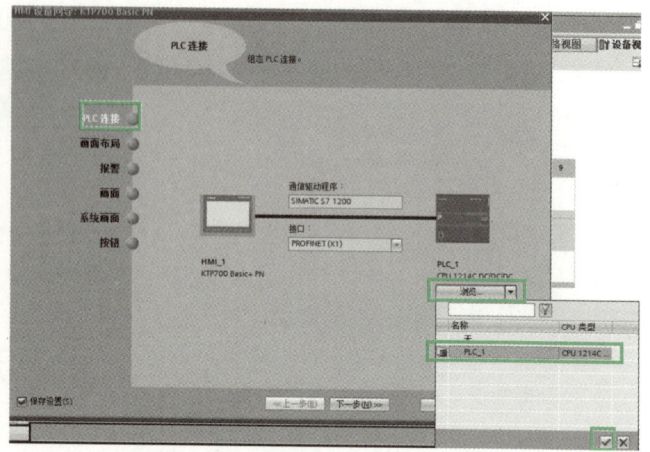

图 4-4-12　组态 PLC 与 HMI 的连接

图 4-4-13　PLC 与 HMI 之间的连接

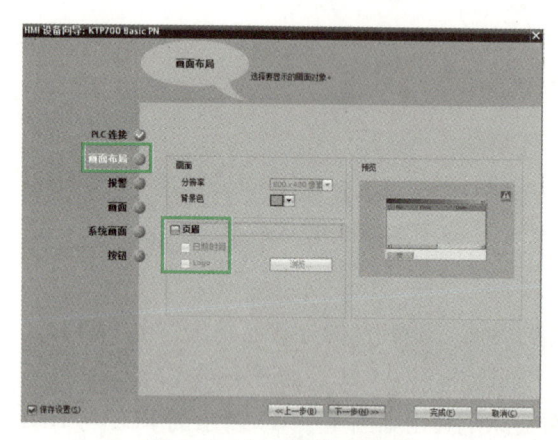

图 4-4-14　画面布局设置

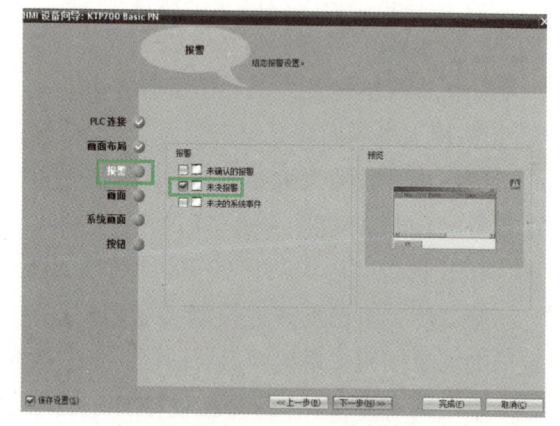

图 4-4-15　报警设置

第五步，添加新画面。单击"下一步"按钮，进入"画面"对话框，通过单击添加按钮"+"添加新画面，选择相应画面，单击"重命名"工具，修改画面名称，如图4-4-16所示。

组态完成后，在项目树的"画面"文件夹里有相应的画面名称，如图4-4-17所示。

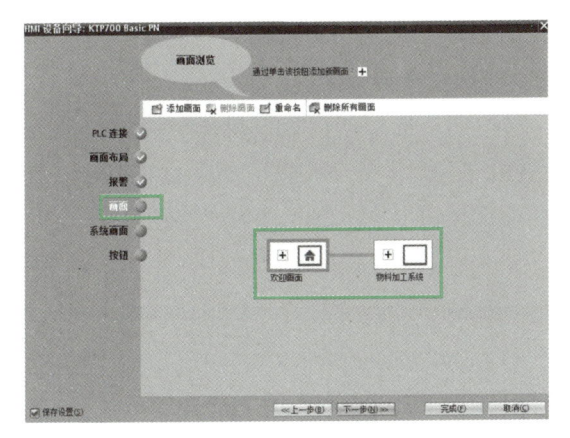

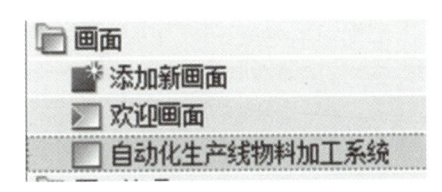

图 4-4-16　添加新画面　　　　　　　　　图 4-4-17　项目树中的"画面"文件夹

单击"下一步"按钮，打开"系统画面"对话框，根据项目要求选择系统画面及下级的子画面，本项目没有选择系统画面。

第六步，系统按钮设置。单击"下一步"按钮，打开"按钮"对话框。通过单击相应的系统按钮后通过拖放功能添加按钮，通过按钮区域功能选择系统按钮添加的位置。本项目没有选择系统按钮功能，应取消按钮区域中所有复选框的勾选，如图4-4-18所示。

单击"完成"按钮，根据上述组态，生成欢迎画面和物料加工系统控制画面。下一次生成人机界面对象时，系统将会使用本次人机界面设备向导中的组态设置。

② 画面组态。

第一步，"欢迎画面"组态。双击项目树中"欢迎画面"选项，打开"欢迎画面"。在画面文字位置输入"欢迎进入自动化生产线物料加工控制系统人机界面！"欢迎文字。在项目树"画面"选项中用鼠标拖动"自动化生产线物料加工系统"画面，放到欢迎画面相应的位置，在画面窗口上方的设置栏可以设置字体和文字大小，如图4-4-19所示。运行时单击该切换按钮即可进入"自动化生产线物料加工系统"画面。

图 4-4-18　系统按钮设置　　　　　　　　　图 4-4-19　欢迎画面组态

第二步,"自动化生产线物料加工系统画面"画面组态。双击项目树中"自动化生产线物料加工系统画面"选项,打开"自动化生产线物料加工系统画面"。

创建画面切换按钮。一种方法是双击"向后"按钮,选中"向后"文本,直接修改为"欢迎画面",如图4-4-20所示。另一种方法是把原"向后"按钮删除,将项目树中的"欢迎画面"拖放到本画面中,在自动生成创建的画面切换按钮上显示的字符为"欢迎画面",如图4-4-21所示。

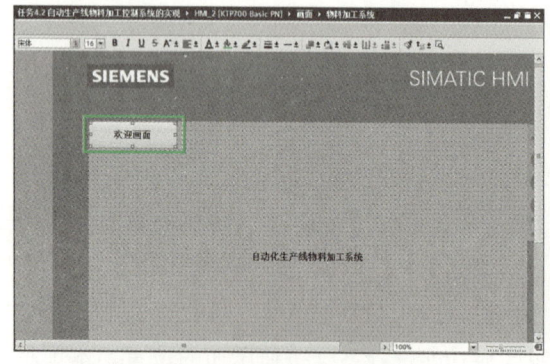

图4-4-20 设置欢迎画面按钮 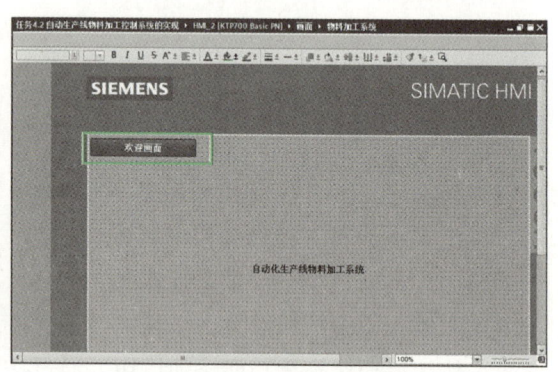   图4-4-21 创建欢迎画面按钮

③ 连接组态PLC变量。

• 控制按钮与PLC变量的连接。双击选择的控制按钮,在"属性"栏中选择常规选项,单击变量右侧的选择按钮,双击"PLC变量表1"选项,选择相应的变量,单击绿色对勾确认控制按钮与PLC变量的连接,如图4-4-22所示。

• 指示灯和设备状态信号灯与PLC变量的连接。双击创建的信号指示灯或设备状态信号灯,在"动画"栏中选择"显示"选项,单击"外观"选项,单击"变量"右侧的选择按钮,双击"PLC变量表1"选项,选择相应的变量,单击绿色对勾确认,完成指示灯和设备状态信号灯与PLC变量的连接,如图4-4-23所示。

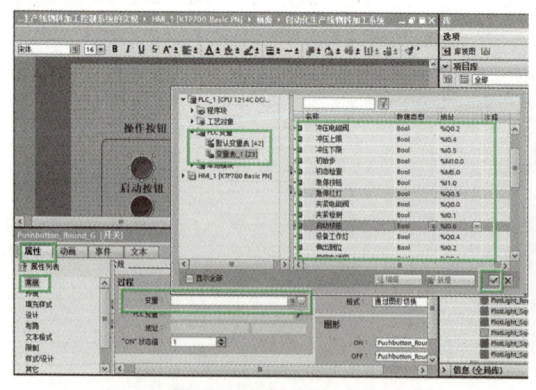

图4-4-22 控制按钮与PLC变量的连接 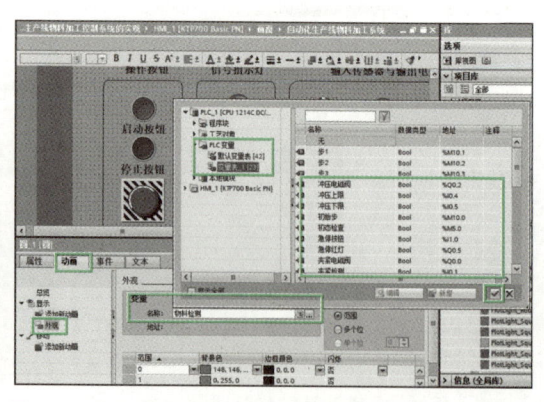   图4-4-23 指示灯和设备状态信号灯与PLC变量的连接

④ 设备状态信号灯的显示设置。双击创建的设备状态信号灯，在"动画"栏中单击"外观"选项，选择范围为"0"和为"1"时的颜色，其中"0"表示断开，"1"表示接通，如图4-4-24所示。

2. 人机界面的画面组态

（1）创建文本和矩形框

依次选择页面右边"工具箱"的"基本对象"中的"文本域"和"矩形"，创建画面中的功能区域及文字描述，如图4-4-25所示。在"矩形"框的"属性"栏的"其他"选项中可以根据需要设置边框的圆弧。

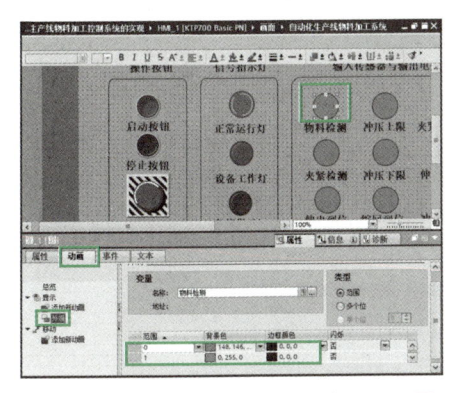

图4-4-24　设备状态信号灯的显示设置

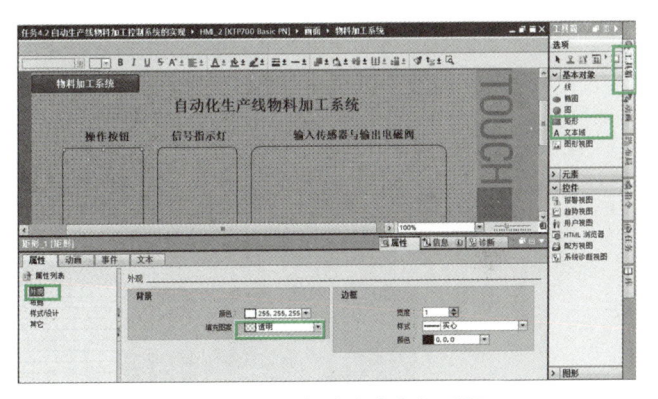

图4-4-25　创建文本和矩形框

（2）组态控制按钮

① 选择按钮。依次选择页面右边"库"的"全局库"中"Buttons-and-Switches"的"主模板"目录下的"PushbuttonSwitches"文件夹中的绿色按钮"Pushbutton_Round_G"、红色按钮"Pushbutton_Round_R"和急停按钮"Pushbutton_Emergency"在按钮下方使用"工具箱"中的"文本域"输入按钮名称，如图4-4-26所示。

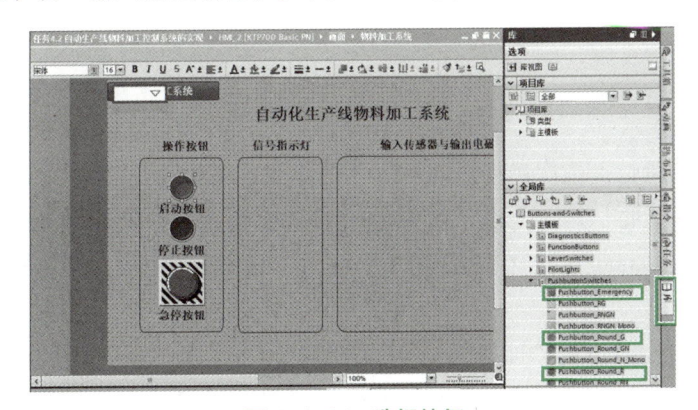

图4-4-26　选择按钮

② 连接组态 PLC 变量。双击选择的绿色启动按钮，在"属性"栏选择"常规"选项，单击变量右侧的"选择"按钮，双击"PLC 变量表 1"，选择变量"启动按钮"，单击绿色对勾确认，如图 4-4-27 所示。

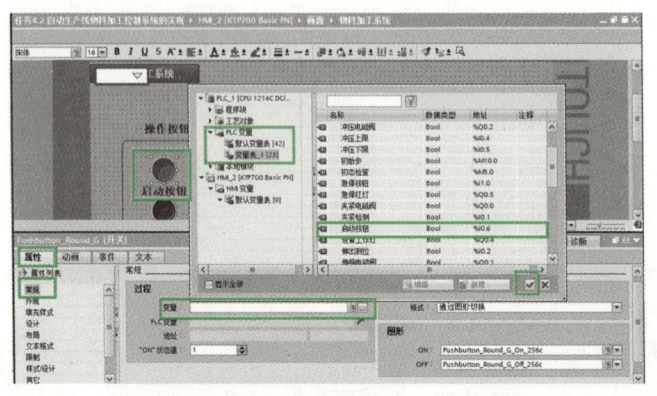

图 4-4-27　组态 PLC 变量

完成 PLC 变量与 HMI 画面中启动按钮的连接组态，如图 4-4-28 所示。

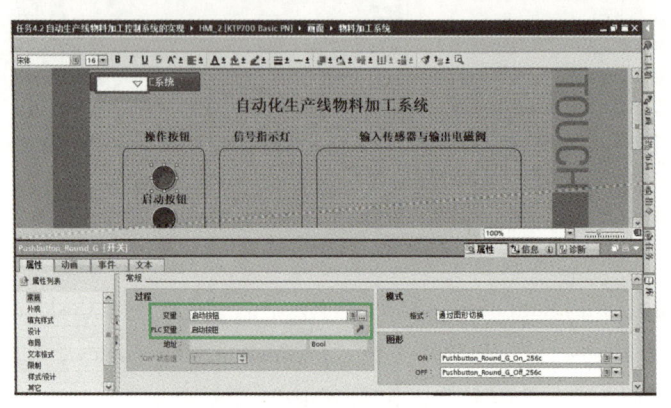

图 4-4-28　完成按钮与 PLC 变量组态

按上述方法，依次完成"停止按钮""急停按钮"与 PLC 变量的连接组态。

（3）组态信号指示灯

① 选择信号指示灯。依次选择页面右边"库"的"全局库"中"Buttons-and-Switches"的"主模板"目录下的"PilotLight"文件夹中的绿色指示灯"PilotLight_Round_G"、红色指示灯"PilotLight_Round_R"。在按钮下方使用"工具箱"中的"文本域"输入按钮名称，如图 4-4-29 所示。

系统库中无黄色指示灯，可以选择"工具箱"中"基本对象"的"圆"来创建。用鼠标拖动"圆"到画面中，双击圆，在其"属性"栏中选择"外观"选项，设置颜色，如图 4-4-30 所示。

图 4-4-29　选择信号指示灯

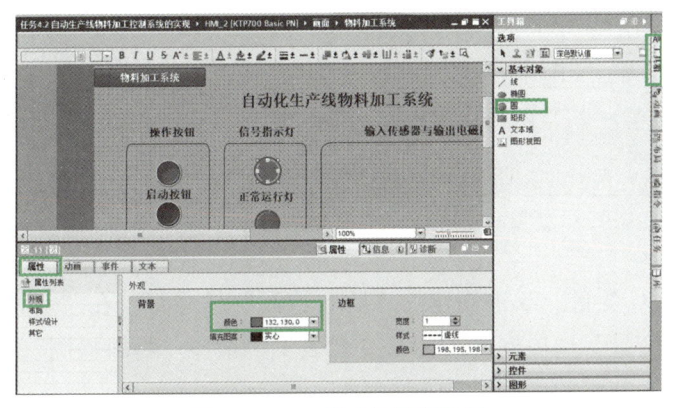

图 4-4-30　创建信号指示灯

双击创建的黄色信号指示灯，在"动画"栏中选择"显示"选项，单击"外观"选项，进行显示设置，如图 4-4-31 所示。在"外观"栏设置范围为"0"和为"1"时的颜色，完成黄色信号指示灯的创建，如图 4-4-32 所示。

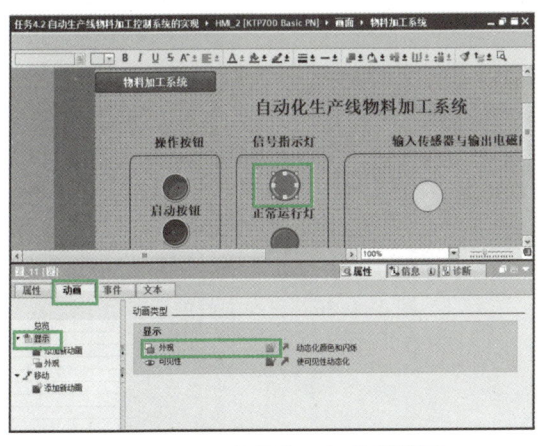

图 4-4-31　信号指示灯外观设置 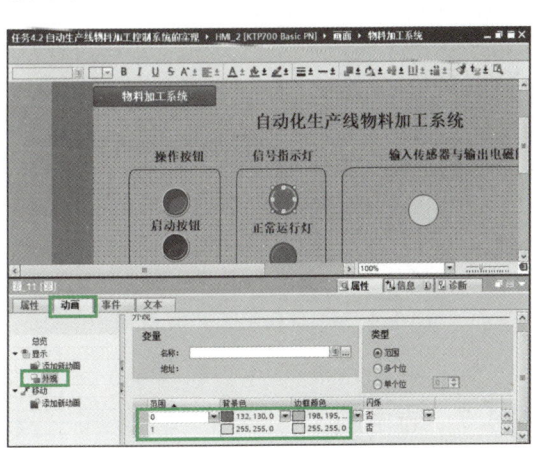　　　　图 4-4-32　信号指示灯动画设置

② 连接组态 PLC 变量。双击创建的黄色"正常运行灯",在"动画"栏中选择"外观"选项,打开"变量"选项框,在 PLC 变量表 1 中选择"正常运行灯",选择绿色对勾完成信号灯与 PLC 变量的连接组态,如图 4-4-33 所示。

用图 4-4-33 所示的方法依次完成"设备工作灯"和"急停红灯"与 PLC 变量的连接组态。

(4) 组态设备状态信号灯

① 用"工具箱"中"基本对象"的"圆"和"文本框"依次创建系统设备的输入传感器和输出电磁阀的工作状态信号灯,如图 4-4-34 所示。

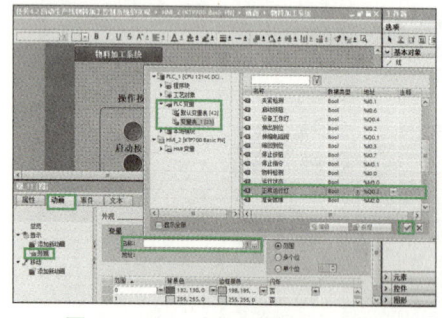

图 4-4-33 连接组态 PLC 变量

图 4-4-34 创建设备状态信号灯

② 连接组态 PLC 变量。双击创建的"物料检测"信号灯,在"动画"栏中选择"外观"选项,打开"变量"选项框,在 PLC 变量表 1 中选择"物料检测"选项,选择绿色对勾完成信号灯与 PLC 变量的连接组态,如图 4-4-35 所示。

按照上述方法,根据图 4-4-35 依次连接组态"夹紧检测""伸出到位""冲压上限""冲压下限""缩回到位""夹紧电磁阀""伸缩电磁阀""冲压电磁阀",完成设备工作状态指示灯的 PLC 变量连接组态,如图 4-4-36 所示。

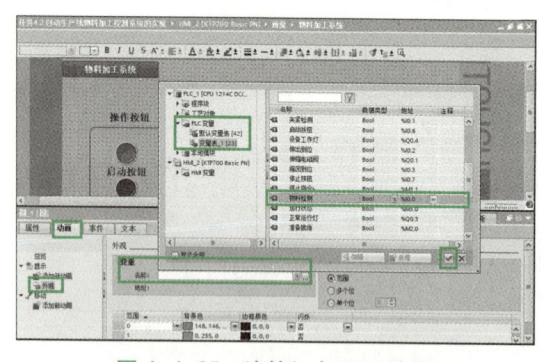

图 4-4-35 连接组态 PLC 变量

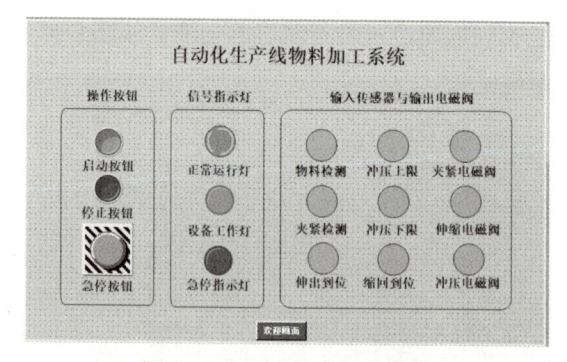

图 4-4-36 已组态好的画面

4.4.7 思考题

1. 使用工具箱栏元素中的图形创建指示灯和使用库中的模板创建指示灯,有何异同?
2. 操作按钮采用"工具箱"栏"元素"中的按钮,如何连接组态 PLC 变量?

实训要求

1. 操作并观察系统的运行，并做好运行及调试记录。
2. 总结 PLC 指令在自动生产线中的应用和体会。
3. 总结变频器的使用方法和体会。
4. 总结人机界面的设计体会和经验。
5. 总结程序设计方法在控制程序编写中的体会和经验。
6. 针对控制要求用其他方法编写程序，实现新的控制方法。
7. 总结通过实训任务的实践并结合应用产生的创新想法和体会。
8. 完成实训报告一份。

实训注意事项

1. 接线时必须切断电源。
2. 需认真看懂原理图才可开始接线。
3. 接电前必须经检查无误后，才能通电操作。
4. 实训前按任务准备要求，查阅相关产品资料并复习相关理论知识。
5. 保持安全、文明操作。

模块小结

本模块共有 4 个典型的可编程控制器应用实例，通过任务的实施，学习可编程控制器控制系统设计原则和内容、设计方法和步骤。可编程控制器控制系统设计追求的目标是安全、可靠、经济、实用，要求设计者考虑问题全面，系统中各种安全保护措施到位。为了取得良好的性价比，要综合各种因素，精心选择可编程控制器及其外围器件。通过本模块的实训，让学习者获得可编程控制器控制系统的设计经验以及综合技能的训练，提升可编程控制器技术的应用能力及小型自动化系统集成能力。

参考文献

[1] 王烈准，孙吴松. S7-1200 PLC 应用技术项目教程 [M]. 北京：机械工业出版社，2022.

[2] 陈建明，白磊. 电气控制与 PLC 原理及应用：西门子 S7-1200 PLC [M]. 北京：机械工业出版社，2022.

[3] 汤平，李纯. 电气控制及 PLC 应用技术：基于西门子 S7-1200 [M]. 北京：电子工业出版社，2022.

[4] 奚茂龙，向晓汉. S7-1200 PLC 编程及应用技术 [M]. 北京：机械工业出版社，2022.

[5] 张君霞，王丽平. 电气控制与 PLC 技术：S7-1200 [M]. 北京：机械工业出版社，2022.

[6] 李方园. 西门子 S7-1200 PLC 编程从入门到实战 [M]. 北京：电子工业出版社，2021.

[7] 陈淑江. 电器控制与 PLC：3D 版 [M]. 北京：机械工业出版社，2021.

[8] 陈贵银，祝福. 西门子 S7-1200 PLC 编程技术与应用工作手册式教程 [M]. 北京：电子工业出版社，2021.

[9] 工控帮教研组. 西门子 S7-1200 PLC 编程技术 [M]. 北京：电子工业出版社，2021.

[10] 侯宁，黄震宇. 基于任务引领的 S7-200 应用实例 [M]. 2 版. 北京：机械工业出版社，2021.